Q 科学クイズ サバイバルシリーズ

科学《かがく》クイズにちょうせん！

5分間《ふんかん》のサバイバル

5年生《ねんせい》

マンガ：韓賢東《ハンヒョンドン》／文《ぶん》：チーム・ガリレオ／監修《かんしゅう》：金子丈夫《かねこたけお》

登《とう》場《じょう》人《じん》物《ぶつ》紹《しょう》介《かい》

ピピ

ジオの友達《ともだち》で、
南《みなみ》の島《しま》に住《す》む元気《げんき》な少女《しょうじょ》。
何日《なんにち》もお風呂《ふろ》に入《はい》っていなくても、
ちっとも気《き》にしない。

ジオ

言《い》わずと知《し》れた我《われ》らがサバイバルキング！
どんなピンチにあっても、
必《かなら》ずサバイバルに成功《せいこう》してきた。

ノウ博士《はかせ》

医師《いし》にして発明家《はつめいか》。
ノウ博士《はかせ》の発明品《はつめいひん》が、
ジオをサバイバルの旅《たび》へと
導《みちび》くこともしばしば。

ケイ

ノウ博士《はかせ》の助手《じょしゅ》。
おどろくほどの清《せい》けつ好《ず》きで、
ちょっとした汚《よご》れも許《ゆる》さない。

『5分間《ふんかん》のサバイバル　5年生《ねんせい》』は、人《ひと》の体《からだ》の不思議《ふしぎ》にせまる「人体《じんたい》のサバイバル」、動物《どうぶつ》や植物《しょくぶつ》の不思議《ふしぎ》にせまる「生《い》き物《もの》のサバイバル」、地球環境《ちきゅうかんきょう》などの不思議《ふしぎ》にせまる「自然《しぜん》のサバイバル」、科学技術《かがくぎじゅつ》などの不思議《ふしぎ》にせまる「身近《みぢか》な科学《かがく》のサバイバル」の4つのコーナーがあります。1つのコーナーには10問《もん》のクイズとくわしい解説《かいせつ》があって、科学《かがく》の知識《ちしき》が身《み》につきます。

クイズ1問《もん》と解説《かいせつ》
たった5分《ふん》で
科学《かがく》の知識《ちしき》が
身《み》につくのじゃよ。

もくじ

人体《じんたい》のサバイバル

生《い》き物《もの》のサバイバル

自然《しぜん》のサバイバル

身近《みぢか》な科学《かがく》のサバイバル

人体《じんたい》のサバイバル

歩《ある》いて砂漠横断《さばくおうだん》の旅《たび》に出《で》かけたジオ、ピピ、ケイの3人《にん》。
旅《たび》の途中《とちゅう》で思《おも》いがけないことが次々《つぎつぎ》に起《お》こる。

3人《にん》といっしょにクイズを解《と》きながら、
人体《じんたい》の不思議《ふしぎ》を知《し》ろう！

第《だい》1話《わ》

クイズ

人間《にんげん》は何《なに》も食《た》べずにどれだけ生《い》きられる？

ア 大人《おとな》の場合《ばあい》、水《みず》があれば1週間《しゅうかん》ぐらい生《い》きられる。

イ 大人《おとな》の場合《ばあい》、水《みず》があれば1カ月《げつ》ぐらい生《い》きられる。

ウ 大人《おとな》の場合《ばあい》、水《みず》があれば3カ月《げつ》ぐらい生《い》きられる。

ライオンのような猛獣《もうじゅう》でも、いつも狩《か》りがうまくいくとは限《かぎ》らないから、おなかをすかせていることが多《おお》いそうだよ。その代《か》わり、えものがとれたときに食《く》いだめしておくんだ。

人間《にんげん》も、同《おな》じことができそう。

でも、水《みず》がないと、大人《おとな》でも3日《みっか》ぐらいしか生《い》きられないよ。

小舟《こぶね》で太平洋《たいへいよう》を漂流《ひょうりゅう》して13カ月《げつ》も生《い》きのびた人《ひと》がいるって聞《き》いたよ。メキシコ沖《おき》でサメをとっていて嵐《あらし》にあって、1万《まん》km以上《いじょう》も流《なが》されてマーシャル諸島《しょとう》の近《ちか》くで救助《きゅうじょ》されたんだって。

水《みず》や食《た》べ物《もの》はどうしていたの?

雨水《あまみず》をためて少《すこ》しずつ飲《の》み、魚《さかな》や海鳥《うみどり》やウミガメをつかまえて食《た》べたそうだよ。何《なに》も食《た》べずに何日《なんにち》ぐらい生《い》きられるのか、この例《れい》は参考《さんこう》になりそうだね。

わたしだったら1日《にち》で動《うご》けなくなりそう。

答《こた》えは次《つぎ》のページ!

答《こた》え

イ　大人《おとな》の場合《ばあい》、水《みず》があれば1カ月《げつ》ぐらい生《い》きられる。

【解説《かいせつ》】
動物《どうぶつ》や植物《しょくぶつ》が生《い》きるのに何《なに》よりも大切《たいせつ》なのは水《みず》です。ふだんの生活《せいかつ》の中《なか》で、水《みず》はオシッコや汗《あせ》などから体《からだ》の外《そと》に出《で》ていきます。だから、こまめに水《みず》を飲《の》んで補《おぎな》わなければなりません。水《みず》をまったく飲《の》まないでいると、血液《けつえき》など体内《たいない》の液体《えきたい》の塩分《えんぶん》が濃《こ》くなりすぎて、体《からだ》が正常《せいじょう》に働《はたら》かなくなり、体重《たいじゅう》の15～25％の水《みず》を失《うしな》うと死《し》んでしまいます。

水《みず》はあるけれど食《た》べ物《もの》がまったくないときは、どうなのでしょうか。アメリカのデビッド・ブレインさんは2003年《ねん》9月《がつ》、水《みず》を飲《の》むだけで44日間《にちかん》まったく何《なに》も食《た》べずに過《す》ごして、人々《ひとびと》を驚《おどろ》かせました。

デビッド・ブレインさんの実験《じっけん》の様子《ようす》

ズルできないように実験中《じっけんちゅう》は透明《とうめい》の箱《はこ》の中《なか》でくらしたって！

パク
パク
栄養《えいよう》
エネルギー
エネルギー
もうダメ…
グ〜♪

ブレインさんは、きたえられた体《からだ》を持《も》つ大人《おとな》なので44日《にち》も食《た》べずにいられましたが、ふつうは大人《おとな》でも1カ月《げつ》ぐらいが限界《げんかい》と考《かんが》えられています。

わたしたちが生《い》きていくためにはエネルギーが必要《ひつよう》です。それはふつう食《た》べ物《もの》からとるしかありません。といっても、食《た》べ物《もの》はいつも豊富《ほうふ》にあるとは限《かぎ》りません。

人間《にんげん》の肝臓《かんぞう》や筋肉《きんにく》、脂肪《しぼう》の中《なか》などには、余分《よぶん》な栄養《えいよう》がたくわえられています。海《うみ》や山《やま》で遭難《そうなん》したなど、いざというときには、この栄養《えいよう》をエネルギーに変《か》えて、しばらくの間《あいだ》生《い》きていくことができます。でも、その期間《きかん》が長《なが》く続《つづ》くとやせ細《ほそ》り、体《からだ》が正常《せいじょう》に働《はたら》かなくなって、死《し》んでしまいます。

断食《だんじき》の実験《じっけん》は
危険《きけん》だから
絶対《ぜったい》にまねしないでね！

第《だい》2話《わ》

クイズ

人間《にんげん》はどうして太《ふと》るの？

ア 太《ふと》って大《おお》きくなって、競争《きょうそう》に負《ま》けないようにするため。

イ 太《ふと》って水《みず》に浮《う》きやすくなり、速《はや》く泳《およ》げるようにするため。

ウ 食《た》べ物《もの》がないときに備《そな》えて、体《からだ》に栄養《えいよう》をたくわえておくため。

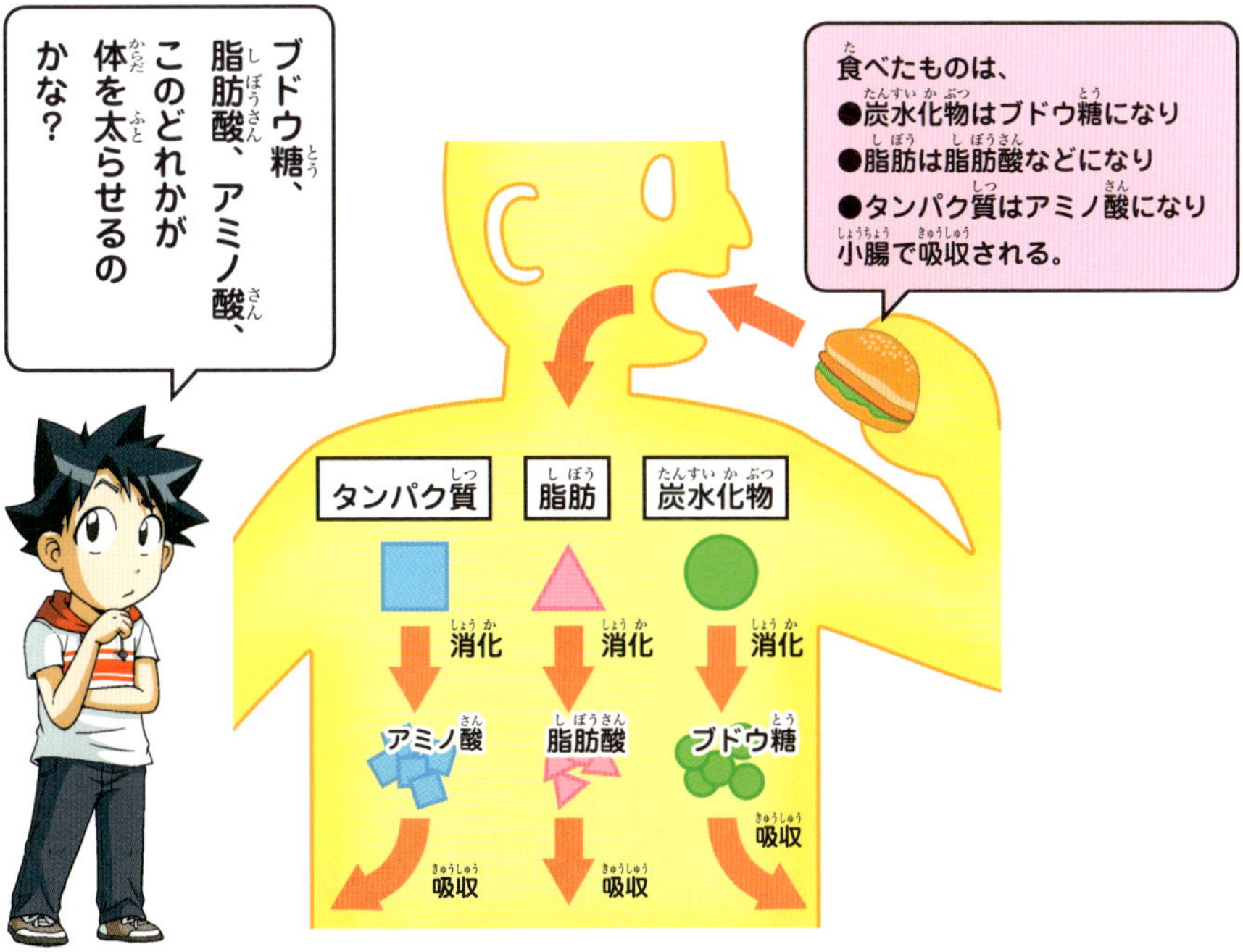
ブドウ糖《とう》、
脂肪酸《しぼうさん》、アミノ酸《さん》、
このどれかが
体《からだ》を太《ふと》らせるの
かな？
食《た》べたものは、
●炭水化物《たんすいかぶつ》はブドウ糖《とう》になり
●脂肪《しぼう》は脂肪酸《しぼうさん》などになり
●タンパク質《しつ》はアミノ酸《さん》になり
小腸《しょうちょう》で吸収《きゅうしゅう》される。
タンパク質《しつ》
脂肪《しぼう》
炭水化物《たんすいかぶつ》
消化《しょうか》
消化《しょうか》
消化《しょうか》
アミノ酸《さん》
脂肪酸《しぼうさん》
ブドウ糖《とう》
吸収《きゅうしゅう》
吸収《きゅうしゅう》
吸収《きゅうしゅう》

毎日《まいにち》食べている食事《しょくじ》には、どんな栄養《えいよう》がふくまれているの？

「炭水化物《たんすいかぶつ》（糖質《とうしつ》）」「脂肪《しぼう》」「タンパク質《しつ》」の3つの栄養素《えいようそ》がふくまれているよ。ごはんやパンなどに多《おお》くふくまれているのが炭水化物《たんすいかぶつ》、肉《にく》のあぶら身《み》やバター、マーガリンなどに多《おお》くふくまれているのが脂《し》肪《ぼう》、肉《にく》や魚《さかな》、豆腐《とうふ》などに多《おお》くふくまれているのがタンパク質《しつ》だよ。

食《た》べ物《もの》は、口《くち》から小腸《しょうちょう》に行《い》くまでに消化《しょうか》されるんだよね？

そうさ。でも、栄養素《えいようそ》によって消化《しょうか》のされ方《かた》がちがうんだ。炭水化物《たんすいかぶつ》は「ブドウ糖《とう》」に、脂肪《しぼう》は「脂肪《しぼう》酸《さん》」などに、タンパク質《しつ》は「アミノ酸《さん》」に変《か》わって、小腸《しょうちょう》から体内《たいない》に吸収《きゅうしゅう》されるよ。

答《こた》えは次《つぎ》のページ！

答《こた》え

ウ 食《た》べ物《もの》がないときに備《そな》えて、体《からだ》に栄養《えいよう》をたくわえておくため。

【解説《かいせつ》】

前《まえ》のページで見《み》たように、炭水化物《たんすいかぶつ》は、消化《しょうか》されてブドウ糖《とう》に変《か》わり、血管《けっかん》を通《とお》って肝臓《かんぞう》から全身《ぜんしん》に送《おく》られます。ブドウ糖《とう》は体《からだ》のエネルギーになります。

余《あま》ったブドウ糖《とう》は、グリコーゲンに変《か》わって肝臓《かんぞう》にたくわえられます（グリコーゲンは、必要《ひつよう》なときにブドウ糖《とう》にもどすことができます）。それでも、まだブドウ糖《とう》が余《あま》ったときは、ブドウ糖《とう》は脂肪酸《しぼうさん》に変《か》えられ、体《からだ》をつくる材料《ざいりょう》などとして使《つか》われますが、残《のこ》りは「皮下脂肪《ひかしぼう》」や「内臓脂肪《ないぞうしぼう》」として体《からだ》のあちこちにたくわえられます。この皮下脂肪《ひかしぼう》や内臓脂肪《ないぞうしぼう》が増《ふ》えると太《ふと》るのです。

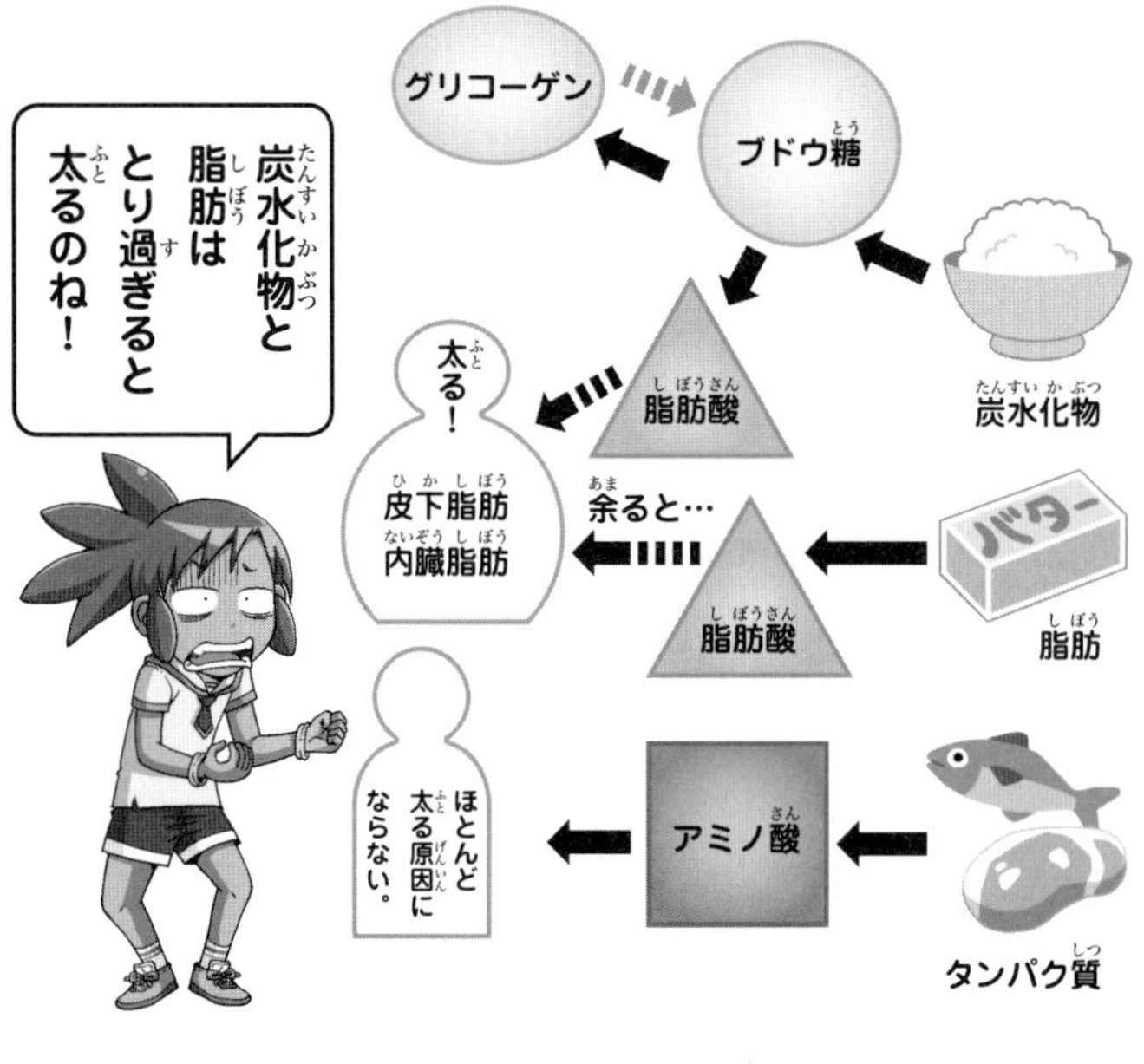

おなかを輪切《わぎ》りにして、
おなかの中《なか》の脂肪《しぼう》を見《み》ると……。

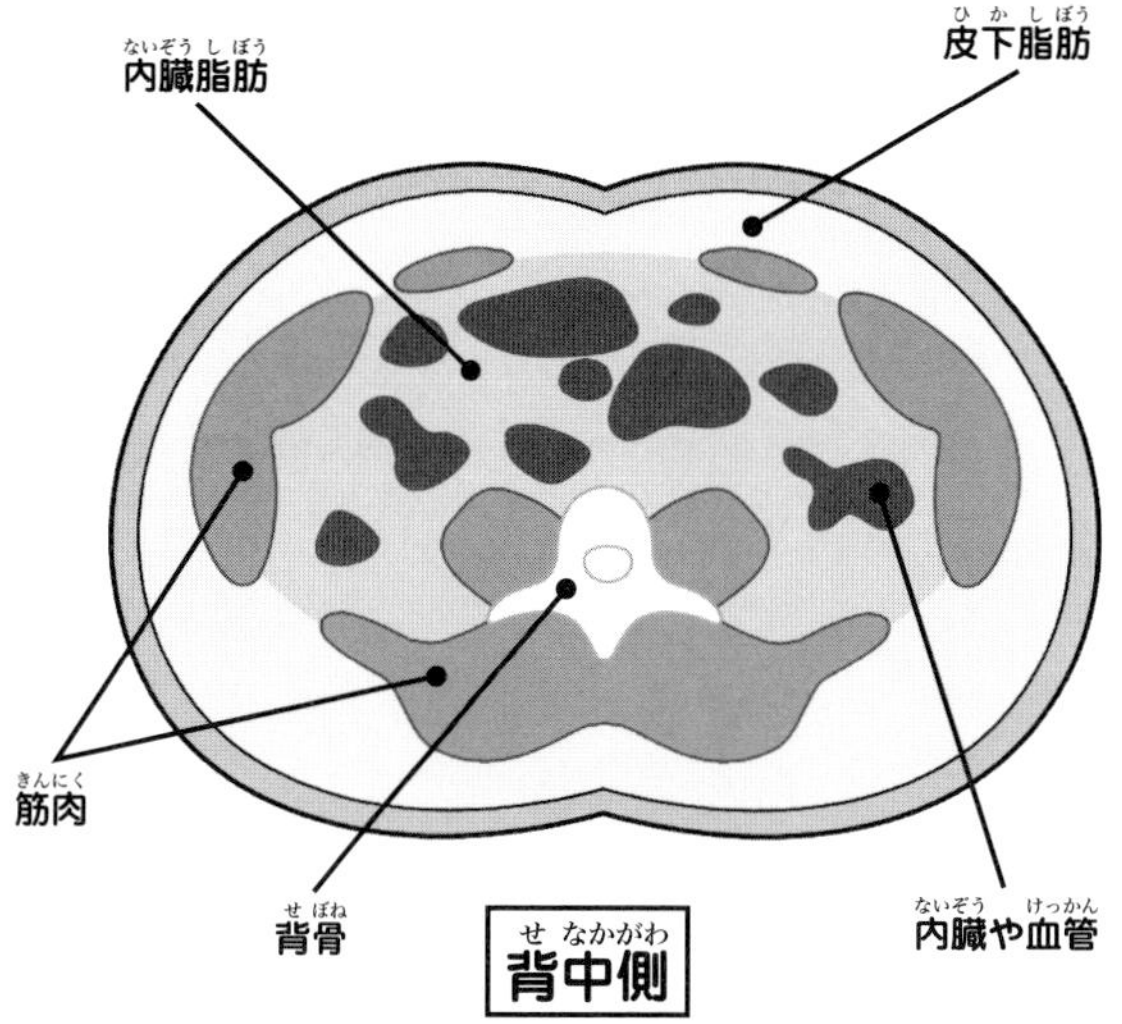

脂肪《しぼう》は、消化《しょうか》されると脂肪酸《しぼうさん》などに変《か》えられて全身《ぜんしん》に送《おく》られますが、余《あま》ると皮下《ひか》脂肪《しぼう》や内臓《ないぞう》脂肪《しぼう》となって体《からだ》を太《ふと》らせます。

タンパク質《しつ》が消化《しょうか》されてできたアミノ酸《さん》は、ほとんど太《ふと》る原因《げんいん》にはなりません。でも、タンパク質《しつ》の多《おお》い肉《にく》や魚《さかな》には脂肪《しぼう》もたくさんふくまれているので、食《た》べ過《す》ぎれば太《ふと》ります。

こうしてみると、体《からだ》には余《あま》った栄養《えいよう》を脂肪《しぼう》としてたくわえておくしくみが備《そな》わっているようですね。なぜでしょうか？

大昔《おおむかし》、主《おも》に狩《か》りをして食《た》べ物《もの》を得《え》ていたころの人々《ひとびと》は、えものがとれなくて満足《まんぞく》に食《た》べられない日《ひ》もありました。このようなときに、すぐに飢《う》えて死《し》ぬことのないように、人《ひと》の体《からだ》には食《た》べ物《もの》が手《て》に入《はい》ったときには食《く》いだめして、脂《し》肪《ぼう》として栄養《えいよう》をたくわえるしくみが備《そな》わっているのです。

第《だい》3話《わ》

クイズ

血液《けつえき》はどこで作《つく》られるの？

ア 心臓《しんぞう》で作《つく》られる。

イ 骨《ほね》の中《なか》で作《つく》られる。

ウ 胸《むね》の筋肉《きんにく》の中《なか》で作《つく》られる。

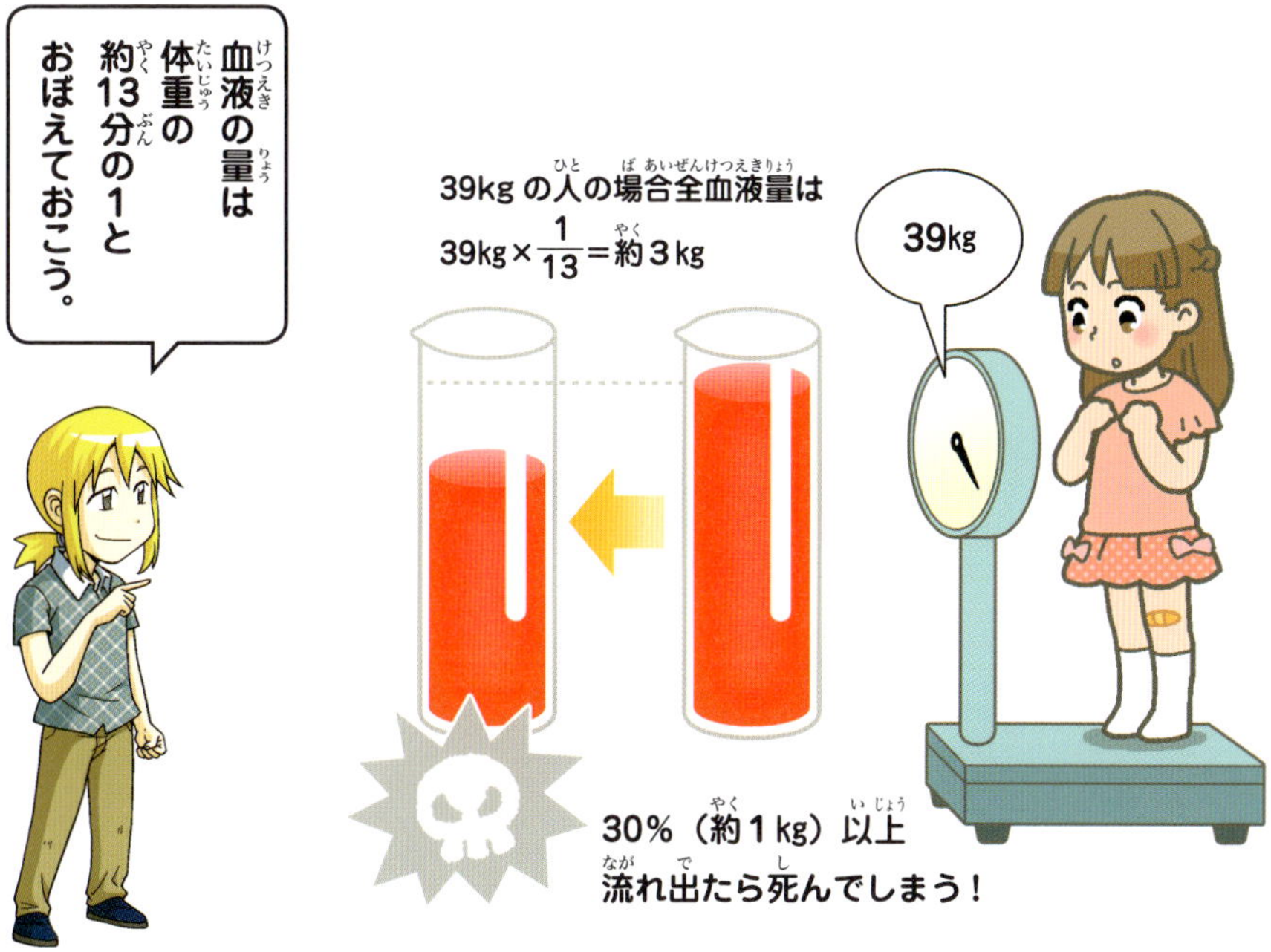

血液《けつえき》の量《りょう》は体重《たいじゅう》の約《やく》13分《ぶん》の1とおぼえておこう。
39kgの人《ひと》の場合《ばあい》全血液量《ぜんけつえきりょう》は
39kg×$\frac{1}{13}$＝約《やく》3kg
39kg
30％（約《やく》1kg）以上《いじょう》
流《なが》れ出《で》たら死《し》んでしまう！

血液《けつえき》の量《りょう》は、体重《たいじゅう》の約《やく》13分《ぶん》の1といわれているよ。

わたしの今《いま》の体重《たいじゅう》は39kgだから、体《からだ》の中《なか》にだいたい3kgの血液《けつえき》が流《なが》れていることになるね。

全血液量《ぜんけつえきりょう》の約《やく》20％、ピピの場合《ばあい》だと600gが短《みじか》い時間《じかん》のうちに流《なが》れ出《で》ると、出血性《しゅっけつせい》ショックという状《じょう》態《たい》になり、救急車《きゅうきゅうしゃ》で病院《びょういん》に運《はこ》ばなければならない。30％以上《いじょう》出血《しゅっけつ》すると命《いのち》の危険《きけん》があるといわれるよ。

今《いま》のすりむき傷《きず》で出《で》た血液《けつえき》は5gぐらい？　だから、ぜ～んぜん平気《へいき》だわ。安心《あんしん》した！

少《すこ》し多《おお》めに出血《しゅっけつ》しても、水分《すいぶん》を多《おお》めにとれば、それが血液《けつえき》に補充《ほじゅう》されて短時間《たんじかん》のうちに血液《けつえき》の量《りょう》はもとにもどるって、ノウ博士《はかせ》が言《い》ってたよ。

じゃ、そのジュース、わたしにちょうだい！

答《こた》えは次《つぎ》のページ！

答《こた》え

イ 骨《ほね》の中《なか》で作《つく》られる。

【解説《かいせつ》】

血液《けつえき》に、固《かた》まらないようにする薬《くすり》を入《い》れてしばらく置《お》くと、液体《えきたい》の成分《せいぶん》と固体《こたい》の成分《せいぶん》に分《わ》かれます。液体《えきたい》の成分《せいぶん》は「血《けっ》しょう」といい、大部分《だいぶぶん》は水《みず》です。固《こ》体《たい》の成分《せいぶん》は「血球《けっきゅう》」です。血球《けっきゅう》は、赤血球《せっけっきゅう》、白血球《はっけっきゅう》、血小《けっしょう》板《ばん》に分《わ》かれます。

血液《けつえき》にふくまれる赤血球《せっけっきゅう》、白血球《はっけっきゅう》、血小板《けっしょうばん》は、ほとんどが骨《ほね》の中《なか》にある「骨《こつ》ずい」で作《つく》られます。つまり、血液《けつえき》は、骨《ほね》の中《なか》で作《つく》られるといえます。

子《こ》どものころは、全身《ぜんしん》のほとんどの骨《ほね》で血球《けっきゅう》が作《つく》られます。大人《おとな》になると、一部《いちぶ》の骨《ほね》だけで血球《けっきゅう》が作《つく》られます。

骨《ほね》の断面《だんめん》

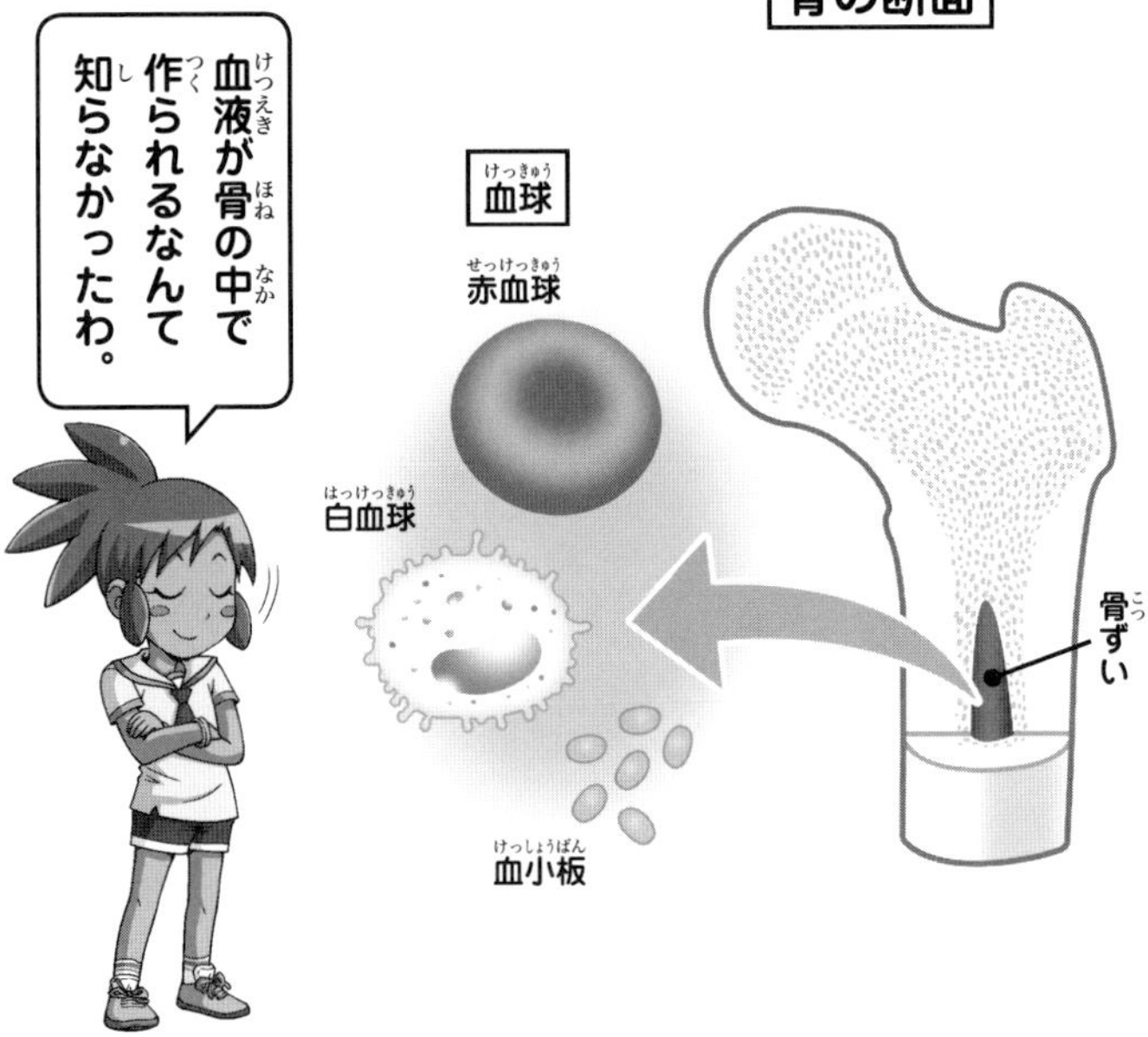

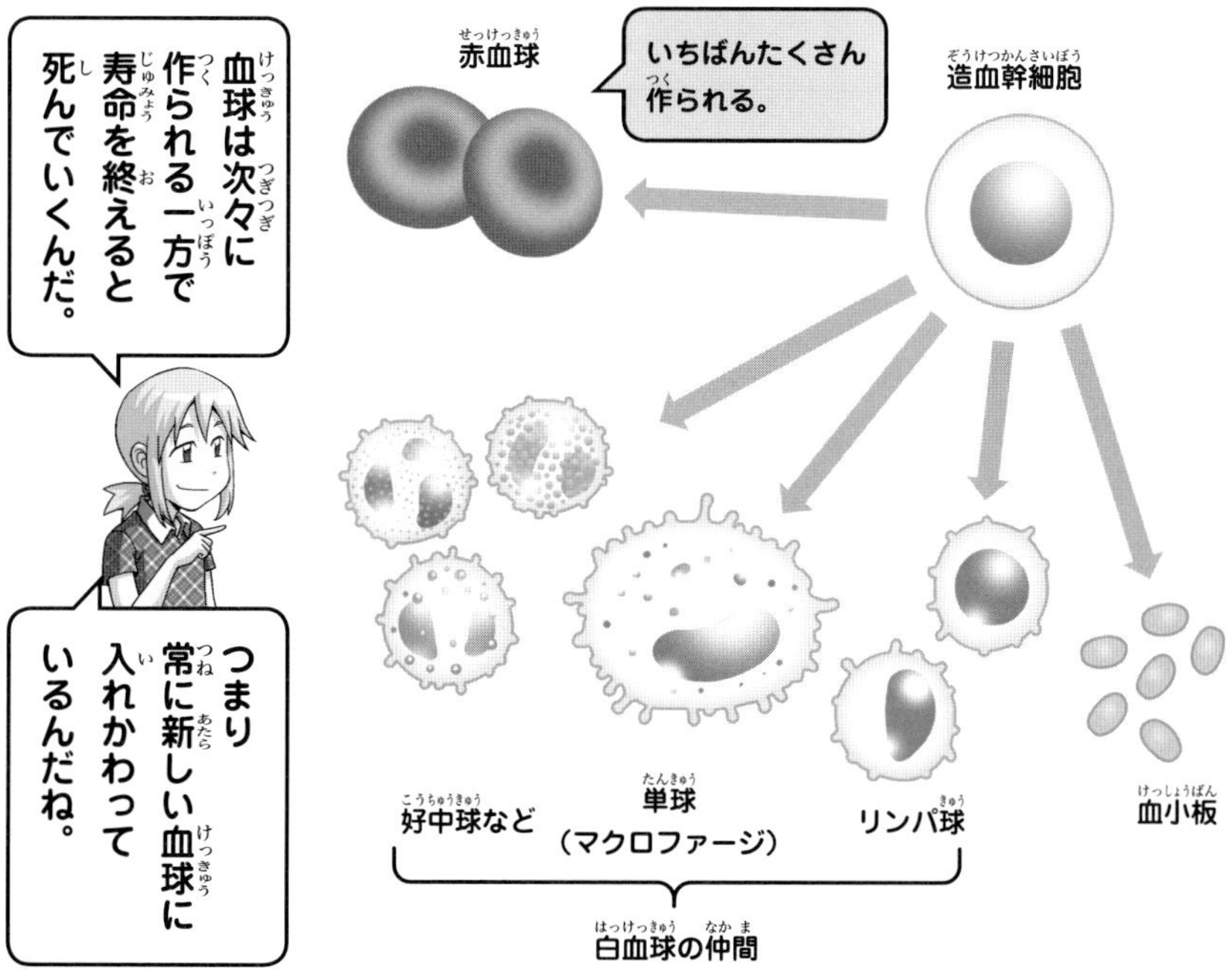

骨《こつ》ずいの中《なか》には、血球《けっきゅう》のもとになる「造血幹細胞《ぞうけつかんさいぼう》」という細胞《さいぼう》がたくさん集《あつ》まっています。この幹細胞《かんさいぼう》が赤血球《せっけっきゅう》、白血球《はっけっきゅう》、血小板《けっしょうばん》に変《か》わります。

血球《けっきゅう》の中《なか》でいちばん多《おお》いのが赤血球《せっけっきゅう》です。穴《あな》のないドーナツのような形《かたち》をしていて、全身《ぜんしん》の細胞《さいぼう》に肺《はい》でとりこんだ酸素《さんそ》を送《おく》り届《とど》ける働《はたら》きをしています。血液《けつえき》1立方《りっぽう》㎜中《ちゅう》に450万《まん》～500万個《まんこ》もふくまれています。赤血球《せっけっきゅう》の寿命《じゅみょう》は120日《にち》ほどです。

白血球《はっけっきゅう》には、いくつかの種類《しゅるい》があり、その働《はたら》きや大《おお》きさなどもさまざまです。ただ、そのどれもが、細菌《さいきん》やウイルス、がんなどから体《からだ》を守《まも》る免疫《めんえき》の働《はたら》きに関《かか》わっています。

血小板《けっしょうばん》は、血管《けっかん》が破《やぶ》れて出血《しゅっけつ》したとき、集《あつ》まって傷口《きずぐち》をふさぎ、血《ち》を止《と》めてくれます。血小板《けっしょうばん》の寿命《じゅみょう》は10日《とおか》ほどです。

第《だい》4話《わ》

クイズ

輸血《ゆけつ》は同《おな》じ血液型《けつえきがた》でないとできないの?

ア 同《おな》じ血液型《けつえきがた》でないとできない。

イ ちがう血液型《けつえきがた》どうしでもできる。

ウ 大人《おとな》はちがう血液型《けつえきがた》どうしでもできるけれど、子《こ》どもは同《おな》じ血液型《けつえきがた》でないとできない。

血液型《けつえきがた》というと、A型《がた》、B型《がた》、O型《がた》、AB型《がた》の4つが思《おも》い浮《う》かぶけど、なんで4つに分《わ》かれているの？

血液《けつえき》の成分《せいぶん》に、「抗《こう》A抗体《こうたい》」と「抗《こう》B抗体《こうたい》」というものがあるんだ。血液《けつえき》をこの成分《せいぶん》にたらすと、この成分《せいぶん》が固《かた》まったり固《かた》まらなかったりするんだ。

A型《がた》は抗《こう》A抗体《こうたい》で固《かた》まるけど、抗《こう》B抗体《こうたい》では固《かた》まらないね。AB型《がた》はどっちも固《かた》まってる……。

つまり、この固《かた》まり方《かた》のちがいで、4つの血液型《けつえきがた》に分《わ》けられるというわけさ。で、じつはA型《がた》には抗《こう》B抗体《こうたい》が、B型《がた》には抗《こう》A抗体《こうたい》がふくまれている。O型《がた》にはどちらもふくまれていて、AB型《がた》にはどちらもないんだ。

あれ？　てことはちがう血液型《けつえきがた》を混《ま》ぜると……？

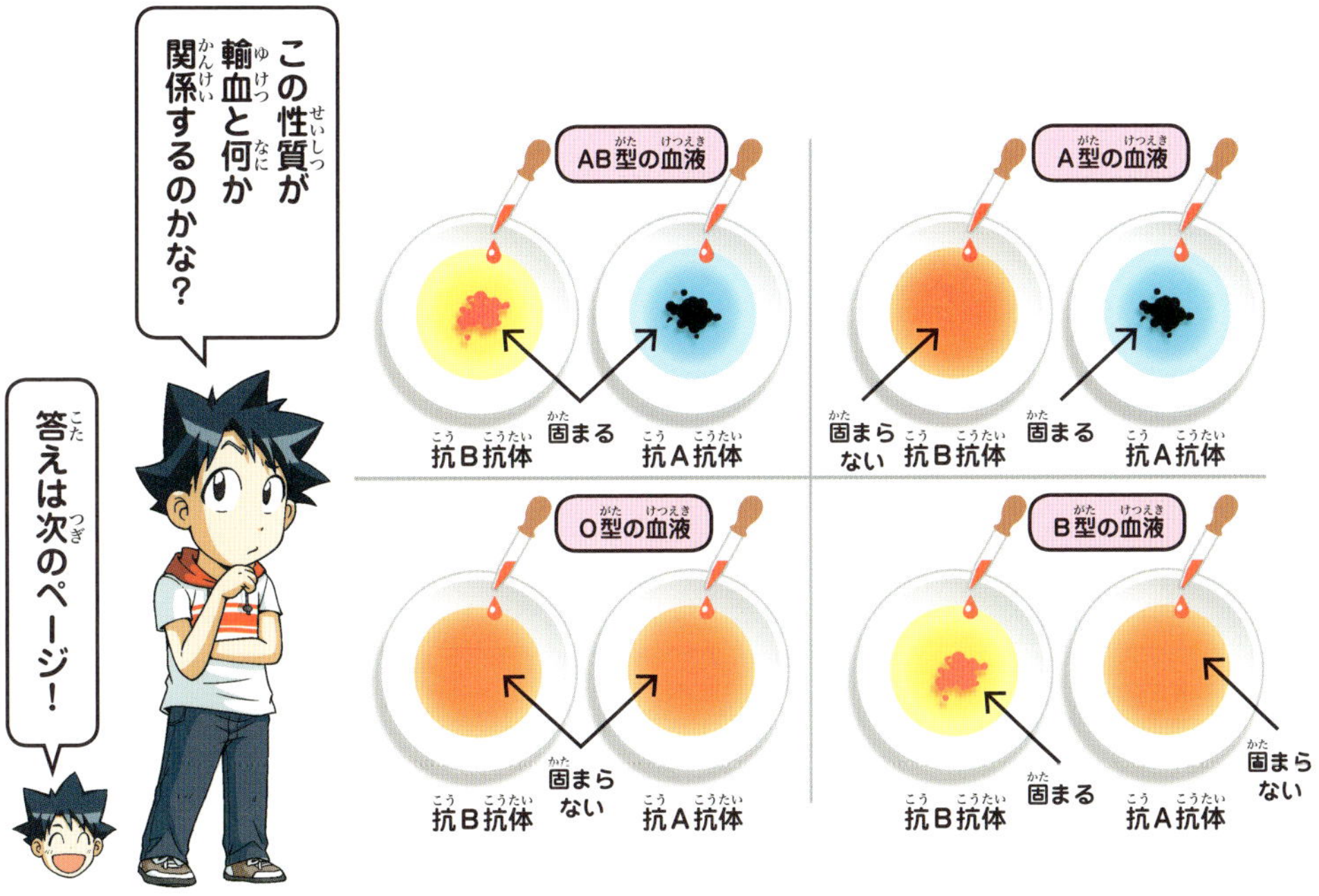
A型《がた》の血液《けつえき》
固《かた》まる
抗《こう》A抗体《こうたい》
固《かた》まらない
抗《こう》B抗体《こうたい》
AB型《がた》の血液《けつえき》
固《かた》まる
抗《こう》A抗体《こうたい》
抗《こう》B抗体《こうたい》
B型《がた》の血液《けつえき》
固《かた》まらない
抗《こう》A抗体《こうたい》
固《かた》まる
抗《こう》B抗体《こうたい》
O型《がた》の血液《けつえき》
固《かた》まらない
抗《こう》A抗体《こうたい》
抗《こう》B抗体《こうたい》
この性質《せいしつ》が輸血《ゆけつ》と何《なに》か関係《かんけい》するのかな？
答《こた》えは次《つぎ》のページ！

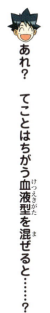

答《こた》え

ア 同《おな》じ血液型《けつえきがた》でないとできない。

【解説《かいせつ》】

大《おお》けがをしたときや大《おお》きな手術《しゅじゅつ》をするときなどには、輸《ゆ》血《けつ》をする必要《ひつよう》があります。

ところで血液《けつえき》には、前《まえ》のページで見《み》た抗《こう》A抗体《こうたい》や抗《こう》B抗《こう》体《たい》が含《ふく》まれています。含《ふく》まれ方《かた》は血液型《けつえきがた》によって異《こと》なり、血液型《けつえきがた》の組《く》み合《あ》わせによって、混《ま》ぜると固《かた》まりができます。たとえば、抗《こう》B抗体《こうたい》を持《も》つA型《がた》の人《ひと》にB型《がた》の血液《けつえき》を輸《ゆ》血《けつ》すると固《かた》まりができてしまい、命《いのち》の危険《きけん》があります。そのため輸血《ゆけつ》は同《おな》じ血液型《けつえきがた》どうしで行《おこな》います。

また、血液型《けつえきがた》には他《ほか》にも「Rh血液型《けつえきがた》」というのがあります。この型《かた》がちがうと輸血《ゆけつ》できない場合《ばあい》があるので、輸《ゆ》

血液型《けつえきがた》と含《ふく》まれている抗体《こうたい》

輸血《ゆけつ》でまちがえたらたいへんだね！

血液型《けつえきがた》	含《ふく》まれている抗体《こうたい》	固《かた》まる血液型《けつえきがた》
A型《かた》	抗《こう》B抗体《こうたい》	B型《がた》 AB型《がた》
B型《がた》	抗《こう》A抗体《こうたい》	A型《がた》 AB型《がた》
AB型《がた》	なし	A型《がた》 B型《がた》
O型《がた》	抗《こう》A抗体《こうたい》 抗《こう》B抗体《こうたい》	なし

※O型《がた》の血液《けつえき》は、A型《がた》、B型《がた》、AB型《がた》の血液《けつえき》と混《ま》ぜても固《かた》まりができませんが、ちがう血液型《けつえきがた》どうしが混《ま》じり合《あ》うと体《からだ》によくないことが起《お》こる可能性《かのうせい》があるので、ふつうは輸血《ゆけつ》をしません。

性格《せいかく》は血液型《けつえきがた》とは関係《かんけい》ない！
血液型占《けつえきがたうらな》いはお遊《あそ》び程度《ていど》に思《おも》ったほうがいいね！
A B O AB

血《けつ》の前《まえ》にはこの血液型《けつえきがた》も調《しら》べます。

ＡＢＯ、Ｒｈはくわしくいうと赤血球《せっけっきゅう》の血液型《けつえきがた》ですが、白血球《はっけっきゅう》には「ＨＬＡ」という血液型《けつえきがた》があります。白血病《はっけつびょう》など血液《けつえき》の病気《びょうき》のとき、骨《こつ》ずいを移植《いしょく》する（健康《けんこう》な人《ひと》の骨《こつ》ずいをもらう）ことがあります。このとき、ＨＬＡの型《かた》が同《おな》じ人《ひと》からしか、骨《こつ》ずいを移植《いしょく》することができません。

ところで、あなたは血液型《けつえきがた》を使《つか》った占《うらな》いや、性格判断《せいかくはんだん》があるのを知《し》っているでしょう。実際《じっさい》に、そういう占《うらな》いや性《せい》格判断《かくはんだん》を信《しん》じている人《ひと》も少《すく》なくありません。しかし、科学《かがく》的《てき》なうらづけはまったくありません。もし話題《わだい》になっても、冗談《じょうだん》、遊《あそ》びとして受《う》け流《なが》しましょう。血液型《けつえきがた》で人《ひと》の性格《せいかく》を決《き》めつけるのは、ある種《しゅ》の「いじめ」だともいわれています。

第《だい》5話《わ》

クイズ

もし80歳《さい》まで生《い》きるとしたら心臓《しんぞう》は何回動《なんかいうご》く？

ア 3000万回《まんかい》ぐらい。

イ 3億回《おくかい》ぐらい。

ウ 30億回《おくかい》ぐらい。

血液《けつえき》には
体《からだ》の各部《かくぶ》に送《おく》られる
酸素《さんそ》や栄養分《えいようぶん》も
溶《と》け込《こ》んでいるよ。

心臓《しんぞう》のつくりと血液《けつえき》の流《なが》れ

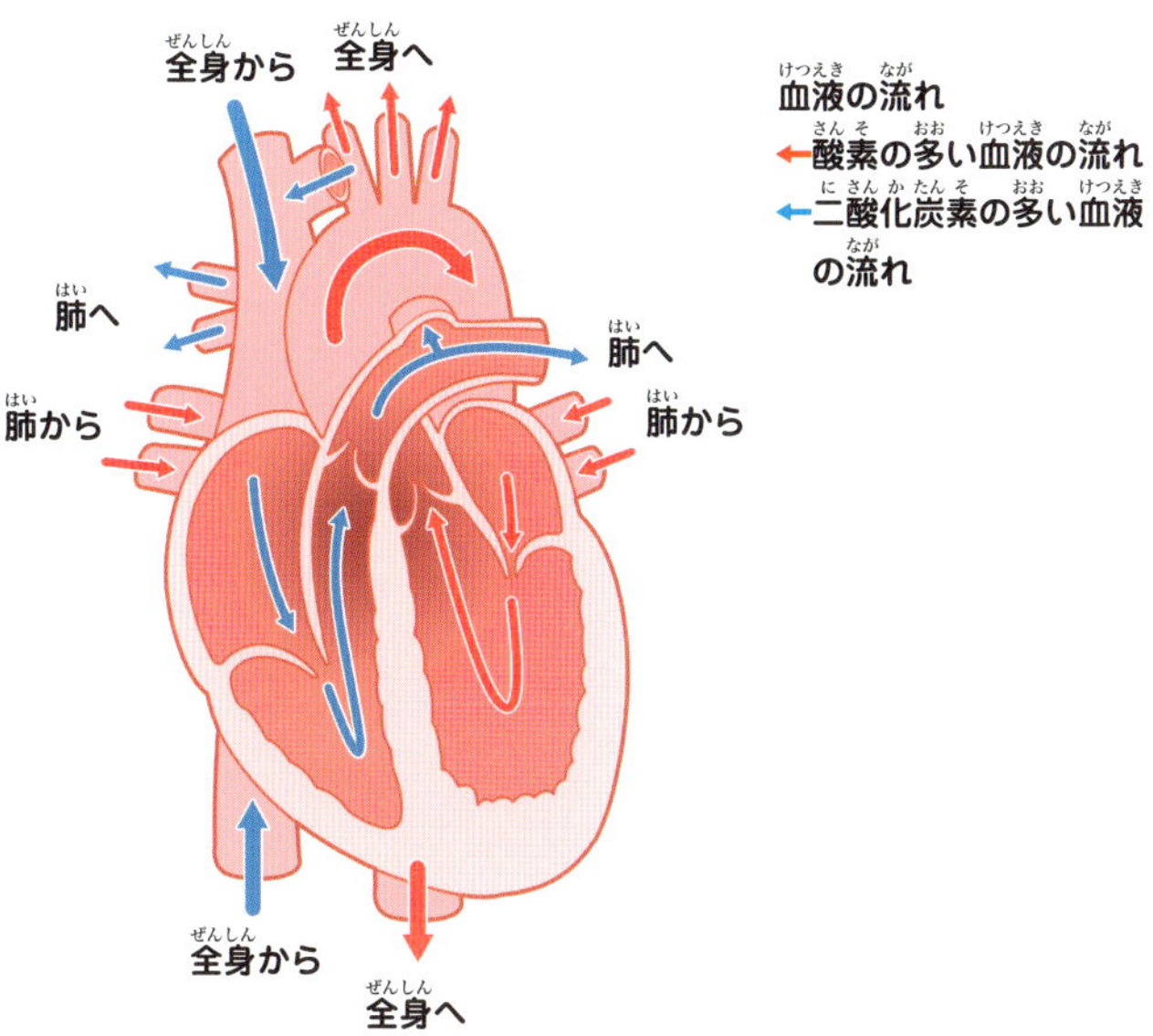
全身《ぜんしん》から
全身《ぜんしん》へ
肺《はい》へ
肺《はい》から
肺《はい》へ
肺《はい》から
全身《ぜんしん》から
全身《ぜんしん》へ
血液《けつえき》の流《なが》れ
酸素《さんそ》の多《おお》い血液《けつえき》の流《なが》れ
二酸化炭素《にさんかたんそ》の多《おお》い血液《けつえき》の流《なが》れ

心臓《しんぞう》は、血液《けつえき》を体《からだ》のすみずみに送《おく》り出《だ》す、ポンプの働《はたら》きをしているよ。友《とも》だちの胸《むね》に耳《みみ》を当《あ》ててごらん。ドクッ、ドクッという心臓《しんぞう》の動《うご》き（拍動《はくどう》）を感《かん》じることができるよ。

手《て》のひらのつけ根《ね》で感《かん》じる「脈拍《みゃくはく》」は、心臓《しんぞう》の動《うご》きが伝《つた》わったものだよね？

そうか！　脈拍《みゃくはく》を数《かぞ》えれば、心臓《しんぞう》の動《うご》く回数《かいすう》（心拍数《しんぱくすう》）が分《わ》かるんだ。1分間《ぷんかん》の脈拍《みゃくはく》を数《かぞ》えて、80年《ねん》で何回《なんかい》になるか計算《けいさん》すれば分《わ》かるぞ！

わたしの脈拍《みゃくはく》は75だよ。

それじゃあ、その数字《すうじ》をもとに80年《ねん》で何回《なんかい》ぐらい心臓《しんぞう》が動《うご》くか計算《けいさん》してみよう。

ええー？　わたし計算《けいさん》ニガテ～。

答《こた》えは次《つぎ》のページ！

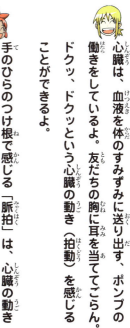

答《こた》え

ウ　30億《おくかい》回ぐらい。

【解説《かいせつ》】

脈拍数《みゃくはくすう》は、年齢《ねんれい》によって変《か》わります。大人《おとな》で1分間《ぷんかん》に60～100回《かい》、小学生《しょうがくせい》では70～110回《かい》ぐらいです。乳幼児《にゅうようじ》ではもう少《すこ》し速《はや》くなります。

一生《いっしょう》の平均《へいきん》の脈拍数《みゃくはくすう》が1分間《ぷんかん》に75回《かい》だとしましょう。これをもとに80歳《さい》までに心臓《しんぞう》が動《うご》く回数《かいすう》（心拍数《しんぱくすう》）を計算《けいさん》すると、およそ32億回《おくかい》になります。

脈拍《みゃくはく》は、いつも一定《いってい》ではありません。安静《あんせい》にしているときはゆっくりで、運動《うんどう》をすると速《はや》くなります。運動《うんどう》するときは、筋肉《きんにく》にたくさんの酸素《さんそ》や栄養《えいよう》を送《おく》り届《とど》けなければならないので、心臓《しんぞう》が速《はや》く動《うご》くようになるからです。

1分《ぷん》で　1時間《じかん》　1日《にち》　1年《ねん》で

75（回《かい》）× 60（分《ぷん》）× 24（時間《じかん》）× 365（日《にち》）＝ 3942万《まん》（回《かい》）

3942万《まん》（回《かい》）× 80（年《ねん》）＝ 3,153,600,000（回《かい》）

約《やく》32億回《おくかい》！

一生《いっしょう》の間《あいだ》に一度《いちど》も休《やす》まず、30億回《おくかい》も動《うご》き続《つづ》けるんだ！すごいでしょ？

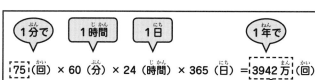

ほ乳類《にゅうるい》は、わたしたち人間《にんげん》と同《おな》じつくりの心臓《しんぞう》を持《も》っています。動物《どうぶつ》の心臓《しんぞう》の動《うご》きは、人間《にんげん》と比《くら》べてどうちがうのでしょう。ふつう体重《たいじゅう》の軽《かる》い動物《どうぶつ》は、心臓《しんぞう》の動《うご》きが速《はや》く、体重《たいじゅう》が重《おも》い動物《どうぶつ》ほど、心臓《しんぞう》の動《うご》きはゆっくりになります。ネズミの心拍数《しんぱくすう》は、１分間《ぷんかん》に４５０〜７５０回《かい》、これに対《たい》してゾウでは、25〜35回《かい》です。

ところが一生《いっしょう》の間《あいだ》の心拍数《しんぱくすう》は、どの動物《どうぶつ》でも20億回《おくかい》ほどなのだそうです。ネズミの寿命《じゅみょう》は数年《すうねん》ですが、ゾウは70年《ねん》ぐらい生《い》きます。ゾウはネズミよりずっと長生《ながい》きなのに、一生《いっしょう》の間《あいだ》の心拍数《しんぱくすう》は、どちらも同《おな》じくらいだというのです。

現代《げんだい》の人間《にんげん》は、野生動物《やせいどうぶつ》と比《くら》べると心臓《しんぞう》にあまり負担《ふたん》をかけない環境《かんきょう》で生《い》きています。そのため、一生《いっしょう》の間《あいだ》に20億《おく》回《かい》を大《おお》きくこえて心臓《しんぞう》が動《うご》き続《つづ》けるのかもしれません。

第《だい》6話《わ》

クイズ

一度《いちど》はしかにかかると どうして二度《にど》と かからないの？

ア 体《からだ》は、同《おな》じ病気《びょうき》に 二度《にど》かからないように できているから。

イ 前《まえ》にはしかにかかったときに 飲《の》んだ薬《くすり》が、体《からだ》に残《のこ》っているから。

ウ 前《まえ》にかかったときにウイルスを 退治《たいじ》したことを体《からだ》が 覚《おぼ》えているから。

はしかはかからないように注意《ちゅうい》しなければいけない病気《びょうき》だよ。
麻《ま》しんウイルス
大《おお》きさは1万分《まんぶん》の1㎜程度《ていど》。
体《からだ》に入《はい》ると……
高熱《こうねつ》が出《で》る。
体《からだ》じゅうに赤《あか》いぶつぶつができる。

はしかって、どんな病気《びょうき》?

赤《あか》ちゃんや小《ちい》さい子《こ》どもがかかりやすい病気《びょうき》だよ。高《たか》い熱《ねつ》が出《で》て、体《からだ》じゅうに赤《あか》いぶつぶつができるんだ。ふつうは、10日《とおか》ぐらいたつと治《なお》るけれど、重《おも》い場合《ばあい》には死《し》ぬこともあるぞ。

うわっ、こわーい! はしかの原因《げんいん》は何《なに》?

麻《ま》しんウイルスという、ふつうの顕微鏡《けんびきょう》では見《み》えないぐらい小《ちい》さなものが原因《げんいん》だよ。このウイルスが体《からだ》の中《なか》に入《はい》って病気《びょうき》になるんだ。はしかは、とてもうつりやすい病気《びょうき》だ。

昔《むかし》は、ほとんどの子《こ》どもがかかったけど、今《いま》は予防《よぼう》接種《せっしゅ》で、かかる人《ひと》が少《すく》なくなったって。

そのとおりだよ。でも、ときどき、はやることがあるから注意《ちゅうい》が必要《ひつよう》なんだ。

答《こた》えは次《つぎ》のページ!

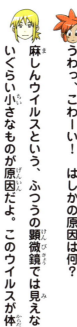

答《こた》え

ウ　前《まえ》にかかったときにウイルスを退治《たいじ》したことを体《からだ》が覚《おぼ》えているから。

【解説《かいせつ》】

わたしたちの体《からだ》は、細菌《さいきん》、ウイルス、カビなどの病原体《びょうげんたい》から自分《じぶん》を守《まも》る「免疫《めんえき》」というしくみを持《も》っています。

ウイルスにはいろいろな種類《しゅるい》があって、はしかは「麻《ま》しんウイルス」によって起《お》こります。このウイルスが体内《たいない》に入《はい》ってくると、免疫《めんえき》のしくみが働《はたら》き始《はじ》めます。

免疫《めんえき》をになっているのは白血球《はっけっきゅう》です。白血球《はっけっきゅう》にはいろいろな種類《しゅるい》があり、それぞれ役割《やくわり》がちがいます。①病原体《びょうげんたい》の特徴《とくちょう》や性質《せいしつ》を見《み》つけるもの、②それにもとづいて病原体退治《びょうげんたいたいじ》の武器《ぶき》となる「抗体《こうたい》」を作《つく》る指令《しれい》を出《だ》すもの、③指令《しれい》を受《う》けて実際《じっさい》に抗体《こうたい》を作《つく》るものなどがいます。

ウイルスなどの病原体《びょうげんたい》を退治《たいじ》するしくみ

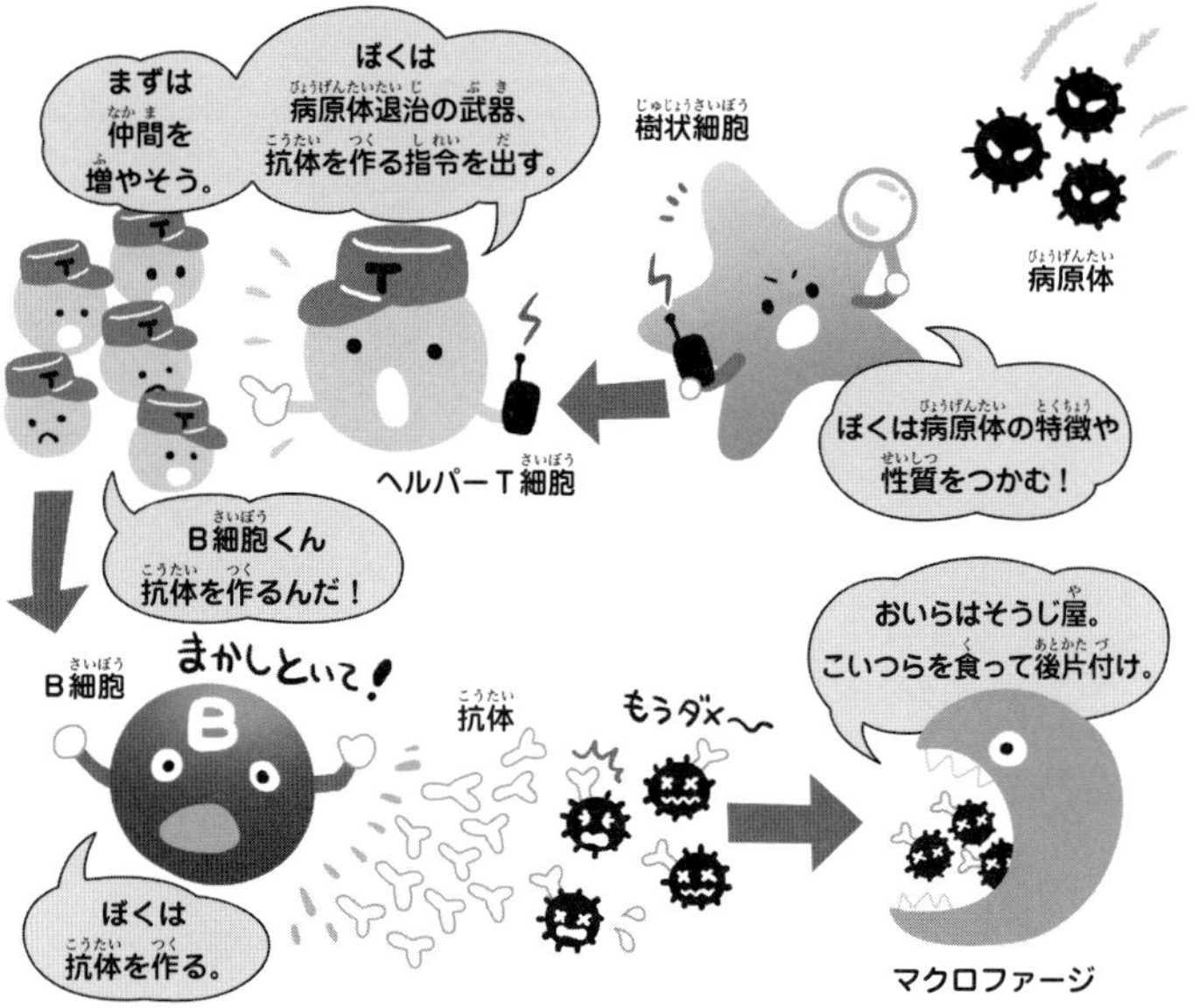

このチームワークによって、麻《ま》しんウイルスが体《からだ》の中《なか》に入《はい》ってきてしばらくすると、抗体《こうたい》がたくさん作《つく》られるようになります。そして、ウイルスはじょじょに退治《たいじ》されていき、病気《びょうき》が治《なお》ります。

その後《ご》、体《からだ》の中《なか》には、麻《ま》しんウイルスに効《き》く抗体《こうたい》を作《つく》ったことを覚《おぼ》えている白血球《はっけっきゅう》が残《のこ》っています。次《つぎ》に麻《ま》しんウイルスが入《はい》ってきたときには、この白血球《はっけっきゅう》がいち早《はや》く反応《はんのう》して仲間《なかま》を増《ふ》やし、発病《はつびょう》する前《まえ》にウイルスを退治《たいじ》してしまうのです。それで、一度《いちど》はしかにかかった人《ひと》は、二度《にど》とかからないのです。ただし、中《なか》には年月《ねんげつ》がたつうちにはしかに対《たい》する免疫《めんえき》の力《ちから》が落《お》ちて、もう一度《いちど》、はしかにかかる人《ひと》もいます。

わたしたちの体《からだ》は、はしかを起《お》こす麻《ま》しんウイルスだけでなく、インフルエンザウイルスなどさまざまな病原体《びょうげんたい》に対《たい》して抗体《こうたい》を作《つく》ることができます。

予防接種《よぼうせっしゅ》のワクチンは
力《ちから》を弱《よわ》めた病原体《びょうげんたい》や
死《し》んだ病原体《びょうげんたい》を
わざと体《からだ》に入《い》れて
抗体《こうたい》を作《つく》らせる
ものだよ。

はしかに二度《にど》とかからないわけ

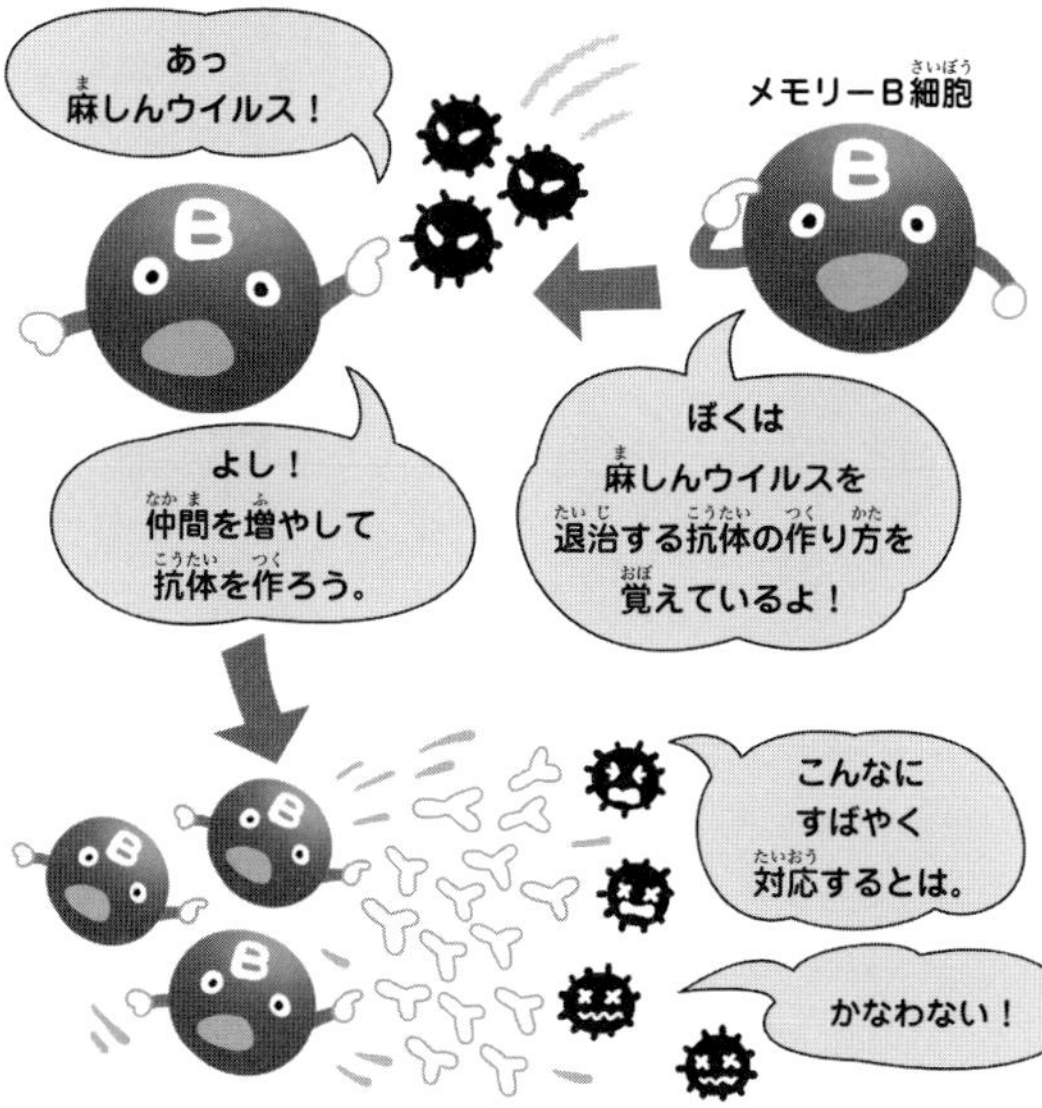
メモリーB細胞《さいぼう》
ぼくは
麻《ま》しんウイルスを
退治《たいじ》する抗体《こうたい》の作《つく》り方《かた》を
覚《おぼ》えているよ！
あっ
麻《ま》しんウイルス！
よし！
仲間《なかま》を増《ふ》やして
抗体《こうたい》を作《つく》ろう。
こんなに
すばやく
対応《たいおう》するとは。
かなわない！

第《だい》7話《わ》

クイズ

人間《にんげん》はどんなサルから進化《しんか》したの？

ア チンパンジーから進化《しんか》した。

イ 人間《にんげん》とチンパンジーの共通《きょうつう》の祖先《そせん》から進化《しんか》した。

ウ 小型《こがた》のゴリラが進化《しんか》して人間《にんげん》になった。

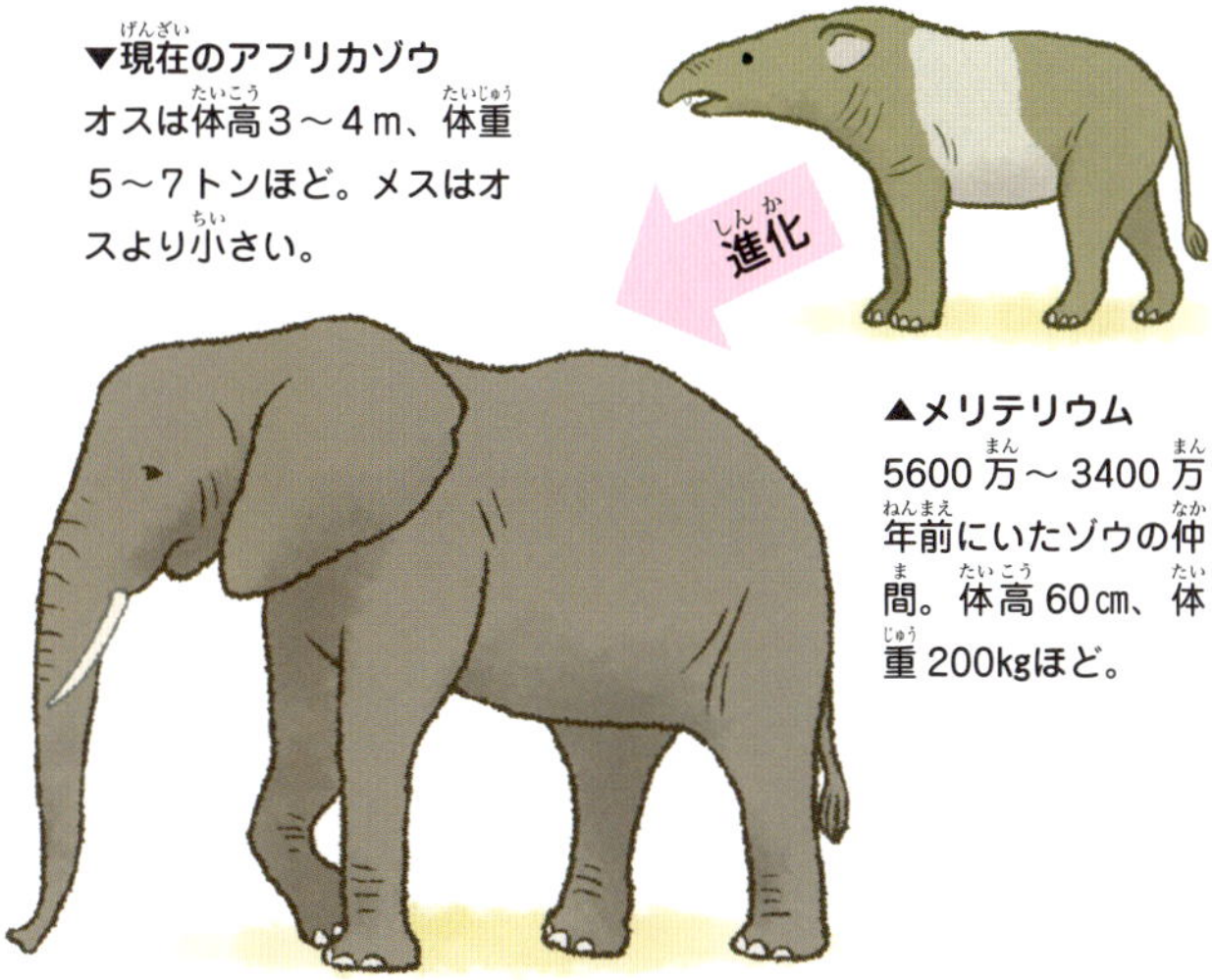

▼現在《げんざい》のアフリカゾウ
オスは体高《たいこう》3～4m、体重《たいじゅう》5～7トンほど。メスはオスより小《ちい》さい。

▲メリテリウム
5600万《まん》～3400万《まん》年前《ねんまえ》にいたゾウの仲間《なかま》。体高《たいこう》60㎝、体重《たいじゅう》200kgほど。

進化《しんか》って、どういうこと？

生《い》き物《もの》は、親《おや》から子《こ》、子《こ》から孫《まご》、孫《まご》からひ孫《まご》と命《いのち》が受《う》けつがれていくうちに姿《すがた》や性質《せいしつ》などが変《か》わっていく。このことを進化《しんか》というよ。例《たと》えば、ゾウの鼻《はな》は、もとは短《みじか》かったけれど、長《なが》い年月《ねんげつ》をかけて長《なが》くなったんだ。

へーっ!?　人間《にんげん》には、どんな進化《しんか》があったのかな？

人間《にんげん》の遠《とお》い祖先《そせん》はサルのように4本《ほん》の脚《あし》で歩《ある》いていたのさ。700万《まん》～500万年前《まんねんまえ》に、まっすぐに立《た》つようになったよ。そして、脳《のう》が大《おお》きくなり、歩《ある》くのに必要《ひつよう》なくなった前脚《まえあし》（手《て》）を使《つか》って、道具《どうぐ》を作《つく》って使《つか》うようになったんだ。

サルの中《なか》で人間《にんげん》にいちばん近《ちか》いのは、チンパンジー、ゴリラ、オランウータンだよね。

答《こた》え

イ

人間《にんげん》とチンパンジーの共通《きょうつう》の祖先《そせん》から進化《しんか》した。

わたしたちは長《なが》い年月《ねんげつ》をかけて進化《しんか》してきたんだね！

【解説《かいせつ》】

人間《にんげん》（ヒト）、チンパンジー、ゴリラ、オランウータンの祖先《そせん》をたどっていくと、1500万年以上前《まんねんいじょうまえ》には同《おな》じ動物《どうぶつ》（サル）だったと考《かんが》えられています。

言《い》い方《かた》をかえると、そのサルは、ヒト、チンパンジー、ゴリラ、オランウータンの「共通《きょうつう》の祖先《そせん》」ということになります。しかし、化石《かせき》が見《み》つかっていないので、どのようなサルだったのかは分《わ》かっていません。

このサルから、オランウータンの祖先《そせん》、続《つづ》いてゴリラの祖先《そせん》が枝分《えだわ》かれしていきました。その後《ご》、ヒトとチンパンジーの共通《きょうつう》の祖先《そせん》は700万《まん》～500万年前《まんねんまえ》に分《わ》かれたの

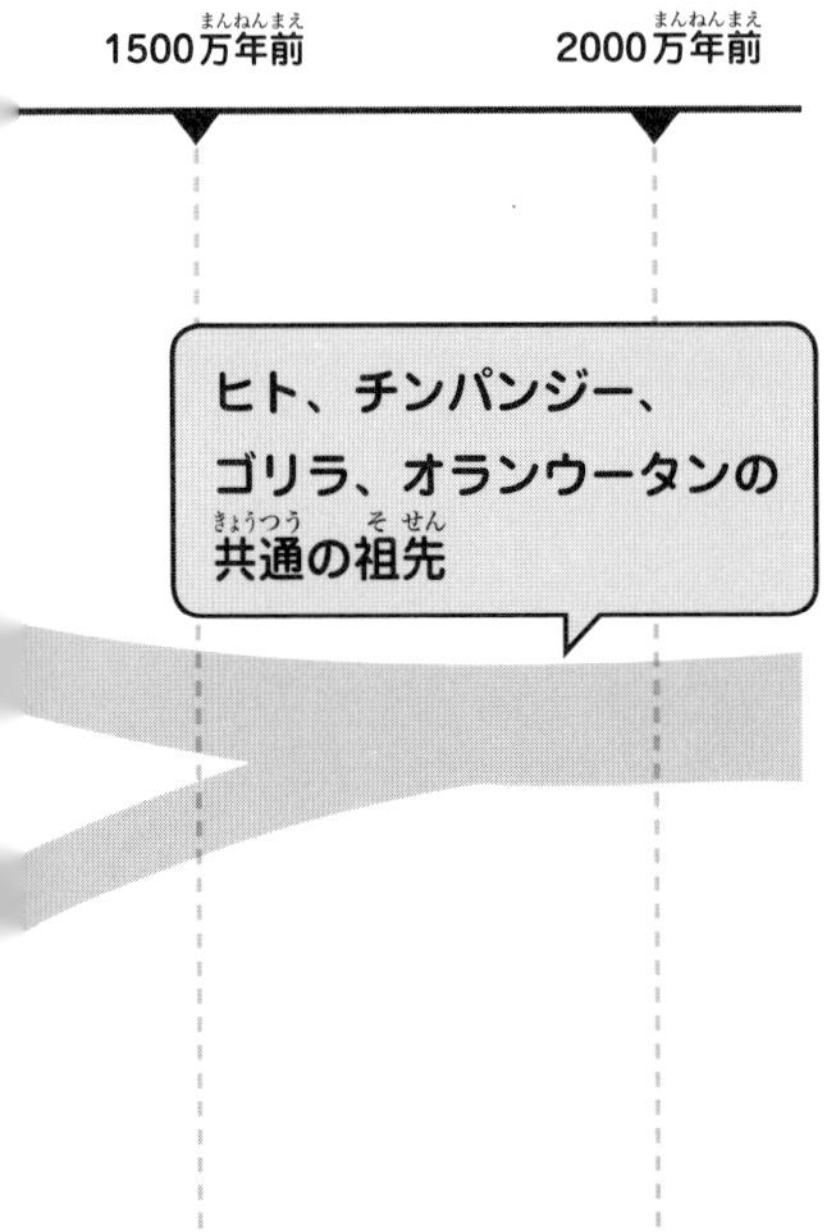
1500万年前《まんねんまえ》
2000万年前《まんねんまえ》
ヒト、チンパンジー、ゴリラ、オランウータンの共通《きょうつう》の祖先《そせん》

です。

これまでに見《み》つかっているヒトの化石《かせき》の中《なか》でいちばん古《ふる》いのは、アフリカのチャドで発見《はっけん》された「サヘラントロプス・チャデンシス」で、700万《まん》～600万年前《まんねんまえ》にいたと考《かんが》えられています。

ヒトの大《おお》きな特徴《とくちょう》は、まっすぐに立《た》って2本《ほん》の足《あし》で歩《ある》くこと（直立二足歩行《ちょくりつにそくほこう》）です。体《からだ》の骨《ほね》を見《み》ると直立二足歩行《ちょくりつにそくほこう》したかどうか分《わ》かりますが、「サヘラントロプス・チャデンシス」は、頭《あたま》の骨《ほね》の化石《かせき》だけしか見《み》つかっていないので、本当《ほんとう》にヒトといえるかどうかは分《わ》かっていません。

全身《ぜんしん》の骨格《こっかく》の化石《かせき》があり、身長《しんちょう》や体《からだ》つきなども分《わ》かっているものとしては、440万年前《まんねんまえ》のアフリカにいたラミダス猿人《えんじん》が有名《ゆうめい》です。この化石《かせき》は身長約《しんちょうやく》120cm、体重約《たいじゅうやく》50kgと推定《すいてい》される女性《じょせい》で、「アルディ」と名《な》づけられています。

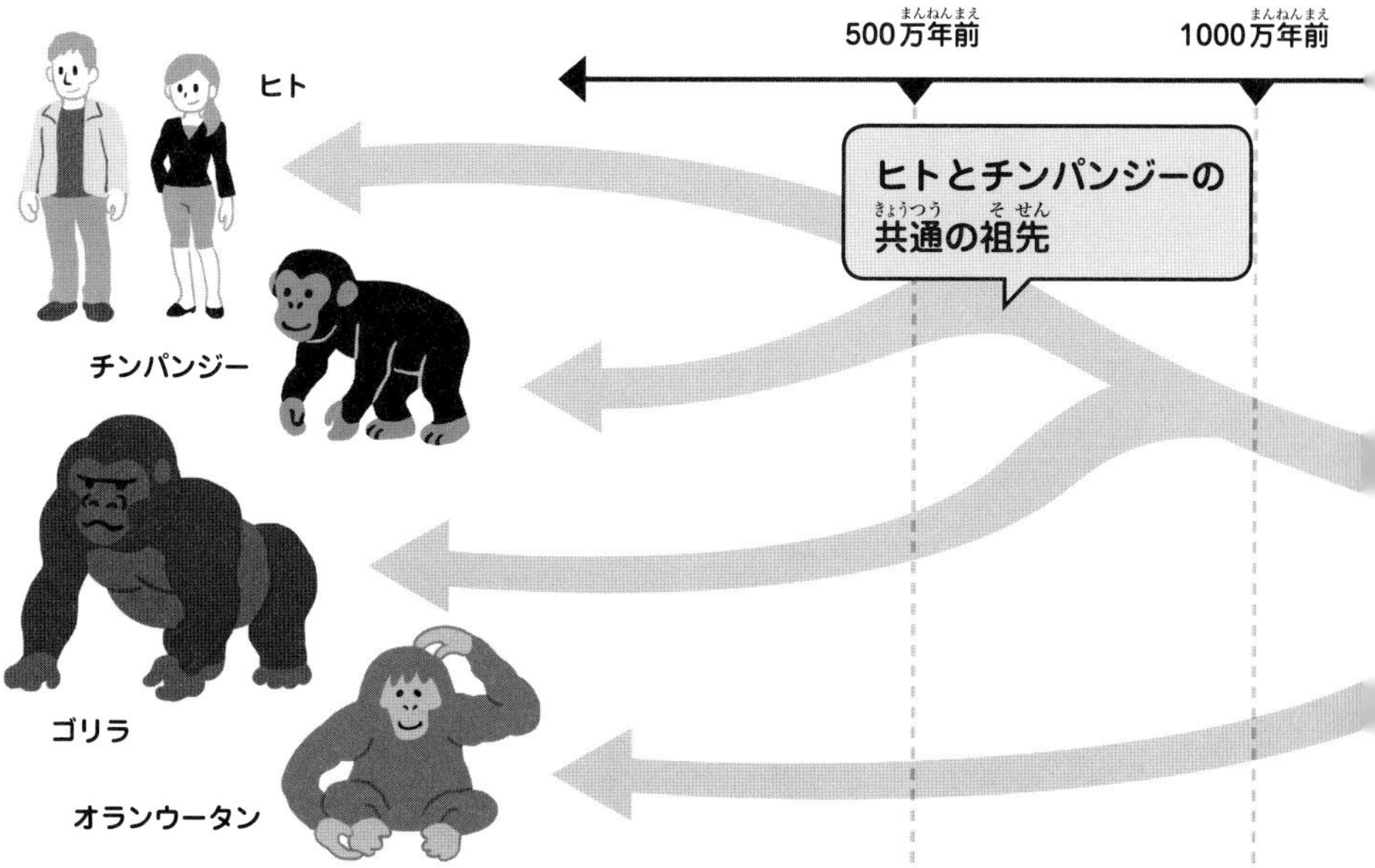

第《だい》8話《わ》

クイズ

どうして人間《にんげん》には目《め》が2つあるの?

ア 2つあると、物《もの》までの距離《きょり》がつかめるから。

イ 1つだと目《め》にゴミが入《はい》ったりしたとき、困《こま》るから。

ウ 片目《かため》だけをつぶるウィンクをして、ほかの人《ひと》に合図《あいず》をする必要《ひつよう》があるから。

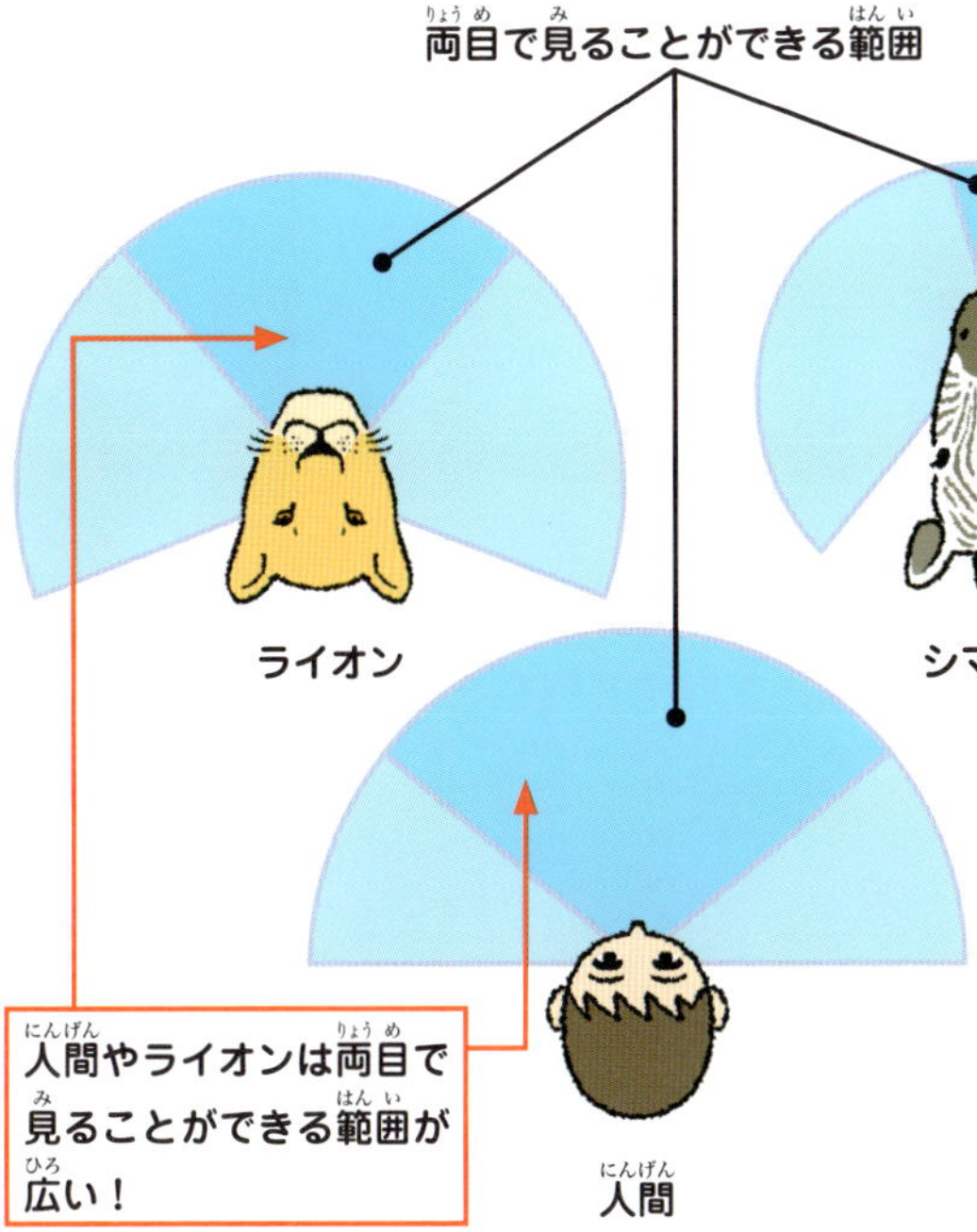
両目《りょうめ》で見《み》ることができる範囲《はんい》
ライオン
シマウマ
人間《にんげん》
人間《にんげん》やライオンは両目《りょうめ》で見《み》ることができる範囲《はんい》が広《ひろ》い！

動物《どうぶつ》によって目《め》のつき方《かた》や見《み》える範囲《はんい》がちがうんだね。

人間《にんげん》だけじゃなくて、動物《どうぶつ》にも目《め》が2つあるね。

2つあれば、見《み》える範囲《はんい》が広《ひろ》くなる。人《ひと》に目《め》が2つある理由《りゆう》のひとつは、これさ。でも、もうひとつ大《だい》事《じ》なことがあるんだ。それを考《かんが》えるために、動物《どうぶつ》と人《ひと》の目《め》のつき方《かた》を比《くら》べてみよう。

シマウマは、顔《かお》の両側《りょうがわ》に目《め》がついているよ。

目《め》が顔《かお》の両側《りょうがわ》についていると、真横《まよこ》や後《うし》ろのほうまで見《み》ることができるんだ。ライオンなどから身《み》を守《まも》るのに、こういう目《め》のつき方《かた》は便利《べんり》そうだね。

ライオンやネコなどの肉食動物《にくしょくどうぶつ》の目《め》は、顔《かお》の前《まえ》に2つ並《なら》ぶようについているよ。これって、人間《にんげん》と似《に》てない？

この目《め》のつき方《かた》に、何《なに》か意味《いみ》がありそうだね！

答《こた》えは次《つぎ》のページ！

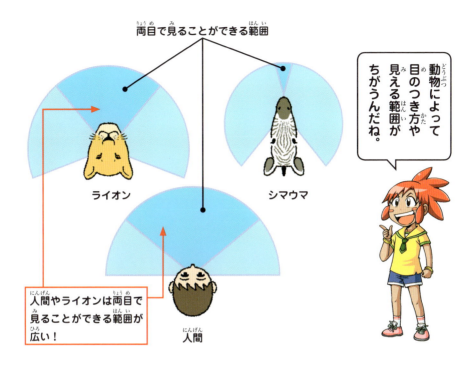

答《こた》え

ア 2つあると、物《もの》までの距離《きょり》がつかめるから。

【解説《かいせつ》】
人間《にんげん》の2つの目《め》は、前《まえ》を向《む》いて並《なら》んでついています。2つあることで、見《み》える範囲《はんい》が広《ひろ》がるだけでなく、物《もの》を立体《りったい》的《てき》に見《み》ることができるようになり、物《もの》までの距離《きょり》をつかむことができます。

目《め》の前《まえ》の物《もの》を見《み》たとき、下《した》の絵《え》のように、左右《さゆう》の目《め》には、それぞれ少《すこ》しずれた像《ぞう》がうつっています。2つのずれた像《ぞう》が脳《のう》の中《なか》で合《あ》わさると、物《もの》が立体的《りったいてき》に見《み》え、物《もの》までの距離《きょり》が分《わ》かるようになるのです。

シマウマのような動物《どうぶつ》も、少《すこ》しは立体的《りったいてき》に見《み》ることができますが、2つある目《め》は、おもに前《まえ》・横《よこ》・後《うし》ろと広《ひろ》い範囲《はんい》

を見《み》ることに役立《やくだ》てられています。

ライオンやネコなども、物《もの》を立体的《りったいてき》に見《み》て、物《もの》までの距《きょ》離《り》をつかむことができます。この目《め》は、えものを追《お》いかけてつかまえるのに役立《やくだ》ちます。

人間《にんげん》はサルの仲間《なかま》です。サルの仲間《なかま》の多《おお》くは木《き》の上《うえ》でくらし、目《め》のつき方《かた》はわたしたちとよく似《に》ています。

でも、人間《にんげん》の遠《とお》い祖先《そせん》になる原始的《げんしてき》なサルは、地面《じめん》の近《ちか》くでくらし、目《め》は顔《かお》の正面《しょうめん》には並《なら》んでいませんでした。その後《ご》、サルは木《き》の上《うえ》でくらすようになりました。木《き》から木《き》へ飛《と》び移《うつ》るとき、物《もの》までの距離《きょり》が分《わ》からなければ、枝《えだ》をつかみそこねて地面《じめん》に落《お》ちてしまいます。それでは困《こま》るので、2つの目《め》は顔《かお》の正面《しょうめん》に並《なら》ぶように進化《しんか》していったのだと考《かんが》えられています。

大昔《おおむかし》のサル

目《め》が顔《かお》の正面《しょうめん》についていない！

プレシアダピス
6500万《まん》～5500万年前《まんねんまえ》にいたと考《かんが》えられている原始的《げんしてき》なサル。全長《ぜんちょう》80㎝。

この距離《きょり》なら飛《と》び移《うつ》れるぞ！

動物《どうぶつ》の目《め》のつき方《かた》には大事《だいじ》な意味《いみ》があるんだね。

第《だい》9話《わ》

クイズ

男《おとこ》の子《こ》は どうして 声変《こえが》わりするの？

ア 成長《せいちょう》することで、舌《した》が長《なが》くなるから。

イ 体《からだ》が大《おお》きくなると、口《くち》の中《なか》が大《おお》きくなるから。

ウ 大人《おとな》の体《からだ》に成長《せいちょう》して、声《こえ》を出《だ》す「声帯《せいたい》」が長《なが》くなるから。

「あーっ、あーっ」。ねえ、ケイちゃん、どういうしくみで声《こえ》が出《で》るの? 教《おし》えて!

鼻《はな》や口《くち》から息《いき》をすいこむと、のどから肺《はい》につながる気管《きかん》という管《くだ》に入《はい》るよ。気管《きかん》の入《い》り口《ぐち》あたりには「声帯《せいたい》」というひだがあるんだ。

声帯《せいたい》か。名前《なまえ》からすると声《こえ》に関係《かんけい》ありそうだね。

そうだよ。声帯《せいたい》は、息《いき》をしているときは開《ひら》いている。声《こえ》を出《だ》すときは閉《と》じているんだ。

声帯《せいたい》は開《ひら》いたり閉《と》じたりするんだね。

うん。声《こえ》を出《だ》すとき、肺《はい》から出《で》た空気《くうき》は閉《と》じた声帯《せいたい》のせまいすき間《ま》を通《とお》る。このときに、ひだをふるわせて音《おと》が出《で》るんだ。この音《おと》は、のどや口《くち》の中《なか》、鼻《はな》の中《なか》を通《とお》るときに響《ひび》いて、いろいろな音色《ねいろ》の声《こえ》になるんだ。

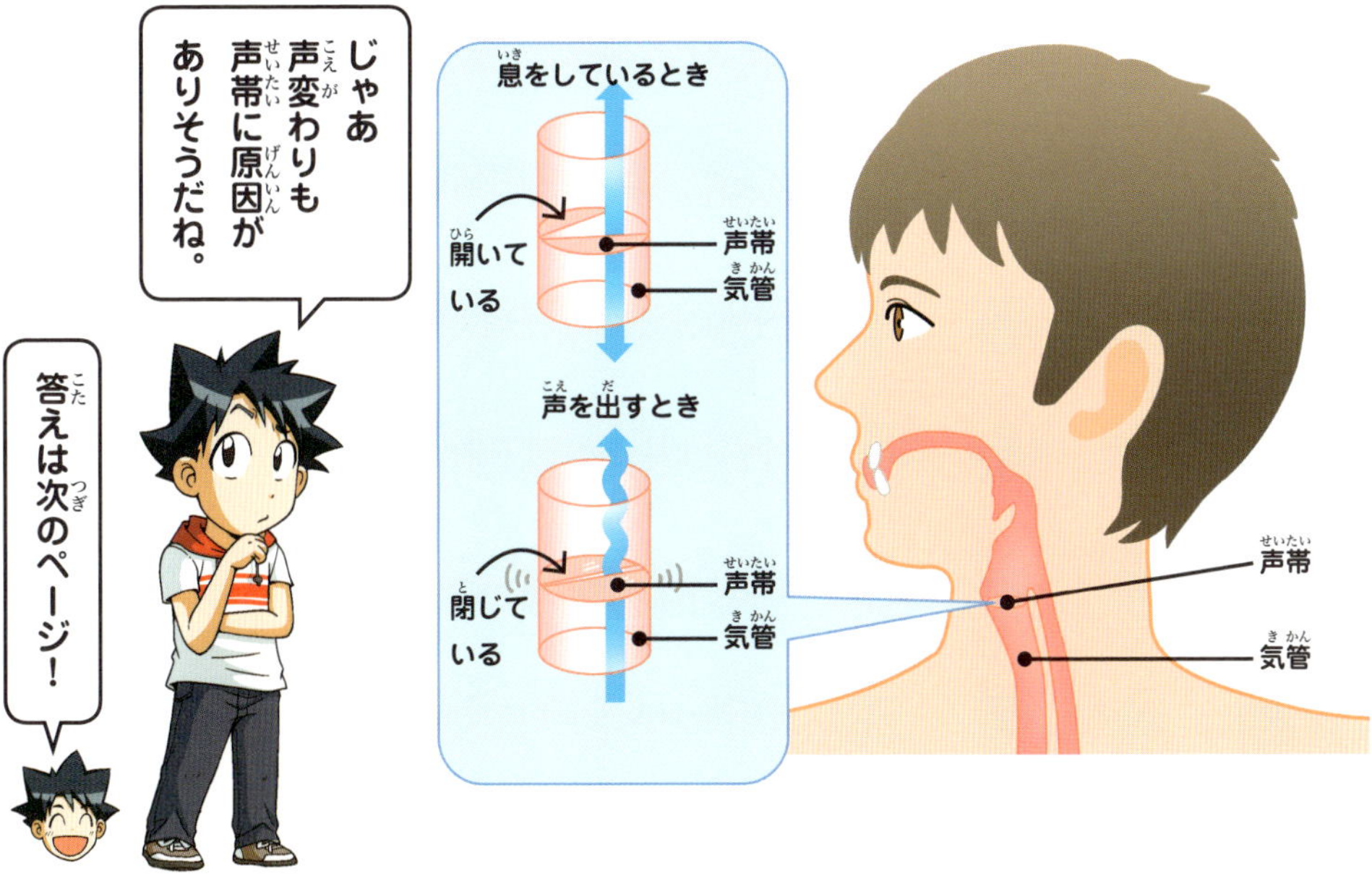

息《いき》をしているとき
開《ひら》いている
声帯《せいたい》
気管《きかん》
声《こえ》を出《だ》すとき
閉《と》じている
声帯《せいたい》
気管《きかん》
声帯《せいたい》
気管《きかん》
じゃあ声変《こえが》わりも声帯《せいたい》に原因《げんいん》がありそうだね。
答《こた》えは次《つぎ》のページ!

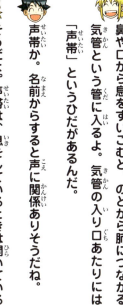

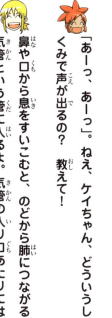

答《こた》え

ウ 大人《おとな》の体《からだ》に成長《せいちょう》して、声《こえ》を出《だ》す「声帯《せいたい》」が長《なが》くなるから。

【解説《かいせつ》】

小学校高学年《しょうがっこうこうがくねん》になると、男女《だんじょ》ともに体《からだ》つきが大人《おとな》のように変《か》わってきます。男子《だんし》は男性《だんせい》ホルモン、女子《じょし》は女性《じょせい》ホルモンの働《はたら》きによるものです。

少《すこ》し上《うえ》を向《む》いてのどの前《まえ》をさわるとゴリゴリしているところがあります。ここを「のどぼとけ（甲状軟骨《こうじょうなんこつ》）」といいます。男子《だんし》は男性《だんせい》ホルモンの働《はたら》きで、のどぼとけが大《おお》きくなり前《まえ》に出《で》てきます。それにともなって、のどぼとけにくっついている声帯《せいたい》が長《なが》くなります。声帯《せいたい》が長《なが》くなると、そこを空気《くうき》が通《とお》ったときに出《で》る音《おと》は低《ひく》くなります。「声変《こえが》わり」はこのようにして起《お》こります。

男女《だんじょ》の体《からだ》つきの変化《へんか》

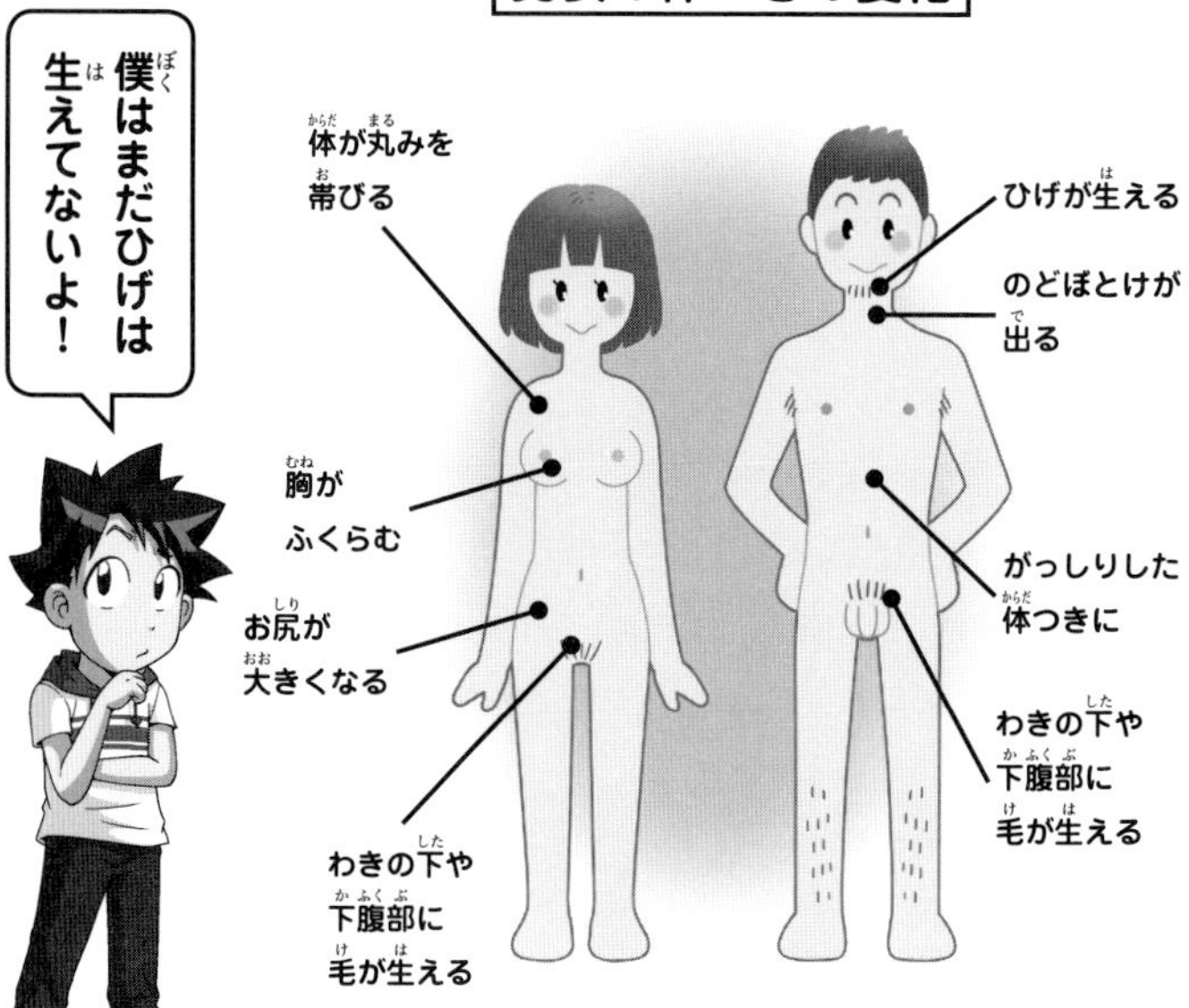
体《からだ》が丸《まる》みを帯《お》びる
胸《むね》がふくらむ
お尻《しり》が大《おお》きくなる
わきの下《した》や下腹部《かふくぶ》に毛《け》が生《は》える
ひげが生《は》える
のどぼとけが出《で》る
がっしりした体《からだ》つきに
わきの下《した》や下腹部《かふくぶ》に毛《け》が生《は》える
僕《ぼく》はまだひげは生《は》えてないよ！

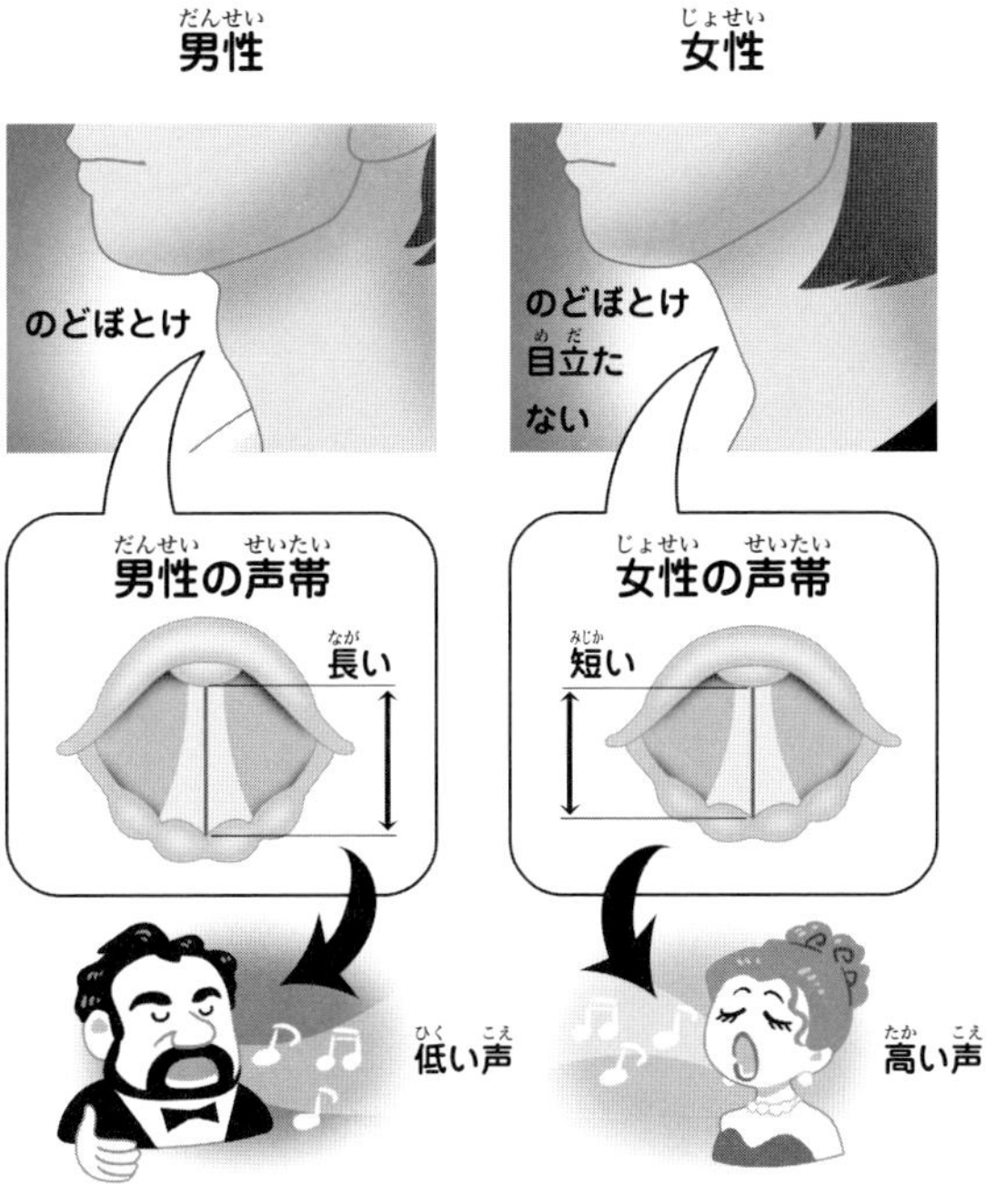

声変《こえが》わりする年齢《ねんれい》は人《ひと》によって差《さ》があります。早《はや》い人《ひと》では小学《しょうがく》4年《ねん》ごろから始《はじ》まり、おそい人《ひと》でも中学《ちゅうがく》を卒業《そつぎょう》するころまでに声変《こえが》わりは終《お》わります。

声変《こえが》わりが起《お》こっている間《あいだ》は、声《こえ》がかすれたり、しわがれたり、声《こえ》が思《おも》うように出《だ》せなかったりします。でも、時《じ》期《き》がくれば大人《おとな》の声《こえ》に落《お》ち着《つ》きますから、気《き》にしないようにしましょう。

じつは女《おんな》の子《こ》も、子《こ》どもから大人《おとな》になるときに声《こえ》が変《か》わります。声変《こえが》わりの前後《ぜんご》で、男《おとこ》の子《こ》は1オクターブ※ぐらい低《ひく》くなりますが、女《おんな》の子《こ》ではその差《さ》が小《ちい》さいので目立《めだ》たないのです。

ちなみに大人《おとな》の声帯《せいたい》の長《なが》さは、男性《だんせい》のほうが女性《じょせい》より長《なが》くなっています。そのため、男性《だんせい》の声《こえ》は女性《じょせい》よりも低《ひく》いのです。

※オクターブ＝ドから次《つぎ》のドまでの高《たか》さのちがい。

第《だい》10話《わ》

クイズ

人間《にんげん》は最高《さいこう》で何歳《なんさい》ぐらいまで生《い》きられるの？

ア　最高《さいこう》の環境《かんきょう》の中《なか》でくらせば、300歳《さい》ぐらいまで。

イ　160歳《さい》ぐらいが限界《げんかい》といわれている。

ウ　120歳《さい》ぐらいが限界《げんかい》といわれている。

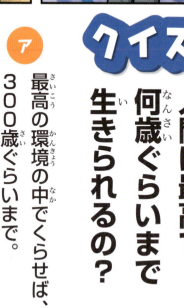

日本《にほん》に100歳《さい》以上《いじょう》の人《ひと》が何人《なんにん》いるか知《し》ってる？

さあ。1万人《まんにん》ぐらいかな。

正解《せいかい》は、2016年《ねん》の時点《じてん》で6万《まん》5692人《にん》。50年《ねん》ほど前《まえ》には、全国《ぜんこく》で150人《にん》くらいしかいなかったから、100歳以上《さいいじょう》の人《ひと》は約《やく》50年《ねん》で400倍以上《ばいいじょう》になったんだ。

寿命《じゅみょう》が、どんどんのびているってことね。これまでで日本《にほん》でいちばん長生《ながい》きの人《ひと》はだれ？

2017年《ねん》に117歳《さい》になった、鹿児島県《かごしまけん》の田島《たじま》ナビさん。世界《せかい》では122歳《さい》で亡《な》くなったフランス人《じん》のジャンヌ・カルマンさんという女性《じょせい》だよ。

これまでの記録《きろく》を見《み》ると、だいたい120歳《さい》ぐらいってことか。……でも将来《しょうらい》はもっと寿命《じゅみょう》が長《なが》くなることもあるんじゃないかな？

これまでに分《わ》かっている長生《ながい》き記録《きろく》

動物《どうぶつ》で人《ひと》に負《ま》けない長生《ながい》きは何《なに》かな？
アルダブルゾウガメ 184歳《さい》
アジアゾウ 86歳《さい》
ホッキョククジラ 211歳《さい》
答《こた》えは次《つぎ》のページ！

答《こた》え

ウ　120歳《さい》ぐらいが限界《げんかい》といわれている。

【解説《かいせつ》】

年《とし》を取《と》って体《からだ》が弱《よわ》っていくことを、老化《ろうか》といいます。どうして老化《ろうか》が起《お》こるのでしょう？　これまでにいろいろな説《せつ》が発表《はっぴょう》されてきましたが、その中《なか》に「ヘイフリックの限《げん》界《かい》」と呼《よ》ばれる考《かんが》え方《かた》があります。

わたしたちの体《からだ》は、たくさんの細胞《さいぼう》からできています。多《おお》くの細胞《さいぼう》は、時間《じかん》が経《た》つと2つに分《わ》かれて（分裂《ぶんれつ》）、新《あたら》しい細胞《さいぼう》に生《う》まれ変《か》わります。細胞《さいぼう》が生《う》まれ変《か》わることで、わたしたちの体《からだ》は健康《けんこう》を保《たも》っていくことができるのです。

アメリカの解剖学者《かいぼうがくしゃ》ヘイフリックは、ヒトの線維芽細胞《せんいがさいぼう》という細胞《さいぼう》を培養《ばいよう》（シャーレの中《なか》などで人工的《じんこうてき》に育《そだ》てるこ

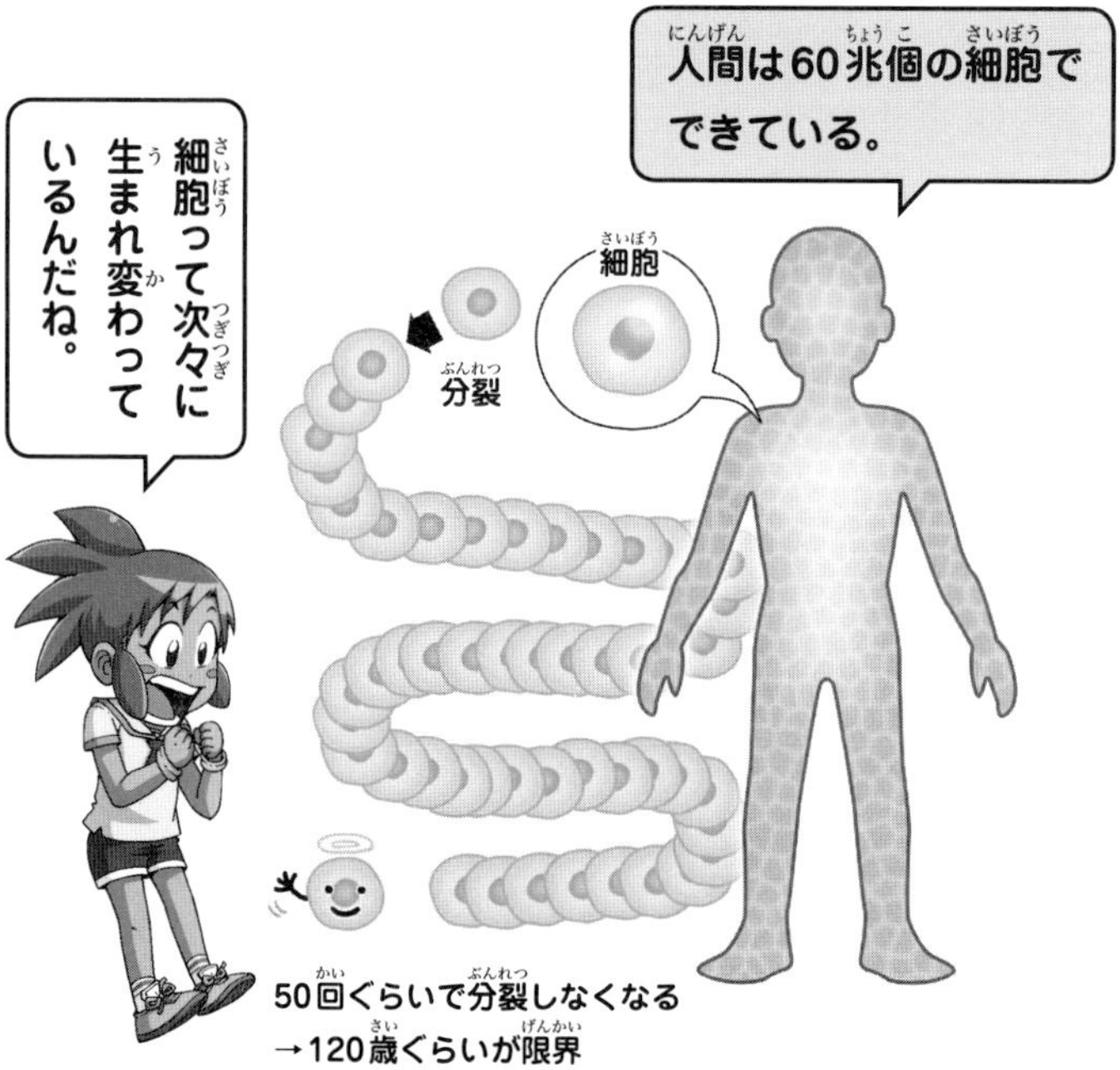

人間《にんげん》は60兆《ちょう》個《こ》の細胞《さいぼう》でできている。
細胞《さいぼう》
細胞《さいぼう》って次々《つぎつぎ》に生《う》まれ変《か》わっているんだね。
分裂《ぶんれつ》
50回《かい》ぐらいで分裂《ぶんれつ》しなくなる
→120歳《さい》ぐらいが限界《げんかい》

と）し続《つづ》ける実験《じっけん》を行《おこな》いました。その結果《けっか》、50回《かい》ぐらい分《ぶん》裂《れつ》すると、それ以上分裂《いじょうぶんれつ》しなくなることが分《わ》かりました。わたしたちの体《からだ》をつくっている細胞《さいぼう》には、寿命《じゅみょう》があるというわけですね。これが「ヘイフリックの限界《げんかい》」です。

この考《かんが》え方《かた》をもとに計算《けいさん》すると、人間《にんげん》の寿命《じゅみょう》は１２０歳《さい》ぐらいが限界《げんかい》だということです。

どうして細胞《さいぼう》は、分裂《ぶんれつ》しなくなるのでしょうか。

その原因《げんいん》はＤＮＡにある「テロメア」という部分《ぶぶん》に関《かか》わっていると考《かんが》えられています。ＤＮＡはわたしたちの体《からだ》をつくるための設計図《せっけいず》で、個々《ここ》の細胞《さいぼう》の中《なか》にあります。テロメアは、ＤＮＡのはしっこの余白《よはく》の部分《ぶぶん》にあたります。

テロメアは、細胞《さいぼう》が分裂《ぶんれつ》するたびに少《すこ》しずつ短《みじか》くなっていきます。そして、ある一定《いってい》の長《なが》さまで短《みじか》くなると、細胞《さいぼう》はそれ以上分裂《いじょうぶんれつ》することができなくなってしまうのだそうです。分裂《ぶんれつ》できなくなった細胞《さいぼう》は、やがて死《し》んでしまいます。

分裂《ぶんれつ》して生《う》まれ変《か》われる回数《かいすう》はあらかじめ決《き》まっているのか。

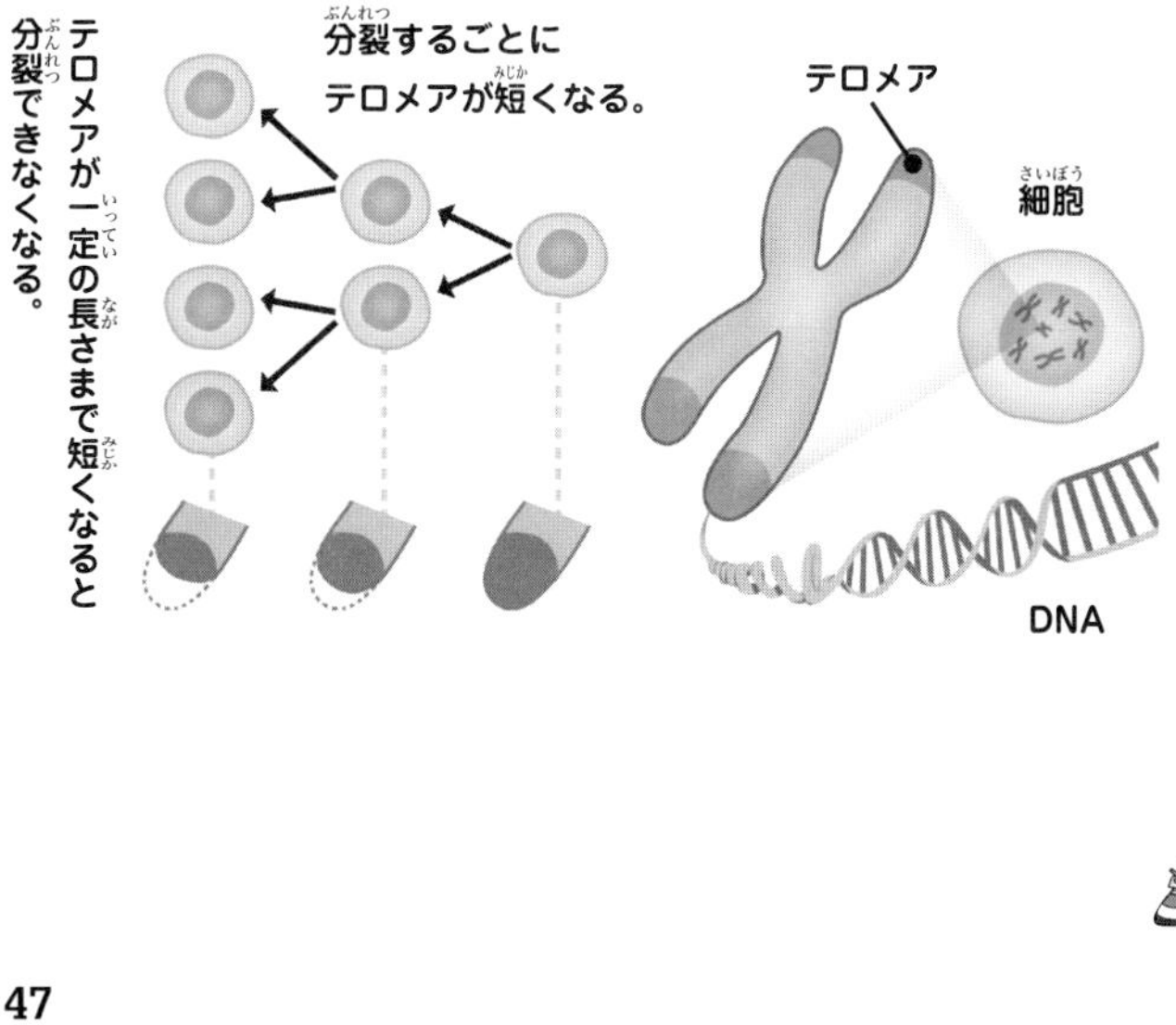
テロメア
細胞《さいぼう》
DNA
分裂《ぶんれつ》するごとにテロメアが短《みじか》くなる。
テロメアが一定《いってい》の長《なが》さまで短《みじか》くなると分裂《ぶんれつ》できなくなる。

人体《じんたい》のサバイバル

1 逆立《さかだ》ちして食《た》べても食《た》べ物《もの》は胃《い》に送《おく》られる！

のみ込《こ》んだ食《た》べ物《もの》は、食道《しょくどう》がうねうねと動《うご》くことで胃《い》に送《おく》られるよ。逆立《さかだ》ちしていてもそれは同《おな》じ。逆立《さかだ》ちしたからといって、逆流《ぎゃくりゅう》することはないんだ。同《おな》じように胃《い》から先《さき》も、胃《い》や腸《ちょう》の動《うご》きによって運《はこ》ばれていくから逆立《さかだ》ちしても逆流《ぎゃくりゅう》しないよ。

2 赤《あか》いくちびるの色《いろ》は血《ち》の色《いろ》！

人《ひと》によって色《いろ》の濃《こ》さに差《さ》はあるけれど、人間《にんげん》のくちびるは赤《あか》いね。これは、くちびるの皮《ひ》ふがとてもうすいので、その下《した》を通《とお》っている血管《けっかん》の色《いろ》がすけて見《み》えているからだ。ちなみに、くちびるの色《いろ》が赤《あか》いのは人間《にんげん》だけなんだ。

3 人間《にんげん》の祖先《そせん》はみんなA型《がた》だった？

４つある血液型《けつえきがた》のうち、現代日本人《げんだいにほんじん》はＡ型《がた》が 40％でいちばん多《おお》く、次《つぎ》がＯ型《がた》の 30％、Ｂ型《がた》 20％、AB 型《がた》10％と続《つづ》くよ。でも、最新《さいしん》の研究《けんきゅう》によると、大昔《おおむかし》、人間《にんげん》の祖先《そせん》はＡ型《がた》しかいなかったそうだ。進化《しんか》するうちに、血液型《けつえきがた》が増《ふ》えていったらしい。ちなみに、人間《にんげん》に近《ちか》い類人猿《るいじんえん》のゴリラはＢ型《がた》しかいないんだって。

※ 人間《にんげん》の祖先《そせん》はすべてＯ型《がた》だったという説《せつ》もあります。

ビックリ豆知識《まめちしき》！

4 自分《じぶん》が聞《き》いている声《こえ》は本当《ほんとう》の自分《じぶん》の声《こえ》じゃない！

自分《じぶん》の声《こえ》を録音《ろくおん》して聞《き》くと、いつも聞《き》いている声《こえ》とちがって聞《き》こえて、変《へん》な感《かん》じがした経験《けいけん》はないかな。じつは、自分《じぶん》が聞《き》く自分《じぶん》の声《こえ》は、ほかの人《ひと》が聞《き》く声《こえ》とちがうんだ。それは、口《くち》から出《で》た自分《じぶん》の声《こえ》と、頭《ず》がい骨《こつ》を伝《つた》わって鼓《こ》膜《まく》に届《とど》く声《こえ》のまざったものを聞《き》いているからなんだよ。

5 人《ひと》の鼻《はな》は交互《こうご》に呼吸《こきゅう》している！

2つある鼻《はな》の穴《あな》。呼吸《こきゅう》をするときは、どちらか一方《いっぽう》しか使《つか》っていないそうだよ。だいたい2時間半《じかんはん》おきに切《き》り替《か》わるらしい。寝《ね》ているときに寝返《ねがえ》りを打《う》つのは、これが理由《りゆう》だともいわれているんだ。ただし、どうして交互《こうご》に呼吸《こきゅう》するのか、いろいろな説《せつ》はあるけれど、正確《せいかく》には分《わ》かっていない。

6 人間《にんげん》の祖先《そせん》をずっとたどっていくと魚《さかな》？

人間《にんげん》は、サルと同《おな》じ祖先《そせん》を持《も》っている。さらにその祖先《そせん》をたどっていくと、魚《さかな》にたどりつくんだ。

生物《せいぶつ》は約《やく》40億年前《おくねんまえ》に海《うみ》で生《う》まれ、やがて魚《さかな》が誕生《たんじょう》した。その後《ご》、魚《さかな》の一部《いちぶ》が陸《りく》に上《あ》がり、両生類《りょうせいるい》、さらには虫類《ちゅうるい》やほ乳《にゅう》類《るい》に進化《しんか》していった。やがてほ乳類《にゅうるい》の中《なか》からサルが誕生《たんじょう》し、人間《にんげん》に進化《しんか》していったんだ。

生《い》き物《もの》のサバイバル

ノウ博士《はかせ》といっしょに、夜《よる》の自然博物館《しぜんはくぶつかん》に
やって来《き》たジオ、ピピ、ケイ。

4人《にん》といっしょにクイズを解《と》きながら、
生《い》き物《もの》の不思議《ふしぎ》を知《し》ろう！

第《だい》1話《わ》

クイズ

動物《どうぶつ》のようにオスとメスがいる植物《しょくぶつ》があるって本当《ほんとう》？

ア 本当《ほんとう》。

イ ウソ。

ウ どちらともいえない。

種子植物《しゅししょくぶつ》
- 被子植物《ひししょくぶつ》（子房《しぼう》がある）
- 裸子植物《らししょくぶつ》（子房《しぼう》がない）

被子植物《ひししょくぶつ》のつくり

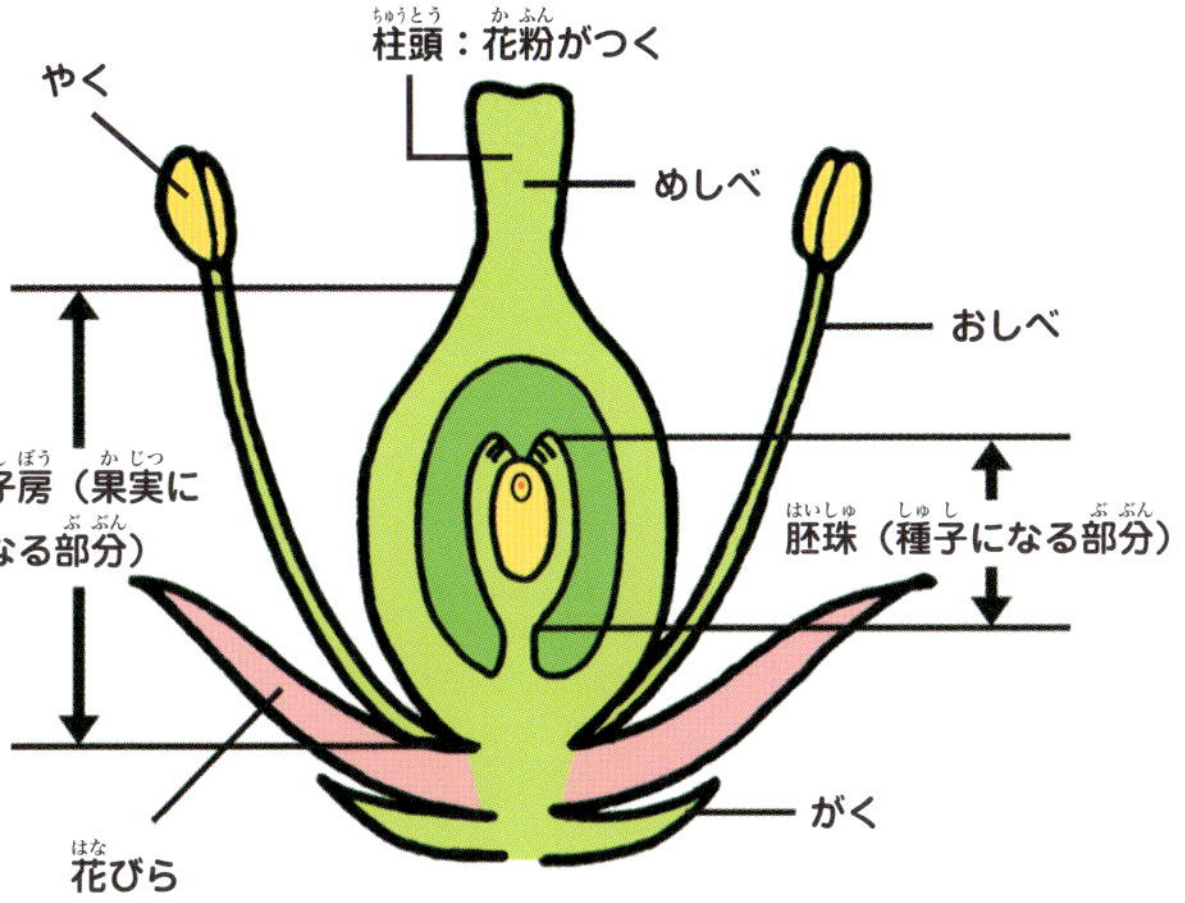

植物《しょくぶつ》は、自分《じぶん》の仲間《なかま》をふやすために、いろいろな方《ほう》法《ほう》を使《つか》っているんだ。

その一《ひと》つが種《たね》（種子《しゅし》）でふえる方法《ほうほう》じゃ。種子《しゅし》をつくる植物《しょくぶつ》は「種子植物《しゅししょくぶつ》」と呼《よ》ばれているぞ。

種子植物《しゅししょくぶつ》の特徴《とくちょう》は、花《はな》を咲《さ》かせることだよね？

そのとおり。そして、種子植物《しゅししょくぶつ》は、「被子植物《ひししょくぶつ》」と「裸子植物《らししょくぶつ》」の2つに大《おお》きく分《わ》けられているんだ。

ヒシとラシ？　どうちがうの？

種子《しゅし》に成長《せいちょう》する「胚珠《はいしゅ》」を包《つつ》む「子房《しぼう》」があるのが被子植物《ひししょくぶつ》、ないのが裸子植物《らししょくぶつ》じゃ。被子植物《ひししょくぶつ》のほうが進化《しんか》しているぞ。

イチョウはどっち？

裸子植物《らししょくぶつ》だよ。イチョウは大昔《おおむかし》からある植物《しょくぶつ》なんだ。

答《こた》えは次《つぎ》のページ！

答《こた》え

ア

本当《ほんとう》。

【解説《かいせつ》】

オスの木《き》とメスの木《き》があるイチョウは、2億《おく》5000万《まん》年前《ねんまえ》からあまり変《か》わらない形《かたち》をしている、もっとも古《ふる》い植《しょく》物《ぶつ》のひとつです。とても長生《ながい》きで、樹齢《じゅれい》が1000年《ねん》を超《こ》える木《き》もあります。

イチョウは、雄花《おばな》と雌花《めばな》を別々《べつべつ》につける「雌雄異株《しゆういしゅ》」と呼《よ》ばれる植物《しょくぶつ》で、雄花《おばな》をつけるオスの木《き》（雄株《おかぶ》）と、雌花《めばな》をつけるメスの木《き》（雌株《めかぶ》）に分《わ》かれています。イチョウの木《き》の場合《ばあい》、春《はる》に咲《さ》く花《はな》がたれ下《さ》がっていれば雄株《おかぶ》、上《うえ》に向《む》かってのびていれば雌株《めかぶ》です。

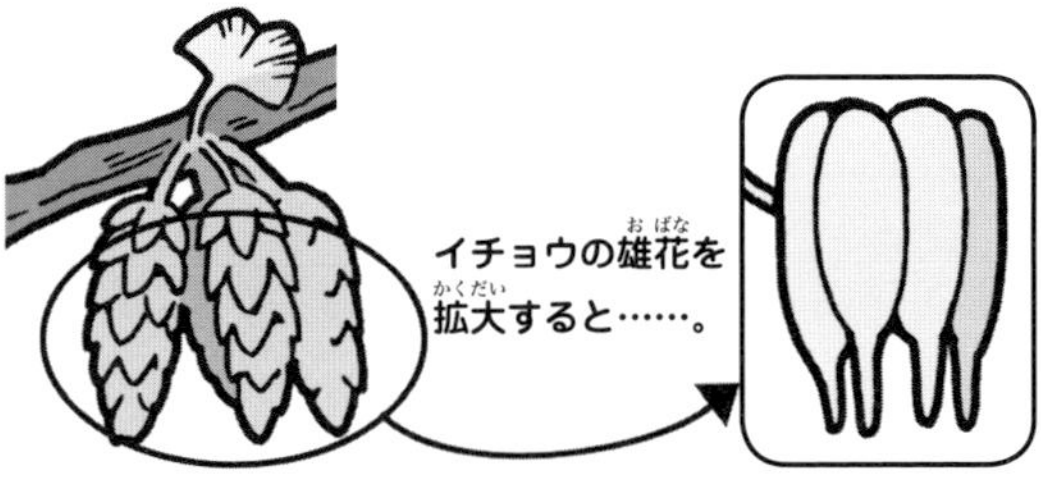

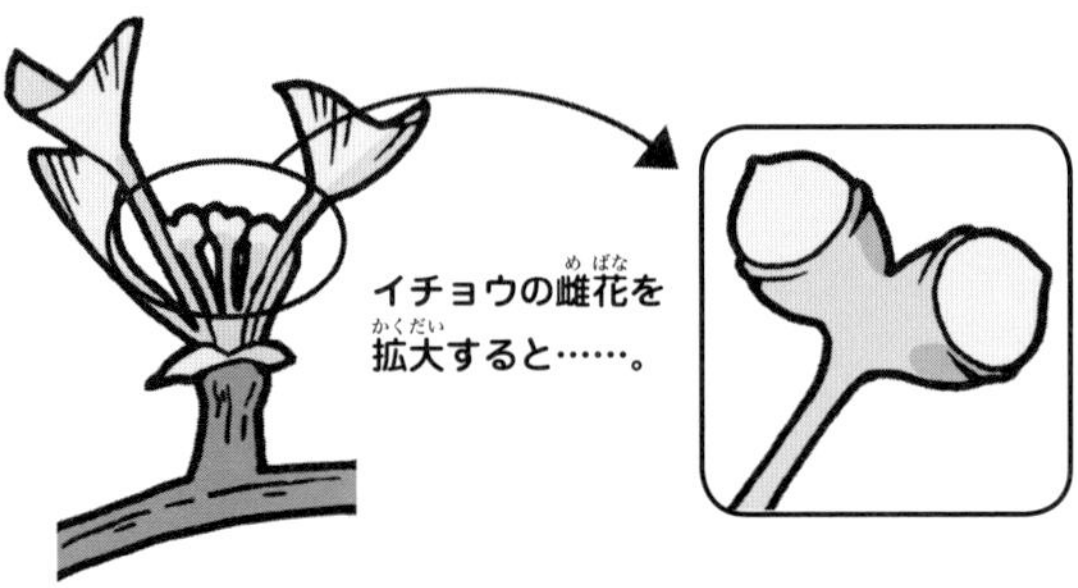

雌雄異株《しゆういしゅ》の植物《しょくぶつ》

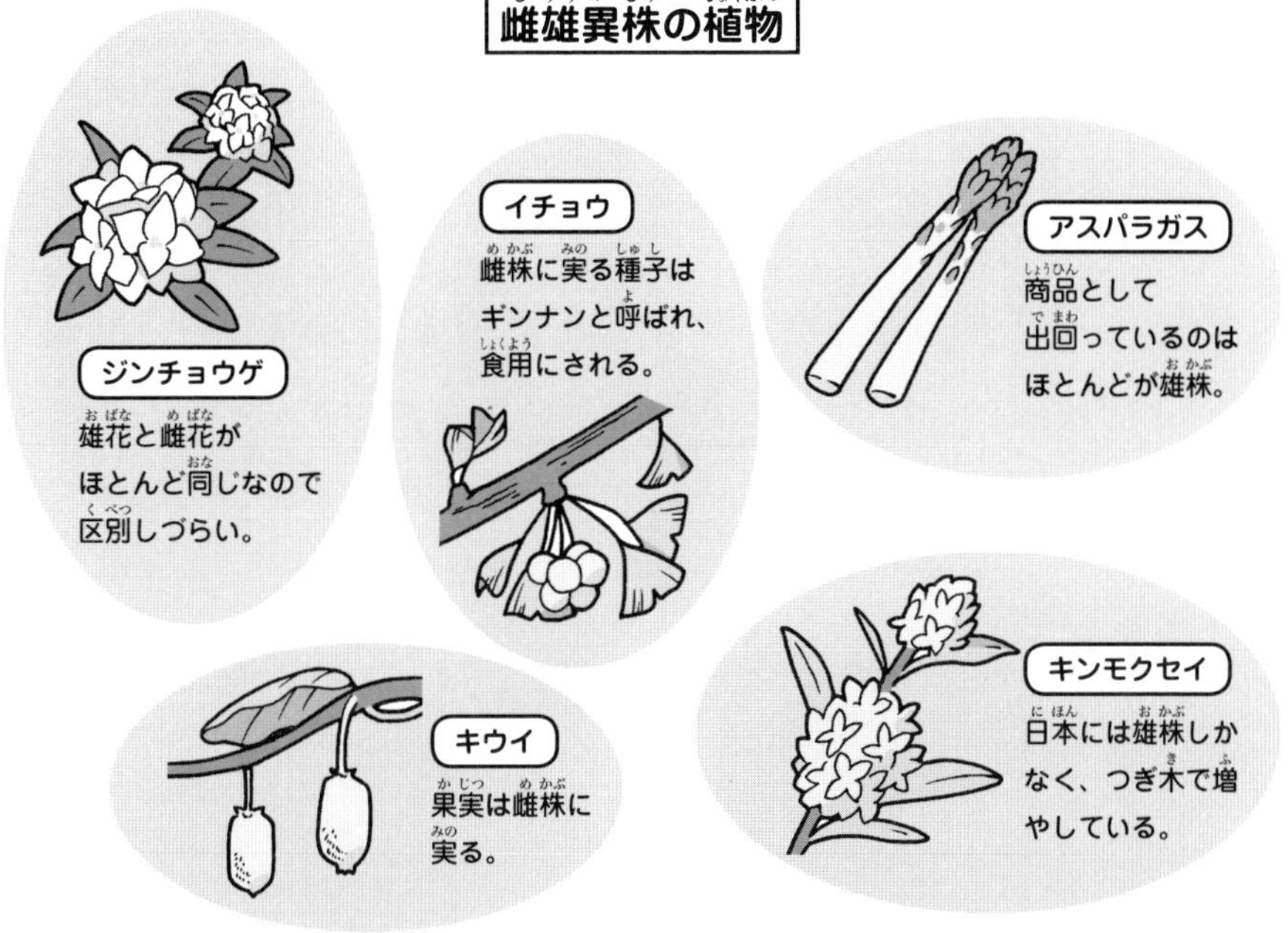
ジンチョウゲ
雄花《おばな》と雌花《めばな》がほとんど同《おな》じなので区別《くべつ》しづらい。
イチョウ
雌株《めかぶ》に実《みの》る種子《しゅし》はギンナンと呼《よ》ばれ、食用《しょくよう》にされる。
アスパラガス
商品《しょうひん》として出回《でまわ》っているのはほとんどが雄株《おかぶ》。
キウイ
果実《かじつ》は雌株《めかぶ》に実《みの》る。
キンモクセイ
日本《にほん》には雄株《おかぶ》しかなく、つぎ木《き》で増《ふ》やしている。

種子《しゅし》植物《しょくぶつ》のほとんどは、おしべの花粉《かふん》がめしべに付《つ》くこと（受粉《じゅふん》）で種子《しゅし》をつくります。自分《じぶん》のおしべの花粉《かふん》が自《じ》分《ぶん》のめしべにつくことを「自家受粉《じかじゅふん》」と呼《よ》びます。自家受《じかじゅ》粉《ふん》が続《つづ》くと、似《に》た子孫《しそん》しかつくれなくなり、環境《かんきょう》の変化《へんか》や病気《びょうき》に対応《たいおう》しづらくなりがちです。その点《てん》、雌雄異株《しゆういしゅ》だと自家受粉《じかじゅふん》が起《お》きず、変化《へんか》に強《つよ》い子孫《しそん》を残《のこ》しやすくなります。

春《はる》になると、イチョウの雄花《おばな》の花粉《かふん》は風《かぜ》に運《はこ》ばれ、数《すう》km離《はな》れたイチョウの雌花《めばな》に受粉《じゅふん》します。そして秋《あき》になると、種子《しゅし》のギンナンが地上《ちじょう》に落《お》ちます。そこからイチョウの木《き》が育《そだ》ち、再《ふたた》びギンナンが実《みの》るようになるまで、25年《ねん》ほどかかるといわれています。

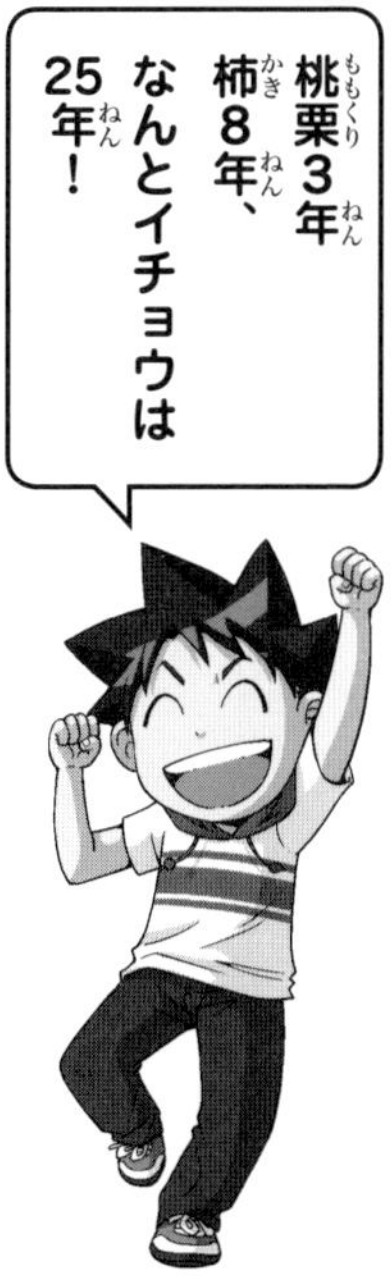
桃栗《ももくり》3年《ねん》柿《かき》8年《ねん》、なんとイチョウは25年《ねん》！

第《だい》2話《わ》

クイズ

クマノミの仲間《なかま》の大《おお》きな特徴《とくちょう》は？

- ア オスにもメスにもなる。
- イ メスがオスになる。
- ウ オスがメスになる。

クマノミの仲間《なかま》はイソギンチャクとくらしているよ。

イソギンチャクの触手《しょくしゅ》には、刺胞《しほう》という毒針《どくばり》が入《はい》ったふくろ状《じょう》の器官《きかん》があるんだ。でも、なぜかクマノミは刺《さ》されないぞ。

クマノミは、自分《じぶん》の体《からだ》を自分《じぶん》の粘液《ねんえき》でおおっているだけでなく、イソギンチャクの粘液《ねんえき》も毎日《まいにち》つけて、イソギンチャクに体《からだ》を慣《な》らしているのじゃ。

そこまでして、どうしていっしょにくらすの？

それは、お互《たが》いにいいことがあるからだよ。クマノミにとっては、イソギンチャクの毒針《どくばり》が天敵《てんてき》から守《まも》ってくれるし……。

イソギンチャクにとっては、なわばり意識《いしき》が強《つよ》いクマノミが、イソギンチャクを食《た》べる大型《おおがた》の魚《さかな》を追《お》っぱらってくれるからさ。

クマノミとイソギンチャク　仲良《なかよ》しの理由《りゆう》

① イソギンチャクの毒針《どくばり》が、クマノミを天敵《てんてき》から守《まも》ってくれる。

② イソギンチャクを食《た》べる大型《おおがた》の魚《さかな》から、クマノミが守《まも》ってくれる。

③ クマノミが動《うご》くとイソギンチャクの細胞《さいぼう》が刺激《しげき》され、成長《せいちょう》が早《はや》まる。また、イソギンチャクが栄養《えいよう》をもらっている藻《も》も、クマノミが動《うご》くと、太陽《たいよう》の光《ひかり》がよく当《あ》たり、水《みず》が新鮮《しんせん》になるので増《ふ》え、イソギンチャクは健康《けんこう》になる。

ちがう種類《しゅるい》の生《い》き物《もの》どうしが生活《せいかつ》することを「共生《きょうせい》」というんじゃ！

答《こた》えは次《つぎ》のページ！

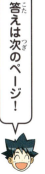

答《こた》え

ウ オスがメスになる。

【解説《かいせつ》】

クマノミの仲間《なかま》の多《おお》くは、1つのイソギンチャクに、体《からだ》がいちばん大《おお》きいメス1匹《ぴき》、2番目《ばんめ》に大《おお》きいオス1匹《ぴき》、そしてオスでもメスでもない未成熟《みせいじゅく》な1～数匹《すうひき》の子《こ》どもですんでいます。繁殖《はんしょく》ができるのは、オスとメスの2匹《ひき》だけです。メスが死《し》ぬと、オスがメスになり、子《こ》どもの中《なか》でもっとも体《からだ》の大《おお》きい1匹《ぴき》がオスになります。このようにオス・メスの性《せい》を変《か》えることを「性転換《せいてんかん》」といいます。

性転換《せいてんかん》には、クマノミのようにオスからメスになる「雄性先熟《ゆうせいせんじゅく》」、メスからオスになる「雌性先熟《しせいせんじゅく》」、オスにもメスにもなる「双方向性転換《そうほうこうせいてんかん》」があります。

オス→メス
雄性先熟《ゆうせいせんじゅく》
（クマノミ）

オスのクマノミ
体《からだ》が2番目《ばんめ》に大《おお》きい。メスが産《う》んだ卵《たまご》の世話《せわ》をする。尾《お》ひれが黄色《きいろ》いことが多《おお》い。
メスのクマノミ
体《からだ》がいちばん大《おお》きい。なわばりを守《まも》る役目《やくめ》もある。尾《お》ひれは白《しろ》いことが多《おお》い。
子《こ》どものクマノミ
別《べつ》の場所《ばしょ》で生《う》まれて、このイソギンチャクにたどりついた。メス・オスと比《くら》べるとずっと小《ちい》さい。

メス→オス 雌性先熟《しせいせんじゅく》（オトメベラ）

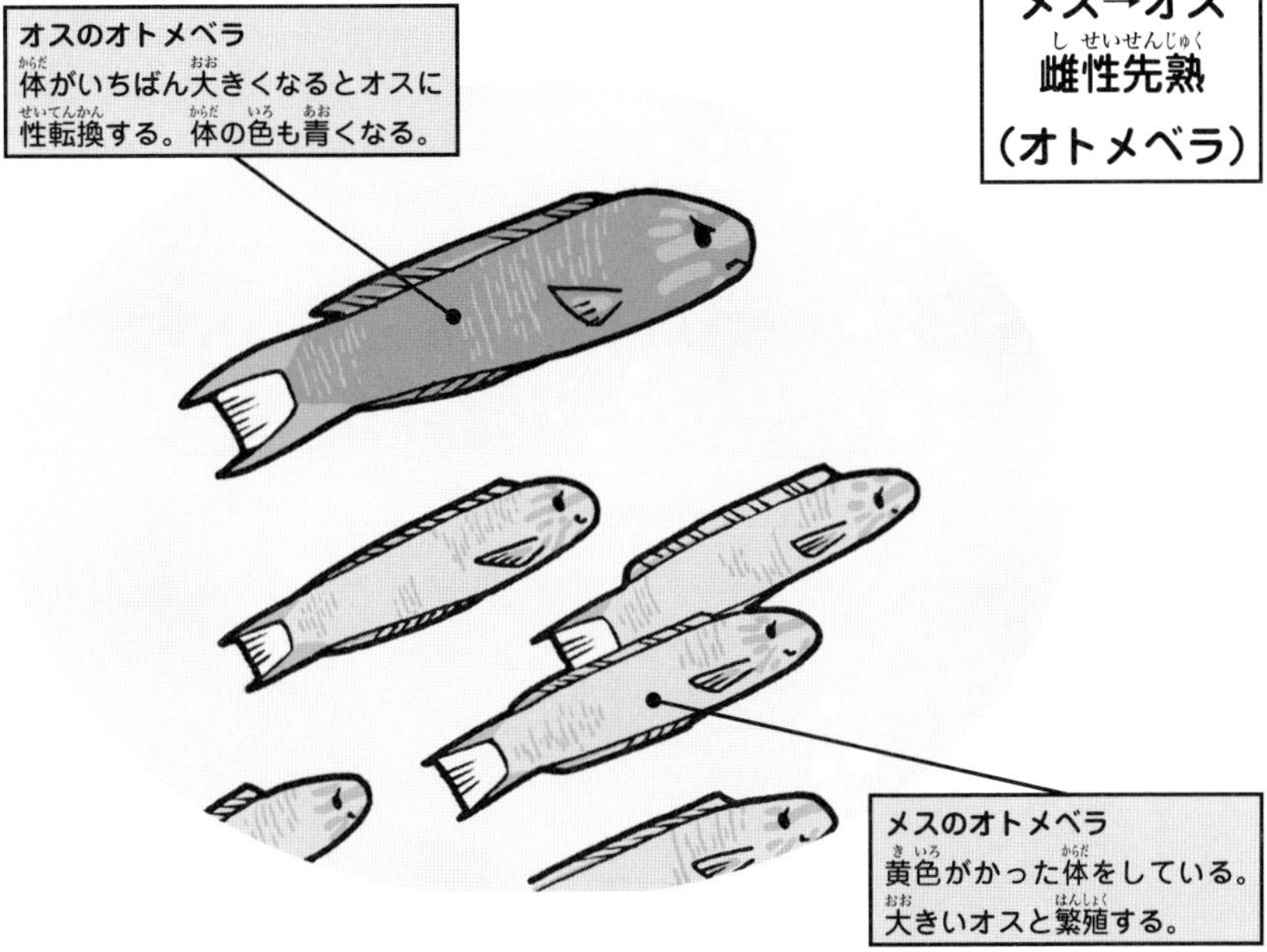
オスのオトメベラ
体《からだ》がいちばん大《おお》きくなるとオスに性転換《せいてんかん》する。体《からだ》の色《いろ》も青《あお》くなる。
メスのオトメベラ
黄色《きいろ》がかった体《からだ》をしている。大《おお》きいオスと繁殖《はんしょく》する。

性転換《せいてんかん》をする動物《どうぶつ》のほとんどは、魚類《ぎょるい》を中心《ちゅうしん》とした水中《すいちゅう》の動物《どうぶつ》です。魚類《ぎょるい》には「体《からだ》が大《おお》きいほど繁殖《はんしょく》が有利《ゆうり》になる」というルールがあるため、性転換《せいてんかん》が起《お》きると考《かんが》えられています。

クマノミのように、オスとメスが1匹《ぴき》ずつで繁殖《はんしょく》する場《ば》合《あい》は、メスの体《からだ》が大《おお》きいほど、たくさんの卵《たまご》を産《う》むことができます。そのため、最初《さいしょ》はオスとして成長《せいちょう》し、性転換《せいてんかん》してメスになるほうが有利《ゆうり》です。

一方《いっぽう》で、少数《しょうすう》のオスがたくさんのメスと繁殖《はんしょく》する場合《ばあい》は、最初《さいしょ》はメスとして卵《たまご》を産《う》み、メスを守《まも》れるほど大《おお》きくなったらオスに性転換《せいてんかん》するほうが有利《ゆうり》です。

性転換《せいてんかん》はよりたくさんの卵《たまご》を産《う》んで子孫《しそん》を残《のこ》す手段《しゅだん》なんだね。

第《だい》3話《わ》

こっちにもカワイイ魚《さかな》いるかな？
キャー!?
これはおとなしいシロワニだ。
赤《あか》ちゃんのときは共食《ともぐ》いするがな。

クイズ

シロワニ（サメ）の赤《あか》ちゃんはどうやって生《う》まれる？

ア メスの親《おや》ザメが海中《かいちゅう》に卵《たまご》を産《う》んで生《う》まれる。

イ オスの親《おや》ザメの口《くち》の中《なか》から生《う》まれる。

ウ メスの親《おや》ザメの体内《たいない》から生《う》まれる。

魚《さかな》のグループ分《わ》け

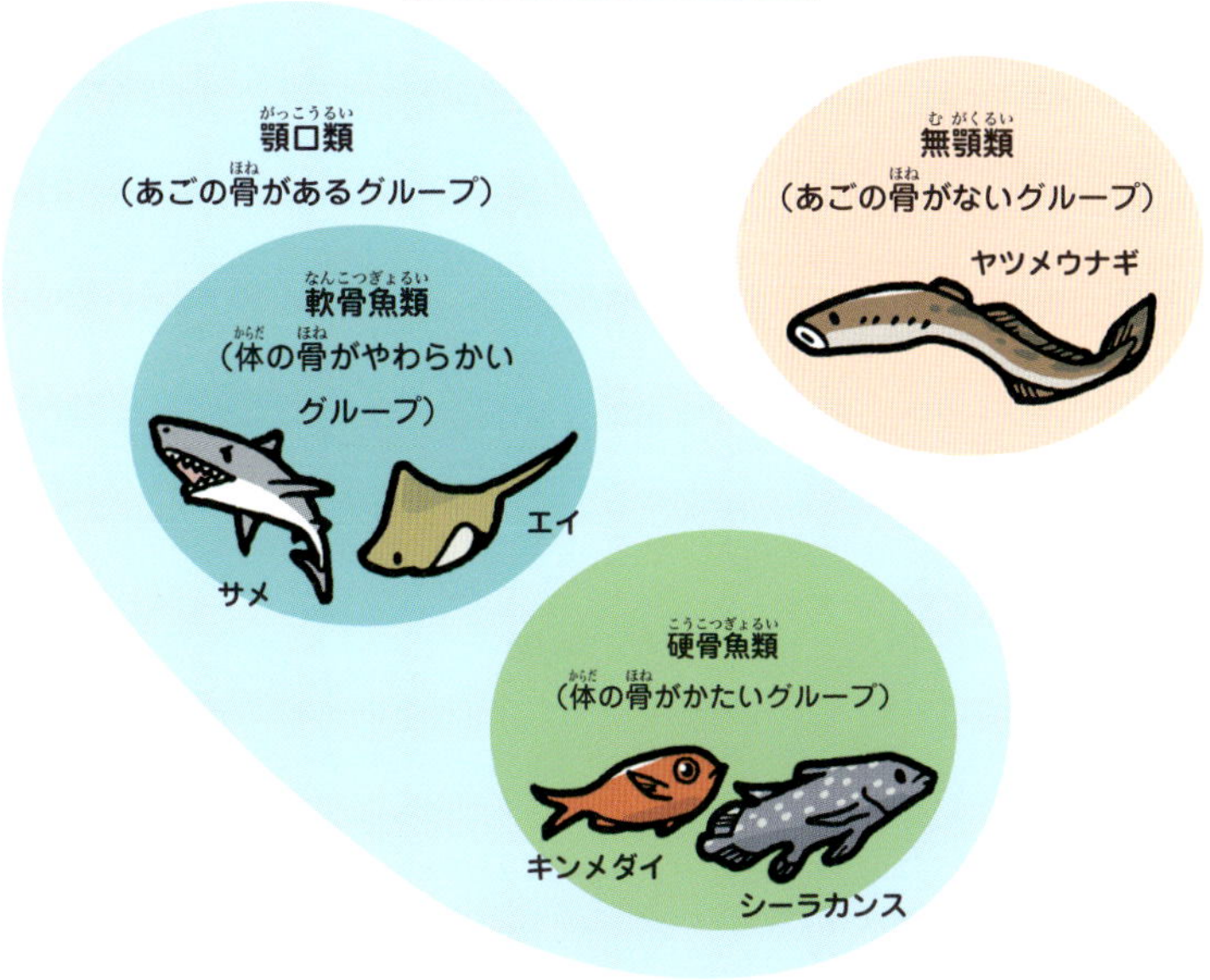

顎口類《がっこうるい》
（あごの骨《ほね》があるグループ）
軟骨魚類《なんこつぎょるい》
（体《からだ》の骨《ほね》がやわらかいグループ）
サメ
エイ
硬骨魚類《こうこつぎょるい》
（体《からだ》の骨《ほね》がかたいグループ）
キンメダイ
シーラカンス
無顎類《むがくるい》
（あごの骨《ほね》がないグループ）
ヤツメウナギ

軟骨《なんこつ》といってもサメの軟骨《なんこつ》はとてもかたいぞ！

魚《さかな》が地球《ちきゅう》に現《あらわ》れたのは、約《やく》5億《おく》4100万年前《まんねんまえ》と考《かんが》えられておる。

今《いま》では絶滅《ぜつめつ》したグループもあるけれど、ずっと進化《しんか》は続《つづ》いているぞ。現在《げんざい》、いちばん繁栄《はんえい》しているのは硬骨魚類《こうこつぎょるい》と呼《よ》ばれるグループだ。

ちなみに魚《さかな》は、あごの骨《ほね》があるかないか、体《からだ》を支《ささ》える骨《ほね》がやわらかいかかたいかで、大《おお》きく分《わ》けられているんじゃ。

サメはあごの骨《ほね》があって、体《からだ》の骨《ほね》がやわらかい軟骨《なんこつ》魚類《ぎょるい》なんだね。

軟骨魚類《なんこつぎょるい》の先祖《せんぞ》は約《やく》4億年前《おくねんまえ》に誕生《たんじょう》したんじゃ。恐竜《きょうりゅう》よりも古《ふる》い歴史《れきし》を持《も》つ生《い》き物《もの》なんじゃよ。

サメが「生《い》きた化石《かせき》」と呼《よ》ばれるのもそのためか。

答《こた》えは次《つぎ》のページ！

答《こた》え

ウ　メスの親《おや》ザメの体内《たいない》から生《う》まれる。

【解説《かいせつ》】

ほとんどの魚《さかな》は、卵《たまご》を産《う》んで子孫《しそん》を残《のこ》します。このような子《こ》どもの産《う》み方《かた》を「卵生《らんせい》」と呼《よ》びます。一方《いっぽう》、サメを始《はじ》めとする軟骨魚類《なんこつぎょるい》の半数《はんすう》ほどは「胎生《たいせい》」です。胎生《たいせい》とは、メスの体内《たいない》で卵《たまご》がふ化《か》して、赤《あか》ちゃんになってから生《う》まれることです。親《おや》の体内《たいない》にいるときに、親《おや》から栄養《えいよう》を与《あた》えられている場合《ばあい》は「胎生《たいせい》」、与《あた》えられていない場合《ばあい》は「卵胎生《らんたいせい》」というふうに区別《くべつ》することもあります。

わたしたち人間《にんげん》をふくめほ乳類《にゅうるい》は、胎生《たいせい》で子孫《しそん》を残《のこ》します。しかし同《おな》じほ乳類《にゅうるい》でも、カモノハシのように卵生《らんせい》もいます。鳥類《ちょうるい》はすべて卵生《らんせい》です。

卵胎生《らんたいせい》の生《い》き物《もの》

硬骨魚類《こうこつぎょるい》の一部《いちぶ》
（グッピー・メバル・シーラカンスなど）

軟骨魚類《なんこつぎょるい》の半数《はんすう》ほど
（シロワニ・ホオジロザメ・アカエイなど）

両生類《りょうせいるい》の一部《いちぶ》
（サンショウウオなど）

その他《ほか》
（マムシ・ダイオウサソリなど）

卵生《らんせい》のほうが一般的《いっぱんてき》に産《う》む子《こ》どもの数《かず》は多《おお》いんじゃ。

シロワニの子育《こそだ》て
おなかの中《なか》で
大《おお》きくなるよ！

サメの仲間《なかま》のシロワニは、卵胎生《らんたいせい》です。メスは体内《たいない》で15個以上《こいじょう》の卵《たまご》を産《う》みますが、育《そだ》つ子《こ》ザメは2匹《ひき》だけです。残《のこ》りの卵《たまご》は、この2匹《ひき》の子《こ》ザメが食《た》べて、大《おお》きく育《そだ》つための栄養《えいよう》となります。

こう聞《き》くと、「きょうだいを食《た》べるなんて！」とびっくりするかもしれませんが、残《のこ》りの卵《たまご》は子《こ》ザメの栄養分《えいようぶん》として親《おや》ザメがつくったものと考《かんが》えられています。シロワニは、人間《にんげん》のように体内《たいない》の子《こ》どもに栄養《えいよう》を直接《ちょくせつ》与《あた》える胎盤《たいばん》がありません。そこで稚魚《ちぎょ》のために栄養《えいよう》たっぷりの卵《たまご》を多《おお》くつくるのです。

2匹《ひき》の子《こ》ザメは、体内《たいない》で1m前後《ぜんご》に育《そだ》つと、母親《ははおや》のおなかから外《そと》に出《で》ます。

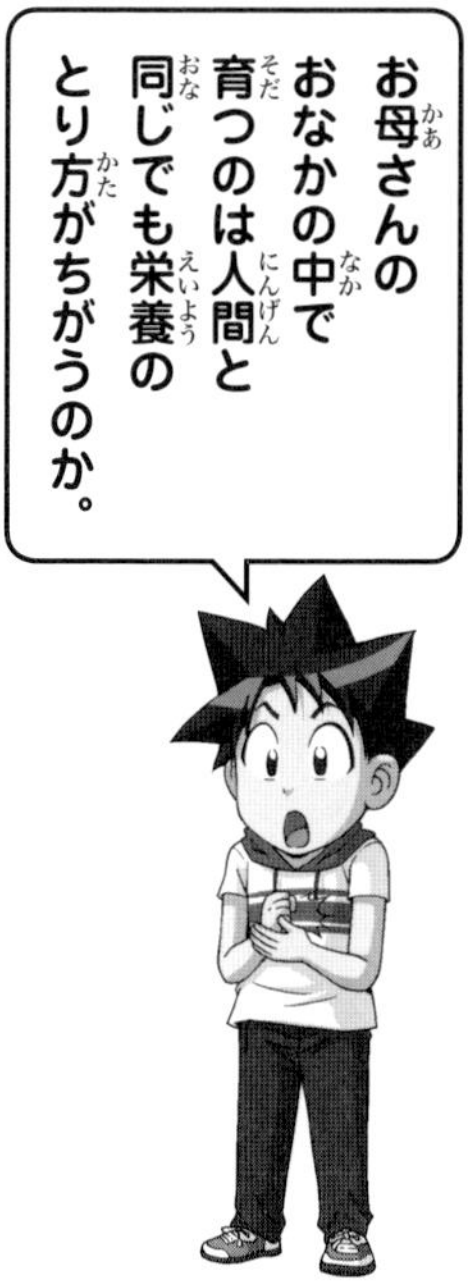
お母《かあ》さんの
おなかの中《なか》で
育《そだ》つのは人間《にんげん》と
同《おな》じでも栄養《えいよう》の
とり方《かた》がちがうのか。

第《だい》4話《わ》

クイズ

恐竜《きょうりゅう》は本当《ほんとう》に絶滅《ぜつめつ》したの？

ア 約《やく》6600万年前《まんねんまえ》にすべての恐竜《きょうりゅう》が絶滅《ぜつめつ》した。

イ 実《じつ》は今《いま》も小型《こがた》の恐竜《きょうりゅう》が生《い》きている。

ウ 恐竜《きょうりゅう》は絶滅《ぜつめつ》したが、他《ほか》の生《い》き物《もの》に進化《しんか》したものがいる。

体《からだ》が大《おお》きい恐竜《きょうりゅう》たち

体長《たいちょう》
約《やく》35m

植物食恐竜《しょくぶつしょくきょうりゅう》ナンバーワン
ディプロドクス

長《なが》い首《くび》と細長《ほそなが》い尾《お》が特徴《とくちょう》。体《からだ》の大《おお》きさにくらべて顔《かお》はとても小《ちい》さい。

体長《たいちょう》
約《やく》15m

肉食恐竜《にくしょくきょうりゅう》ナンバーワン
スピノサウルス

背中《せなか》に大《おお》きな帆《ほ》のような突起物《とっきぶつ》を持《も》っているのが特徴《とくちょう》。主《おも》に魚《さかな》を食《た》べていたとされる。

恐竜《きょうりゅう》が繁栄《はんえい》したのは、「中生代《ちゅうせいだい》」じゃ。

ちゅーせーだい? それっていつのこと?

約《やく》2億《おく》5000万《まん》~6600万年前《まんねんまえ》じゃよ。

へえ、恐竜《きょうりゅう》って1億年《おくねん》以上《いじょう》も繁栄《はんえい》していたんだ!

ところでさ、恐竜《きょうりゅう》ってすごく大《おお》きいよね。なんであんなに大《おお》きいの?

大《おお》きいほうが栄養《えいよう》を効率的《こうりつてき》に吸収《きゅうしゅう》できるし、他《ほか》の生《い》き物《もの》から襲《おそ》われにくいというメリットがあるんだ。つまり、恐竜《きょうりゅう》は体《からだ》を巨大化《きょだいか》することで繁栄《はんえい》することができたのさ。

その逆《ぎゃく》に、昆虫《こんちゅう》や小型《こがた》の魚類《ぎょるい》やほ乳類《にゅうるい》のように、体《からだ》を小《ちい》さくすることで子孫《しそん》の数《かず》や種類《しゅるい》を増《ふ》やしやすくして繁栄《はんえい》する生《い》き物《もの》もいるんじゃ。

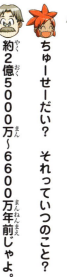

答《こた》え

ウ

恐竜《きょうりゅう》は絶滅《ぜつめつ》したが、他《ほか》の生《い》き物《もの》に進化《しんか》したものがいる。

【解説《かいせつ》】

恐竜《きょうりゅう》が生《い》きた中生代《ちゅうせいだい》は、三畳紀《さんじょうき》・ジュラ紀《き》・白亜紀《はくあき》の3つに分《わ》かれています。

恐竜《きょうりゅう》はジュラ紀《き》から白亜紀《はくあき》にかけて大繁栄《だいはんえい》しましたが、白亜紀末《はくあきまつ》の約《やく》6600万年前《まんねんまえ》に、ほとんどが姿《すがた》を消《け》してしまいました。その原因《げんいん》のひとつとして考《かんが》えられているのが、巨大隕石《きょだいいんせき》の地球激突《ちきゅうげきとつ》です。

約《やく》6600万年前《まんねんまえ》、直径約《ちょっけいやく》10㎞の隕石《いんせき》が激突《げきとつ》。その衝撃《しょうげき》でとけて蒸発《じょうはつ》した地表《ちひょう》の岩石《がんせき》がチリとなって宇宙空間《うちゅうくうかん》まで舞《ま》い上《あ》がり、地球《ちきゅう》をあつくおおいました。地上《ちじょう》に太陽《たいよう》の光《ひかり》が届《とど》かなくなり、気温《きおん》が急激《きゅうげき》に低下《ていか》したり、森林《しんりん》がかれ果《は》

恐竜《きょうりゅう》の絶滅《ぜつめつ》（中生代《ちゅうせいだい》の白亜紀末《はくあきまつ》）

①白亜紀《はくあき》の後期《こうき》、温暖《おんだん》だった気候《きこう》が急《きゅう》に寒《さむ》くなった。さらに、巨大隕石《きょだいいんせき》が地球《ちきゅう》に衝突《しょうとつ》したことで、地球《ちきゅう》の環境《かんきょう》が激変《げきへん》。

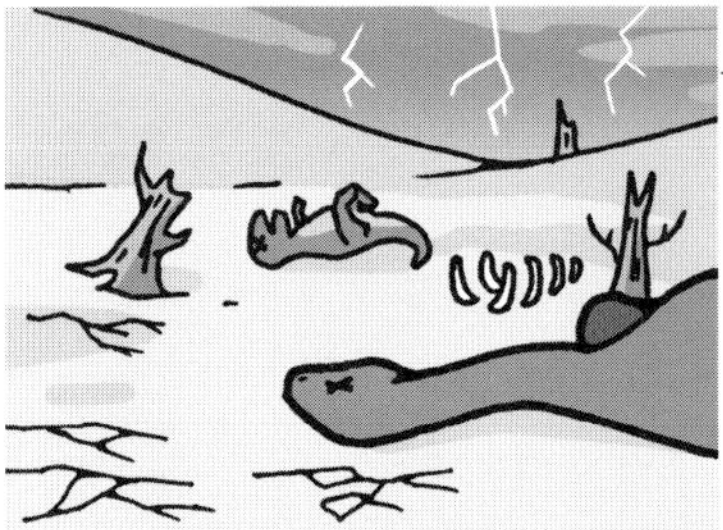

②陸上《りくじょう》では恐竜類《きょうりゅうるい》など大型《おおがた》の生《い》き物《もの》が、海《うみ》では首長竜類《くびながりゅうるい》やアンモナイト類《るい》などが絶滅《ぜつめつ》した。

ティラノサウルスと
現在《げんざい》の鳥《とり》の骨《ほね》には
よく似《に》てる
部分《ぶぶん》があるぞ！
ティラノサウルス（獣脚類《じゅうきゃくるい》）
ヴェロキラプトル
（鳥《とり》に近《ちか》い獣脚類《じゅうきゃくるい》）
カラス（現在《げんざい》の鳥《とり》）

てたりするなど環境《かんきょう》が激変《げきへん》し、恐竜《きょうりゅう》だけでなく、多《おお》くの動《どう》植物《しょくぶつ》が絶滅《ぜつめつ》したのです。

約《やく》6600万年前《まんねんまえ》にほとんどの恐竜《きょうりゅう》が絶滅《ぜつめつ》してしまいましたが、恐竜《きょうりゅう》から進化《しんか》した生《い》き物《もの》は生《い》き残《のこ》り、現在《げんざい》も繁栄《はんえい》しています。それは鳥《とり》です。

白亜紀末《はくあきまつ》に巨大隕石《きょだいいんせき》が地球《ちきゅう》に衝突《しょうとつ》する以前《いぜん》から、恐竜《きょうりゅう》の一種《いっしゅ》である獣脚類《じゅうきゃくるい》が木《き》の上《うえ》で生活《せいかつ》するようになっていました。そして、枝《えだ》から枝《えだ》へと飛《と》び移《うつ》るうちに、空《そら》を飛《と》べるようになり、やがて鳥《とり》へと進化《しんか》したのです。

恐竜《きょうりゅう》と同《おな》じように、隕石《いんせき》の衝突《しょうとつ》によって多《おお》くの鳥類《ちょうるい》が絶《ぜつ》滅《めつ》しました。しかし、小型《こがた》で繁殖力《はんしょくりょく》が強《つよ》く、種類《しゅるい》の多《おお》い鳥《ちょう》類《るい》は、たくさんの量《りょう》の食《た》べ物《もの》を必要《ひつよう》とする恐竜《きょうりゅう》にくらべると地球環境《ちきゅうかんきょう》の急激《きゅうげき》な変化《へんか》に対応《たいおう》して、生《い》き残《のこ》ることができました。鳥《とり》を恐竜《きょうりゅう》の仲間《なかま》だと考《かんが》えると、恐竜《きょうりゅう》が絶滅《ぜつめつ》したとは言《い》い切《き》れないのです。

第《だい》5話《わ》

ドードー
1681年絶滅《ねんぜつめつ》
ドードー？ 変《へん》な名前《なまえ》。
絶滅《ぜつめつ》した飛《と》べない鳥《とり》さ。

こっちにいるのは何《なに》かな？

クイズ

飛《と》べない鳥《とり》ドードーはどうして滅《ほろ》んだの？

ア ひとつの場所《ばしょ》で増《ふ》えすぎて、食《た》べ物《もの》がなくなって滅《ほろ》んだ。

イ 人間《にんげん》によって滅《ほろ》ぼされた。

ウ ドードーだけがかかる病気《びょうき》によって滅《ほろ》んだ。

地球上《ちきゅうじょう》に生物《せいぶつ》が誕生《たんじょう》してから約《やく》40億年《おくねん》。生物《せいぶつ》の大量《たいりょう》絶滅《ぜつめつ》は5回《かい》あったと考《かんが》えられているのじゃ。

白亜紀末《はくあきまつ》みたいに隕石《いんせき》の衝突《しょうとつ》があったり、氷河期《ひょうがき》になったりすると、生《い》き残《のこ》れない生物《せいぶつ》が出《で》てくるわけか。

でも、たとえば白亜紀末《はくあきまつ》の大量絶滅《たいりょうぜつめつ》で恐竜《きょうりゅう》がいなくなったあとに、われわれほ乳類《にゅうるい》が栄《さか》えたように、大《たい》量絶滅《りょうぜつめつ》には地球《ちきゅう》の生物《せいぶつ》の進化《しんか》をうながす面《めん》もあるんだ。

わたしは何《なに》があっても生《い》き残《のこ》ってみせるわー！

じつは今《いま》、6回目《かいめ》の大量絶滅《たいりょうぜつめつ》が始《はじ》まっているかもしれないんだ。

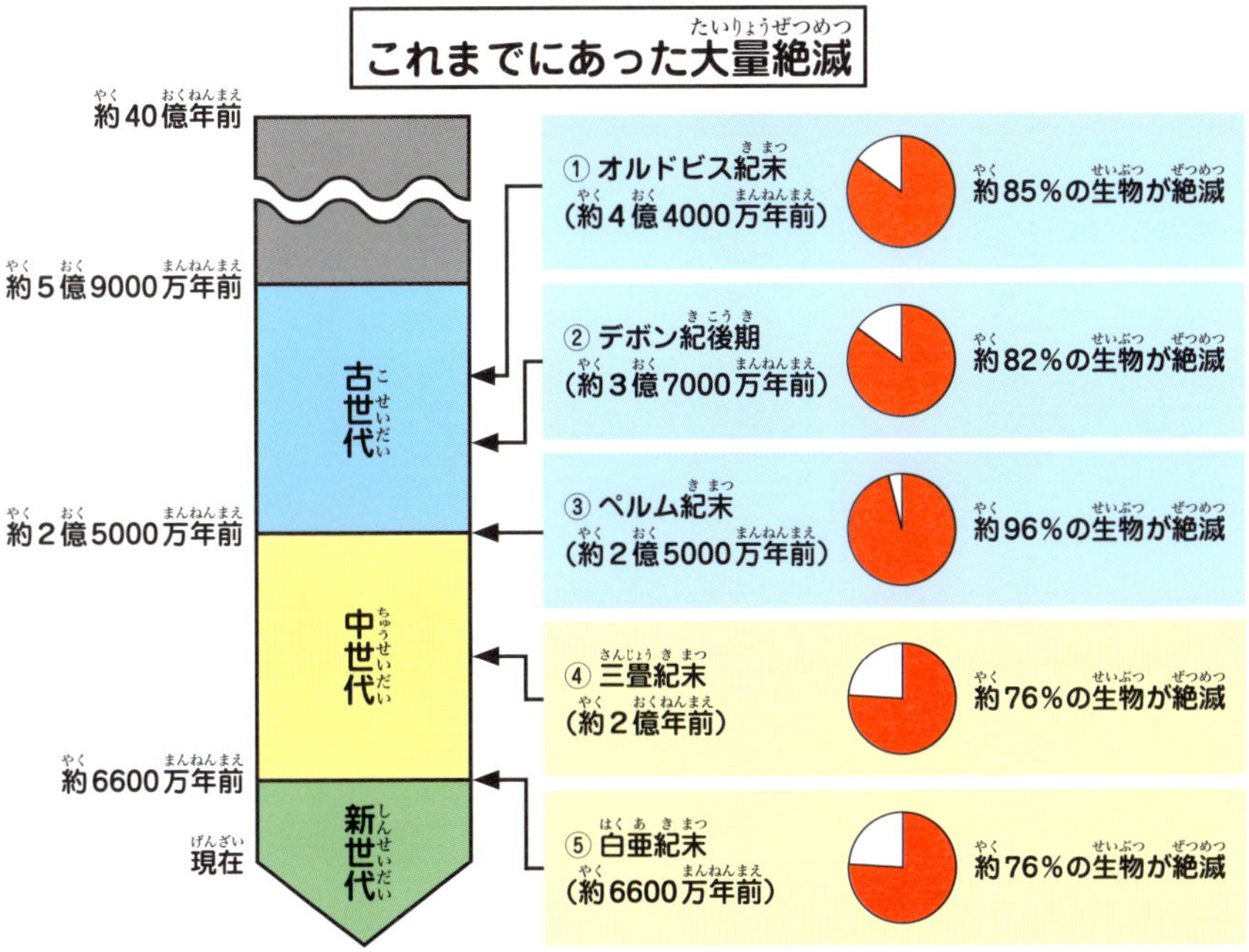
これまでにあった大量絶滅《たいりょうぜつめつ》
約《やく》40億年前《おくねんまえ》
約《やく》5億《おく》9000万年前《まんねんまえ》
約《やく》2億《おく》5000万年前《まんねんまえ》
約《やく》6600万年前《まんねんまえ》
現在《げんざい》
古世代《こせいだい》
中世代《ちゅうせいだい》
新世代《しんせいだい》
① オルドビス紀末《きまつ》（約《やく》4億《おく》4000万年前《まんねんまえ》） 約《やく》85％の生物《せいぶつ》が絶滅《ぜつめつ》
② デボン紀後期《きこうき》（約《やく》3億《おく》7000万年前《まんねんまえ》） 約《やく》82％の生物《せいぶつ》が絶滅《ぜつめつ》
③ ペルム紀末《きまつ》（約《やく》2億《おく》5000万年前《まんねんまえ》） 約《やく》96％の生物《せいぶつ》が絶滅《ぜつめつ》
④ 三畳紀末《さんじょうきまつ》（約《やく》2億年前《おくねんまえ》） 約《やく》76％の生物《せいぶつ》が絶滅《ぜつめつ》
⑤ 白亜紀末《はくあきまつ》（約《やく》6600万年前《まんねんまえ》） 約《やく》76％の生物《せいぶつ》が絶滅《ぜつめつ》

答《こた》えは次《つぎ》のページ！

答《こた》え

イ　人間《にんげん》によって滅《ほろ》ぼされた。

【解説《かいせつ》】
５回《かい》の大量絶滅《たいりょうぜつめつ》だけでなく、約《やく》40億年前《おくねんまえ》に最初《さいしょ》の生命《せいめい》が誕生《たんじょう》して以降《いこう》、地球上《ちきゅうじょう》にはたくさんの生物《せいぶつ》が登場《とうじょう》しては絶滅《ぜつめつ》してきました。その原因《げんいん》のほとんどは、気候《きこう》の変化《へんか》や、ほかの生物《せいぶつ》との生存競争《せいぞんきょうそう》に負《ま》けたことにあります。こうした絶滅《ぜつめつ》は「自然絶滅《しぜんぜつめつ》」と呼《よ》ばれ、生物《せいぶつ》の進化《しんか》のきっかけにもなっています。

大昔《おおむかし》はこうした自然絶滅《しぜんぜつめつ》が多《おお》かったのですが、近年《きんねん》の動物《どうぶつ》の絶滅《ぜつめつ》のほとんどは、わたしたち人間《にんげん》が原因《げんいん》です。とくにこの５００年《ねん》ほどの間《あいだ》に、人間《にんげん》が原因《げんいん》でたくさんの野生《やせい》生物《せいぶつ》が絶滅《ぜつめつ》しました。

人間《にんげん》によって滅《ほろ》ぼされた動物《どうぶつ》の例《れい》

ドードー
1681年《ねん》絶滅《ぜつめつ》

アフリカ大陸《たいりく》の東《ひがし》にあるモーリシャスにいた飛《と》べない鳥《とり》。ヨーロッパ人《じん》が連《つ》れてきたイヌやネズミにヒナや卵《たまご》を食《た》べられたり、狩《か》られたりして絶滅《ぜつめつ》。

ステラーカイギュウ
1768年《ねん》絶滅《ぜつめつ》

体長《たいちょう》が８ｍにもなるジュゴンの仲間《なかま》。1741年《ねん》に人間《にんげん》によって発見《はっけん》されると、毛皮《けがわ》や肉《にく》、油《あぶら》をとるために狩《か》られて、わずか27年《ねん》で絶滅《ぜつめつ》。

自然絶滅《しぜんぜつめつ》とちがって
人間《にんげん》が原因《げんいん》の絶滅《ぜつめつ》は
生物《せいぶつ》がただ失《うしな》われて
いくだけなんじゃ……。

人間《にんげん》による絶滅《ぜつめつ》には、主《おも》に次《つぎ》のような３つの原因《げんいん》があります。

①狩猟《しゅりょう》：肉《にく》や毛皮《けがわ》、角《つの》などを手《て》に入《い》れるため、または単《たん》なるスポーツ（ハンティング）として、野生動物《やせいどうぶつ》を無計画《むけいかく》に狩猟《しゅりょう》したため。

②移動《いどう》：新《あたら》しい場所《ばしょ》に移《うつ》った人間《にんげん》が、そこにいた動物《どうぶつ》や植物《しょくぶつ》を食《た》べてしまったり、人間《にんげん》が持《も》ち込《こ》んだ生物《せいぶつ》が病気《びょうき》を持《も》ち込《こ》んだりしたため。

③環境破壊《かんきょうはかい》：人間《にんげん》が、生活《せいかつ》のために森林《しんりん》や水辺《みずべ》などを開発《かいはつ》してそれまでの環境《かんきょう》がこわれてしまい、生物《せいぶつ》のすむ場所《ばしょ》が失《うしな》われたため。

同《おな》じ地球《ちきゅう》の
仲間《なかま》なのに……。

ニホンオオカミ
1905年絶滅《ねんぜつめつ》

本州《ほんしゅう》、四国《しこく》、九州《きゅうしゅう》にすんでいたオオカミで、長《なが》い間《あいだ》、人間《にんげん》と共存《きょうぞん》。しかし、明治時代《めいじじだい》になってイヌの病気《びょうき》の流行《りゅうこう》や山林《さんりん》の開発《かいはつ》によって絶滅《ぜつめつ》。

リョコウバト
1914年絶滅《ねんぜつめつ》

北《きた》アメリカと中央《ちゅうおう》アメリカを行《い》き来《き》していた渡《わた》り鳥《どり》。最盛期《さいせいき》には50億羽《おくわ》もいたとされるが、人間《にんげん》が食用《しょくよう》にしたり、ゲームのように狩《か》ったりして絶滅《ぜつめつ》。

ションブルクジカ
1938年絶滅《ねんぜつめつ》

タイの湿原《しつげん》にすんでいた美《うつく》しい角《つの》を持《も》つシカ。湿原《しつげん》が耕作《こうさく》地《ち》として開発《かいはつ》されたり、角《つの》をとるために狩《か》られたりして絶滅《ぜつめつ》。

第《だい》6話《わ》

クイズ

食虫植物《しょくちゅうしょくぶつ》はどうして虫《むし》を食《た》べるの？

ア 植物《しょくぶつ》のように見《み》えて、じつは動物《どうぶつ》だから。

イ 本当《ほんとう》は食《た》べていない。

ウ 土《つち》から栄養《えいよう》がとれないから。

日本《にほん》には約《やく》20種類《しゅるい》、世界中《せかいじゅう》には約《やく》650種類《しゅるい》の食虫《しょくちゅう》植物《しょくぶつ》があるといわれているよ。

ハエトリグサなら育《そだ》てたことがあるよ。葉《は》が虫《むし》をはさむのは、1度目《どめ》にとまったときじゃなくて、2度《ど》目《め》のときなんだ。

虫《むし》のつかまえ方《かた》もいろいろじゃ。ハエトリグサは「とじこめ式《しき》」、ウツボカズラは「落《お》とし穴式《あなしき》」じゃな。

ほかには、どんなつかまえ方《かた》があるの?

モウセンゴケなどの「ベタベタ式《しき》」、タヌキモなどの「すいこみ式《しき》」、そしてゲンリセアなどの「さそいこみ式《しき》」と、大《おお》きく分《わ》けて5種類《しゅるい》あるよ。

植物《しょくぶつ》は自分《じぶん》が動《うご》くことはできないから、いろいろな方法《ほうほう》で虫《むし》をさそいこむんだね。

食虫植物《しょくちゅうしょくぶつ》の虫《むし》のつかまえ方《かた》

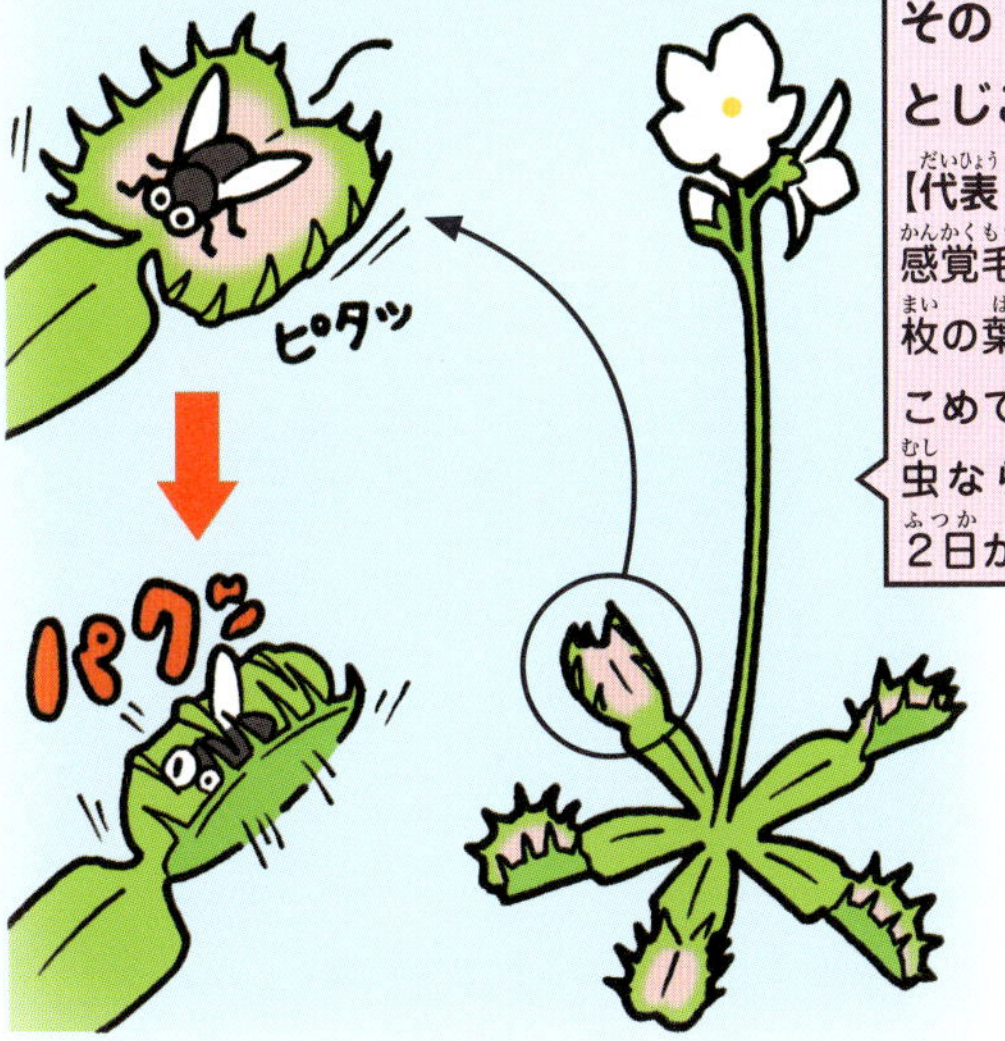
ピタッ
パクッ

その1：とじこめ式《しき》

【代表《だいひょう》：ハエトリグサ】

感覚毛《かんかくもう》にふれた虫《むし》を2枚《まい》の葉《は》ではさんでとじこめて食《た》べる。小《ちい》さい虫《むし》なら消化《しょうか》・吸収《きゅうしゅう》に2日《ふつか》かかる。

残《のこ》りの4つは次《つぎ》のページを見《み》てね！
答《こた》えは次《つぎ》のページ！

答《こた》え

ウ

土《つち》から栄養《えいよう》がとれないから。

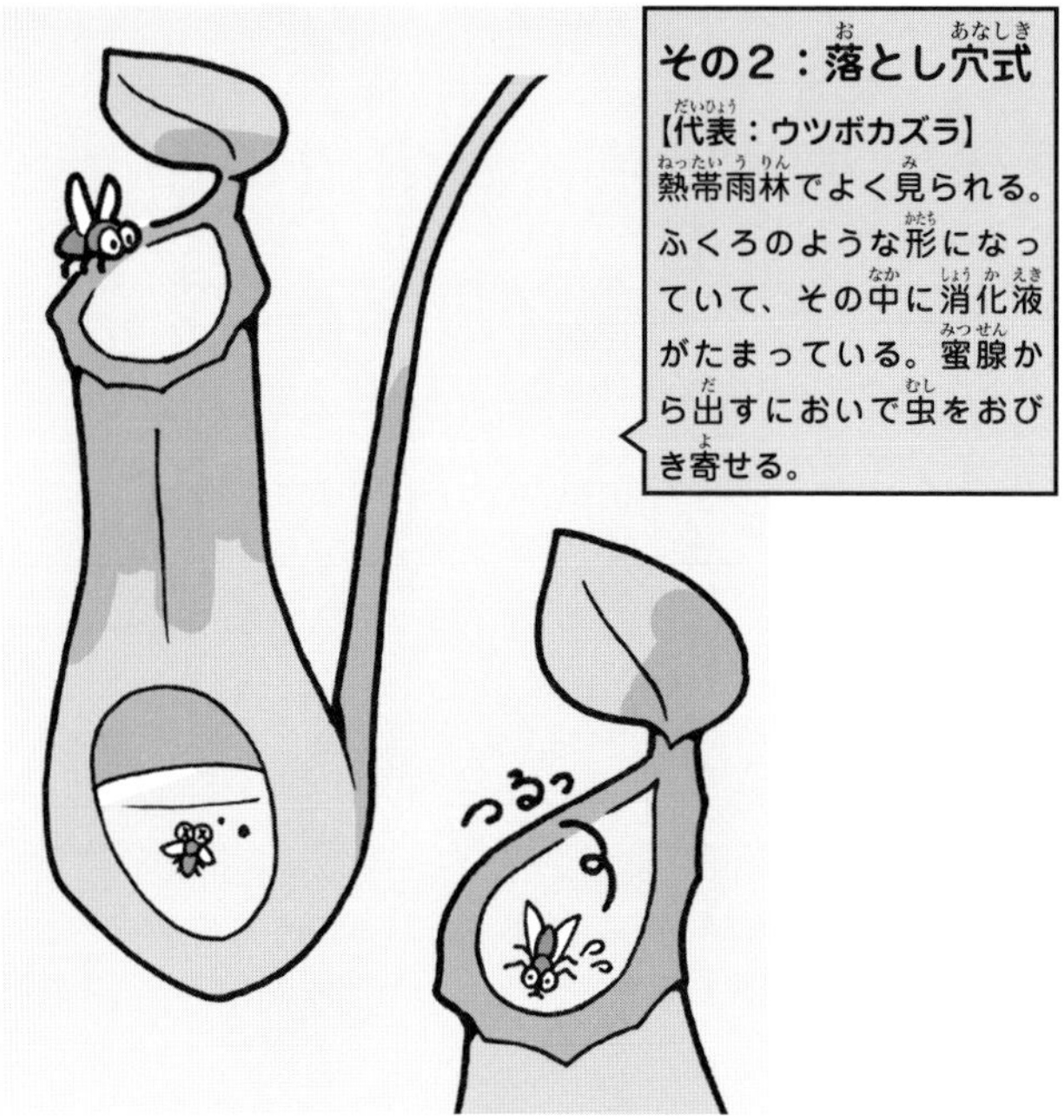
その2：落《お》とし穴式《あなしき》
【代表《だいひょう》：ウツボカズラ】
熱帯雨林《ねったいうりん》でよく見《み》られる。ふくろのような形《かたち》になっていて、その中《なか》に消化液《しょうかえき》がたまっている。蜜腺《みつせん》から出《だ》すにおいで虫《むし》をおびき寄《よ》せる。
つるっ

【解説《かいせつ》】

植物《しょくぶつ》が育《そだ》つには、太陽《たいよう》の光《ひかり》と空気《くうき》、適度《てきど》な温度《おんど》と土《つち》の中《なか》の養分《ようぶん》、そして水《みず》が必要《ひつよう》です。これらの条件《じょうけん》が整《ととの》うことで、植物《しょくぶつ》は自分《じぶん》の体《からだ》の中《なか》で必要《ひつよう》な栄養《えいよう》をつくり出《だ》すことができるのです。

しかし、食虫植物《しょくちゅうしょくぶつ》が生《は》えているところは、養分《ようぶん》が少《すく》ない沼地《ぬまち》や湿地《しっち》、かたい岩場《いわば》などです。そのため、土《つち》の中《なか》に根《ね》をのばしても、十分《じゅうぶん》な養分《ようぶん》を吸収《きゅうしゅう》することができません。

そこで食虫植物《しょくちゅうしょくぶつ》は虫《むし》を取《と》って、栄養《えいよう》を補《おぎな》うように進化《しんか》したのです。

その3：ベタベタ式《しき》

【代表《だいひょう》：モウセンゴケ】
葉《は》にたくさんついているせん毛《もう》から粘着液《ねんちゃくえき》を出《だ》し、やってきた虫《むし》を動《うご》けなくする。

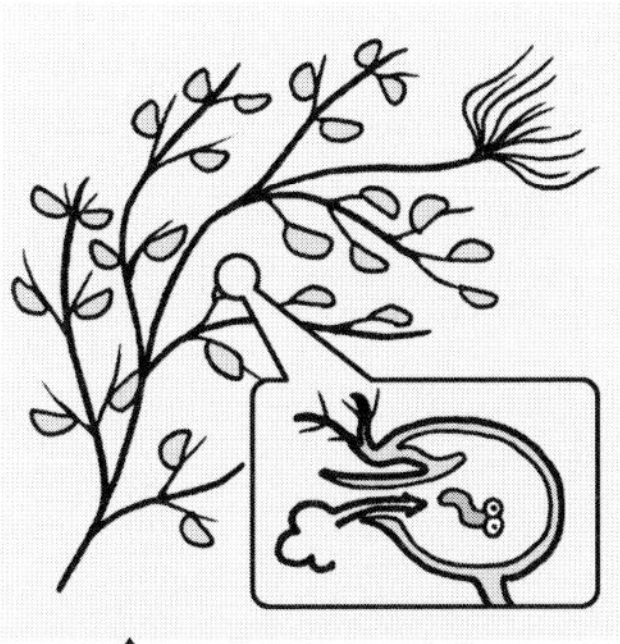

その4：すいこみ式《しき》

【代表《だいひょう》：タヌキモ】
日本《にほん》の沼地《ぬまち》などで見《み》られる、根《ね》のない水中植物《すいちゅうしょくぶつ》。えものを「捕虫《ほちゅう》のう」の口《くち》から一気《いっき》にすいこむ。

その5：さそいこみ式《しき》

【代表《だいひょう》：ゲンリセア】
土《つち》の中《なか》に、らせん状《じょう》の管《くだ》になった葉《は》があり、この中《なか》に入《はい》った虫《むし》は逃《に》げられなくなる。

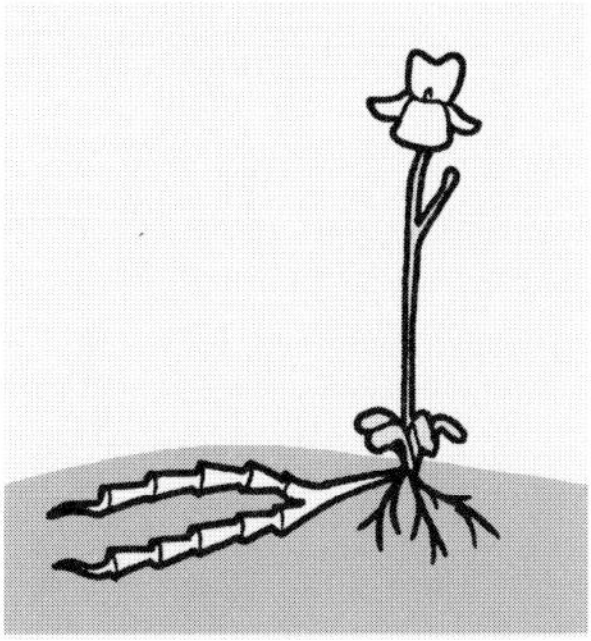

食虫植物《しょくちゅうしょくぶつ》は、虫《むし》を食《た》べることで必要《ひつよう》な栄養《えいよう》を補《おぎな》っていますが、ほかの植物《しょくぶつ》から栄養《えいよう》を吸《す》い取《と》る植物《しょくぶつ》もあります。このような植物《しょくぶつ》は「寄生植物《きせいしょくぶつ》」と呼《よ》ばれています。

たとえば東南《とうなん》アジアの熱帯雨林《ねったいうりん》で見《み》られる世界最大《せかいさいだい》の花《はな》「ラフレシア」があります。ラフレシアには花《はな》と根《ね》だけしかなくて、ほかの植物《しょくぶつ》に寄生《きせい》して生《い》きているのです。また、日本《にほん》の四国《しこく》や九州《きゅうしゅう》で見《み》られる「ヤッコソウ」は、森林《しんりん》でシイノキなどの根《ね》に寄生《きせい》します。

ラフレシア

植物《しょくぶつ》も生《い》き残《のこ》るためにいろいろな工夫《くふう》をしているんだ。

第《だい》7話《わ》

急《きゅう》にかい中電灯《ちゅうでんとう》が消《き》えたぞ？
あっちに光《ひかり》が見《み》える！
ホタルの光《ひかり》だわ！
ホタルの光《ひかり》ルーム
キレイだなあ。

クイズ

ホタルはなぜ光《ひか》るの？

ア　オスとメスが出会《であ》うため。

イ　エサとなる虫《むし》をさそうため。

ウ　暗《くら》いところが苦手《にがて》だから。

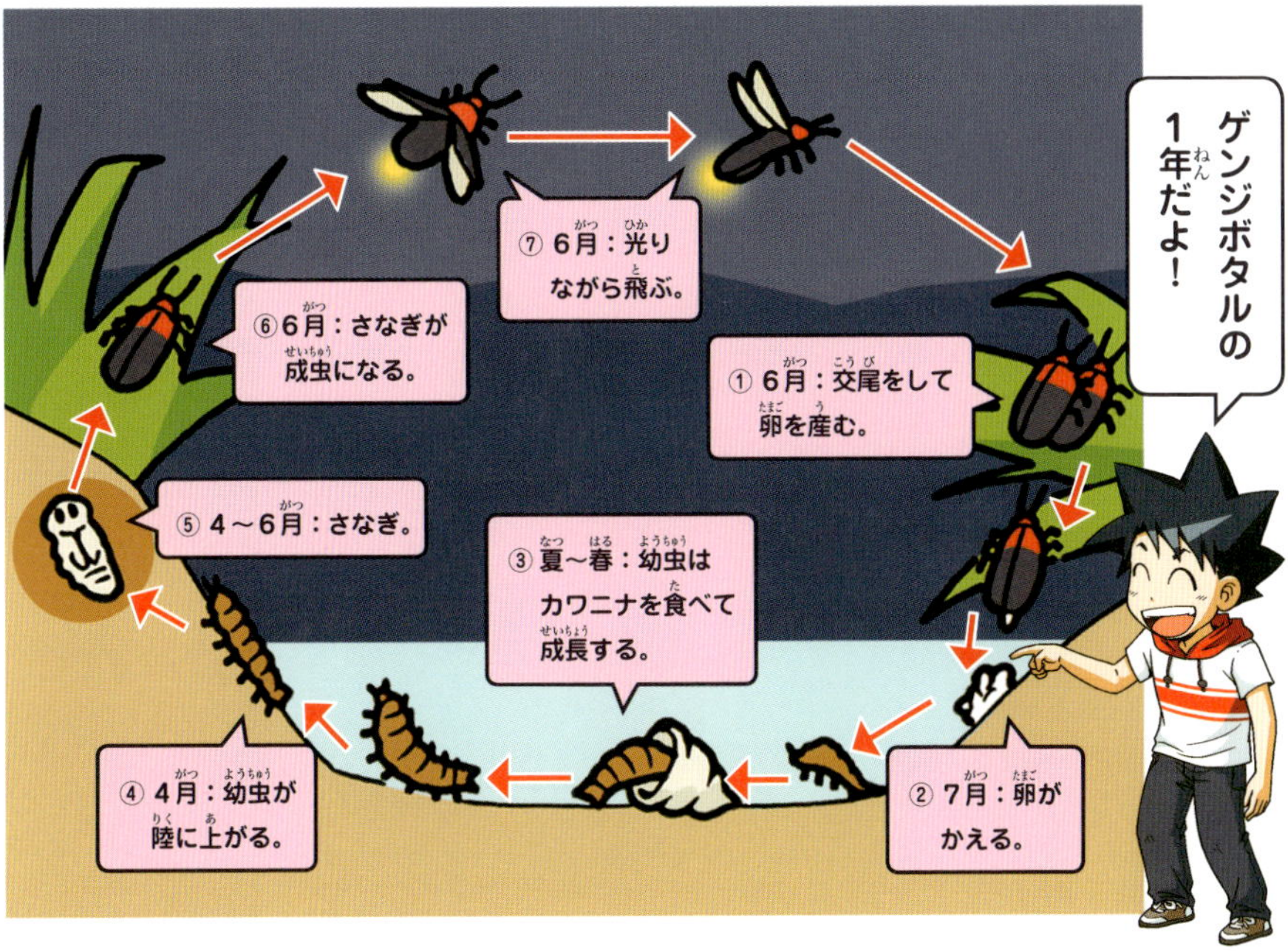
ゲンジボタルの1年《ねん》だよ！
① 6月《がつ》：交尾《こうび》をして卵《たまご》を産《う》む。
② 7月《がつ》：卵《たまご》がかえる。
③ 夏《なつ》〜春《はる》：幼虫《ようちゅう》はカワニナを食《た》べて成長《せいちょう》する。
④ 4月《がつ》：幼虫《ようちゅう》が陸《りく》に上《あ》がる。
⑤ 4〜6月《がつ》：さなぎ。
⑥ 6月《がつ》：さなぎが成虫《せいちゅう》になる。
⑦ 6月《がつ》：光《ひか》りながら飛《と》ぶ。

日本《にほん》には、およそ50種類《しゅるい》のホタルがいるよ。中《なか》でもゲンジボタルとヘイケボタルがとくに有名《ゆうめい》だね。

成虫《せいちゅう》になってからのゲンジボタルの寿命《じゅみょう》は1週間《しゅうかん》ほどと短《みじか》いんじゃよ。

あの光《ひかり》、熱《あつ》くないのかなあ？

「化学反応《かがくはんのう》」で光《ひかり》を出《だ》していて、ほとんど熱《ねつ》は出《で》てないぞ。

化学反応《かがくはんのう》？

物質《ぶっしつ》どうしがくっついたり離《はな》れたりして、ちがう性《せい》質《しつ》のものに変《か》わることじゃ。ホタルの体内《たいない》には、ルシフェリンとルシフェラーゼという物質《ぶっしつ》がある。ルシフェリンがルシフェラーゼの助《たす》けをかりて、酸素《さんそ》と結《むす》びついて化学反応《かがくはんのう》を起《お》こして光《ひか》るんじゃ。

答《こた》えは次《つぎ》のページ！

答《こた》え

ア　オスとメスが出会《であ》うため。

【解説《かいせつ》】

ホタルは、おしりを明《あか》るくしたり暗《くら》くしたりすることで、結婚《けっこん》相手《あいて》を探《さが》しています。光《ひかり》の合図《あいず》が分《わ》かりやすいヒメボタルの光《ひか》り方《かた》で説明《せつめい》しましょう。

①オスは、メスのいそうな草《くさ》の周囲《しゅうい》を飛《と》び、約《やく》0・5秒《びょう》に1回《かい》ずつ強《つよ》く光《ひか》る。

②光《ひか》り方《かた》でオスだと分《わ》かったメスは、オスの光《ひかり》に約《やく》0・3秒《びょう》おくれて光《ひか》る。

③メスの合図《あいず》を受《う》け取《と》ったオスは、メスに近《ちか》づき交尾《こうび》をする。

ホタルの種類《しゅるい》によって、光《ひか》り方《かた》がちがいます。また、温《おん》

ホタルの光《ひか》り方《かた》

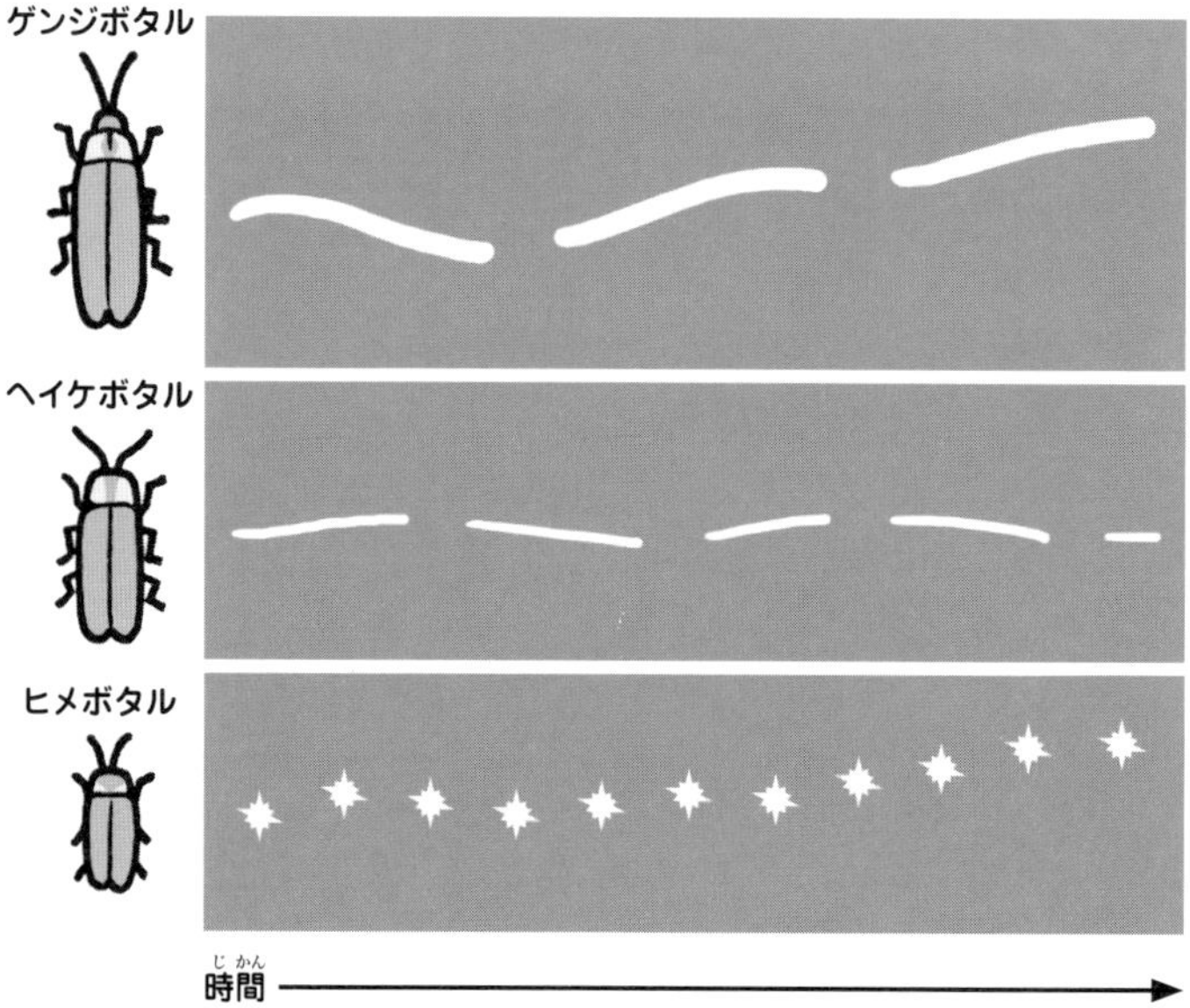

郵 便 は が き

ここに切手《きって》を
貼《は》ってね！

1 0 4 - 8 0 1 1

朝日新聞出版　生活・文化編集部

「サバイバル」「対決」
「タイムワープ」シリーズ　係

☆**愛読者《あいどくしゃ》カード**☆シリーズをもっとおもしろくするために、みんなの感想《かんそう》を送《おく》ってね。
毎月《まいつき》、抽選《ちゅうせん》で10名《めい》のみんなに、サバイバル特製《とくせい》グッズをあげるよ。

☆**ファンクラブ通信《つうしん》への投稿《とうこう》**☆このハガキで、ファンクラブ通信《つうしん》のコーナーにも投稿《とうこう》できるよ！
たくさんのコーナーがあるから、いっぱい応募《おうぼ》してね。

ファンクラブ通信《つうしん》は、公式《こうしき》サイトでも読《よ》めるよ！　サバイバルシリーズ　検索《けんさく》

お名前《なまえ》		ペンネーム	※本名《ほんみょう》でも可《か》		
ご住所《じゅうしょ》	〒				
電話番号《でんわばんごう》		シリーズを何冊《なんさつ》もってる？	冊《さつ》		
メールアドレス					
学年《がくねん》	年《ねん》	年齢《ねんれい》	才《さい》	性別《せいべつ》	
コーナー名《めい》	※ファンクラブ通信《つうしん》への投稿《とうこう》の場合《ばあい》				

※ご提供《ていきょう》いただいた情報《じょうほう》は、個人情報《こじんじょうほう》を含《ふく》まない統計的《とうけいてき》な資料《しりょう》の作成等《さくせいなど》に使用《しよう》いたします。その他《た》の利用《りよう》について詳《くわ》しくは、当社《とうしゃ》ホームページ https://publications.asahi.com/company/privacy/ をご覧下《らんくだ》さい。

☆本《ほん》の感想《かんそう》、ファンクラブ通信《つうしん》への投稿《とうこう》など、好《す》きなことを書《か》いてね！

ご感想《かんそう》を広告《こうこく》、書籍《しょせき》の PR に使用《しよう》させていただいてもよろしいでしょうか？

1．実名《じつめい》で可《か》　　2．匿名《とくめい》で可《か》　　3．不可《ふか》

光《ひか》る生《い》き物《もの》はなぜ光《ひか》る？

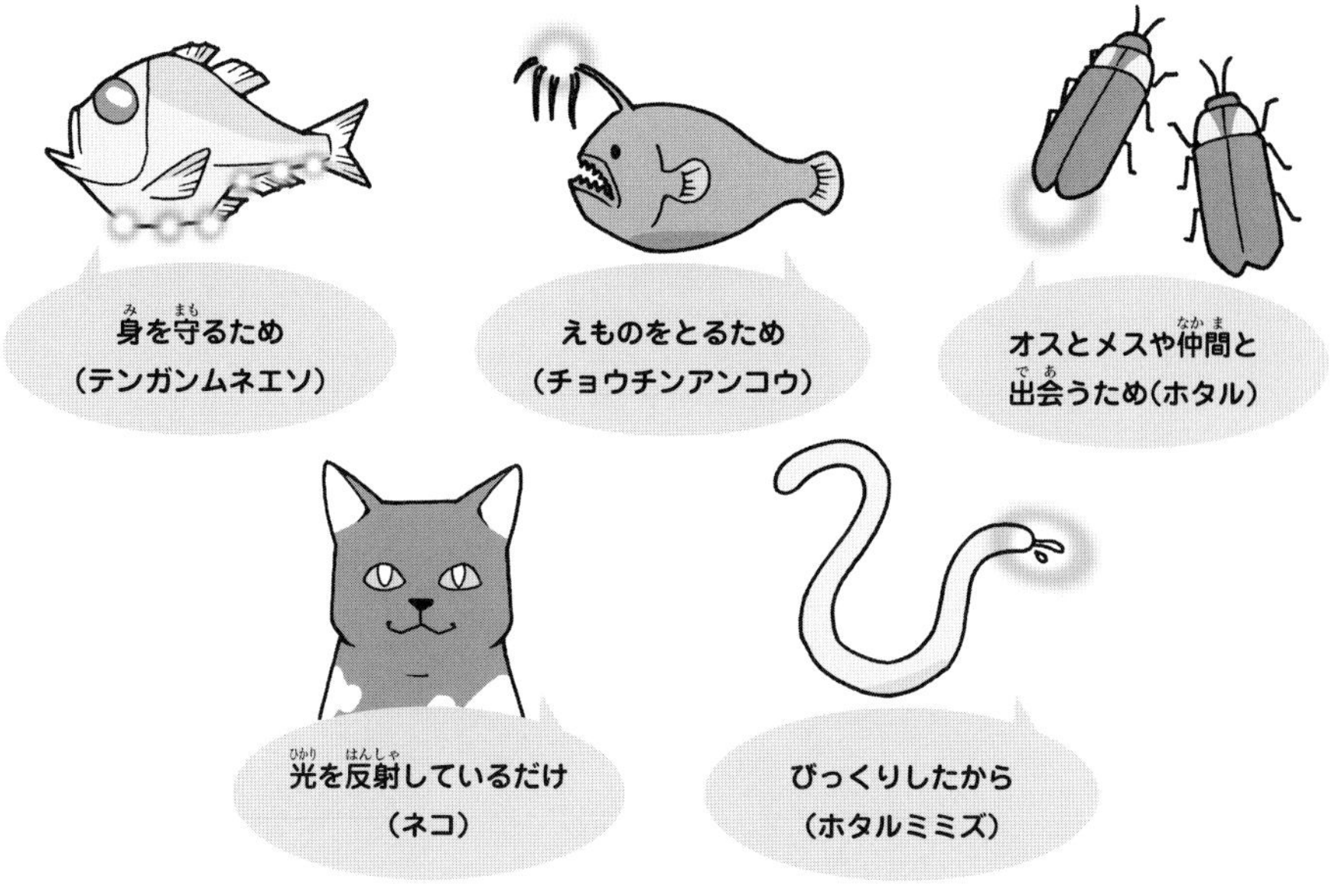
身《み》を守《まも》るため
（テンガンムネエソ）
えものをとるため
（チョウチンアンコウ）
オスとメスや仲間《なかま》と
出会《であ》うため（ホタル）
光《ひかり》を反射《はんしゃ》しているだけ
（ネコ）
びっくりしたから
（ホタルミミズ）

度《ど》が高《たか》いと光《ひか》る間隔《かんかく》が短《みじか》くなるとされています。

ホタルのほかにも、化学反応《かがくはんのう》によって光《ひか》る生《い》き物《もの》がいます。光《ひか》る主《おも》な理由《りゆう》は、ホタルのように「オスとメスが出会《であ》うため」のほかに、「えものを取《と》るため」や「身《み》を守《まも》るため」などが考《かんが》えられます。

光《ひか》るキノコ（発光《はっこう》キノコ）のように、光《ひか》る理由《りゆう》が分《わ》かっていないものもあります。

ちなみに、暗《くら》いところでネコの目《め》が光《ひか》るのは化学反応《かがくはんのう》ではありません。ネコの目《め》の奥《おく》には、光《ひかり》をよくはね返《かえ》すものがあり、弱《よわ》い光《ひかり》でも反射《はんしゃ》するので光《ひか》って見《み》えるのです。ほら穴《あな》の中《なか》などで黄緑色《きみどりいろ》にぼうっと光《ひか》って見《み》えるヒカリゴケも、レンズの形《かたち》をした細胞《さいぼう》が光《ひかり》に反射《はんしゃ》しているため、光《ひか》って見《み》えます。

光《ひか》る理由《りゆう》も
いろいろあるね！

第《だい》8話《わ》

クイズ

デンキウナギは最大《さいだい》どのくらいの強《つよ》さの電気《でんき》を出《だ》せるの？

ア 乾電池《かんでんち》約《やく》50本分《ぽんぶん》。

イ 乾電池《かんでんち》５０００本分《ぼんぶん》以上《いじょう》。

ウ 弱《よわ》すぎて測《はか》れない。

デンキウナギの電気《でんき》の使《つか》い方《かた》

1
10〜25ボルトの弱《よわ》い電気《でんき》を出《だ》して、レーダーのように周囲《しゅうい》のようすをさぐる。
2
えものをみつけると、強《つよ》い電気《でんき》を出《だ》して感電《かんでん》させる。
3
感電《かんでん》して動《うご》きがにぶったり、死《し》んだりしたところで食《た》べる。

狩《か》りのために発電《はつでん》するのか!

デンキウナギって、ウナギの仲間《なかま》なの?

じつはナマズやコイなどに近《ちか》い種類《しゅるい》だと考《かんが》えられているよ。

デンキウナギはにごった川《かわ》にすんでいるので、目《め》でえものとなる小魚《こざかな》を探《さが》すことがむずかしい。そこで、退化《たいか》した目《め》の代《か》わりに「電気《でんき》」を使《つか》うことにしたんじゃ。

まず、弱《よわ》い電気《でんき》を出《だ》して、その電気《でんき》の流《なが》れで、えものや障害物《しょうがいぶつ》を感《かん》じ取《と》る。

えもののいる場所《ばしょ》が分《わ》かったら、今度《こんど》は強《つよ》い電気《でんき》をほんの一瞬《いっしゅん》出《だ》すんだってさ。それだけで、えものは感電《かんでん》して動《うご》けなくなるのさ!

へーっ!

答《こた》えは次《つぎ》のページ!

答《こた》え

イ 乾電池《かんでんち》500本分《ぽんぶん》以上《いじょう》。

【解説《かいせつ》】

デンキウナギは200ボルト以上《いじょう》の電気《でんき》を出《だ》すことができます。大《おお》きいものだと800ボルト以上《いじょう》を出《だ》したという記録《きろく》もあります。800ボルトといえば、乾電池《かんでんち》500本分《ぼんぶん》以上《いじょう》です。

デンキウナギの体《からだ》のほとんどの部分《ぶぶん》は、電気《でんき》をつくるための器官《きかん》（発電器官《はつでんきかん》）になっています。発電器官《はつでんきかん》は、筋肉《きんにく》が変化《へんか》した細胞《さいぼう》です。1つの細胞《さいぼう》でつくられる電気《でんき》は小《ちい》さいのですが、細胞《さいぼう》がたくさん集《あつ》まることで、大《おお》きな電気《でんき》を生《う》み出《だ》します。

デンキウナギ
全長約《ぜんちょうやく》2m。南《みなみ》アメリカのオリノコ川《がわ》やアマゾン川《がわ》などにすむ。川底《かわぞこ》の泥《どろ》の中《なか》などにすんで、魚《さかな》やカエルなどを食《た》べる。

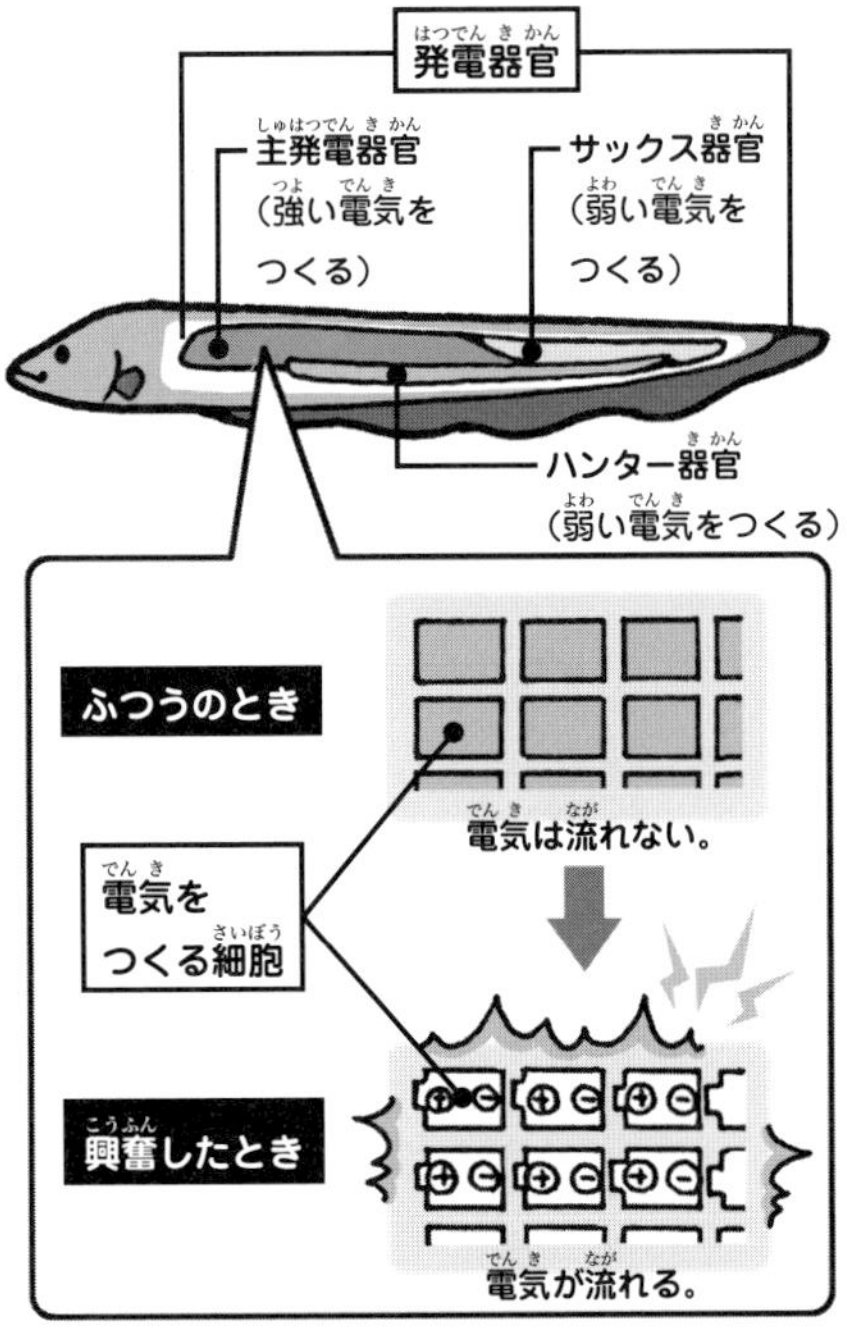

ボルト（電圧《でんあつ》）とは
電気《でんき》を押《お》し出《だ》す力《ちから》のことじゃ。
日本《にほん》の家庭《かてい》の電圧《でんあつ》は
通常《つうじょう》100ボルトか
200ボルトなんじゃよ！

ほかにもいる！ 電気魚《でんきうお》たち

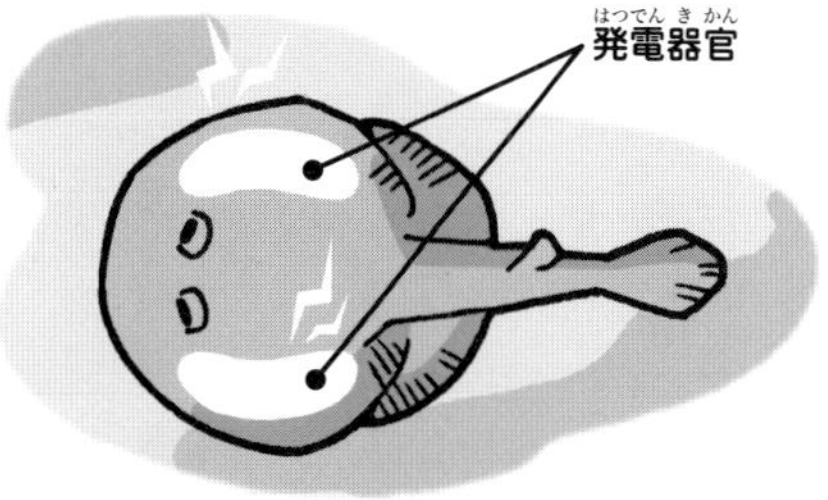

発電器官《はつでんきかん》

シビレエイ
全長約《ぜんちょうやく》35cm。日本中部《にほんちゅうぶ》より南《みなみ》の太平洋《たいへいよう》にすむ。ふだんは海底《かいてい》の砂《すな》の中《なか》にもぐっており、小魚《こざかな》が近《ちか》づくと放電《ほうでん》してとらえる。発電力《はつでんりょく》は50～60ボルト。

発電器官《はつでんきかん》

エレファントノーズ・フィッシュ
全長約《ぜんちょうやく》20cm。アフリカのコンゴ川流域《がわりゅういき》にすむ。ふだんは泥《どろ》の底《そこ》にすんでいて、長《なが》くつき出《で》た口《くち》の部分《ぶぶん》で泥底《どろぞこ》をさぐって昆虫《こんちゅう》などを食《た》べる。発電力《はつでんりょく》は２～８ボルトと弱《よわ》く、エサの位置《いち》を知《し》るためなどに使《つか》う。

デンキウナギのように、電気《でんき》をつくることができる魚《さかな》を「電気魚《でんきうお》」といいます。電気魚《でんきうお》は、デンキウナギのように強《つよ》い電気《でんき》で敵《てき》を攻撃《こうげき》することもあれば、弱《よわ》い電気《でんき》で仲間《なかま》どうしやオスとメスで交信《こうしん》したり、なわばりや自分《じぶん》がいる位置《いち》を確認《かくにん》したりしています。

じつはどんな動物《どうぶつ》の体《からだ》の中《なか》にも電気《でんき》は流《なが》れています。たとえば、脳波《のうは》などです。ただしそれはものすごく弱《よわ》いので、電気魚《でんきうお》のように他《ほか》の生《い》き物《もの》を感電《かんでん》させるほどの力《ちから》はありません。

第《だい》9話《わ》

クイズ

化石《かせき》になった恐竜《きょうりゅう》の骨《ほね》は、もとより軽《かる》い？ 重《おも》い？

ア 軽《かる》い。

イ 変《か》わらない。

ウ 重《おも》い。

いろいろな化石《かせき》

植物《しょくぶつ》

やわらかい植物《しょくぶつ》も運《うん》が良《よ》ければ化石《かせき》になる。

足《あし》あと

やわらかい地面《じめん》にスタンプのように残《のこ》したあとが化石《かせき》になる。

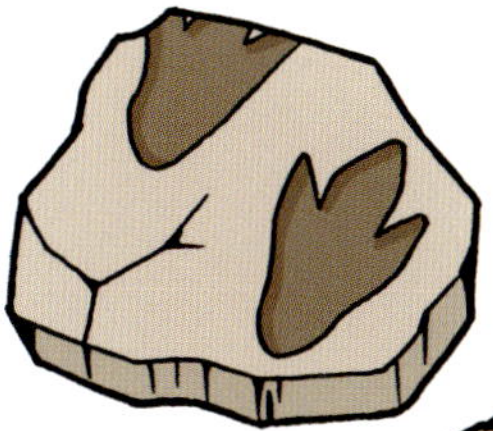

骨《ほね》や歯《は》

かたい部分《ぶぶん》は化石《かせき》になりやすい。

骨《ほね》のほかにも卵《たまご》やウンチ、琥珀《こはく》などの化石《かせき》があるぞ。

博士《はかせ》、全身《ぜんしん》の形《かたち》が分《わ》かる、いい状態《じょうたい》の恐竜《きょうりゅう》の化石《かせき》が見《み》つかったりすると大《おお》さわぎになりますよね。

それは化石《かせき》を調《しら》べることで、その生《い》き物《もの》がどんなくらしをしていたのかや、当時《とうじ》の環境《かんきょう》などが分《わ》かるからじゃ。化石《かせき》がいい状態《じょうたい》であるほど、たくさんのことが分《わ》かるんじゃよ。

へー。たとえばどんなことが分《わ》かるの？

後《うし》ろ脚《あし》に羽毛《うもう》のある恐竜《きょうりゅう》の化石《かせき》が中国《ちゅうごく》で発見《はっけん》されたんじゃが、これによって、鳥《とり》が恐竜《きょうりゅう》から進化《しんか》したことがほぼ確実《かくじつ》になったのじゃ。

ほかにも、恐竜《きょうりゅう》の足《あし》あとの化石《かせき》を調《しら》べることで、どのくらいのスピードで走《はし》っていたかが分《わ》かったりするぞ。

化石《かせき》ってすごい！

答《こた》えは次《つぎ》のページ！

答《こた》え

ウ 重《おも》い。

【解説《かいせつ》】

化石《かせき》として残《のこ》るのは、骨《ほね》や歯《は》など、生《い》き物《もの》の体《からだ》のくさりにくく、かたい部分《ぶぶん》であることが多《おお》いです。

くさりにくい骨《ほね》や歯《は》などのかたい部分《ぶぶん》は、長《なが》い年月《ねんげつ》をかけて地層《ちそう》の土《つち》や岩石《がんせき》の成分《せいぶん》がしみこんで化石《かせき》になります。そのため、もとの重《おも》さよりも重《おも》くなります。

その後《ご》、地殻変動《ちかくへんどう》などが起《お》きて、化石《かせき》が埋《う》まっていた地《ち》層《そう》が地上《ちじょう》に現《あらわ》れ、化石《かせき》が発見《はっけん》されます。

化石《かせき》ができるまで

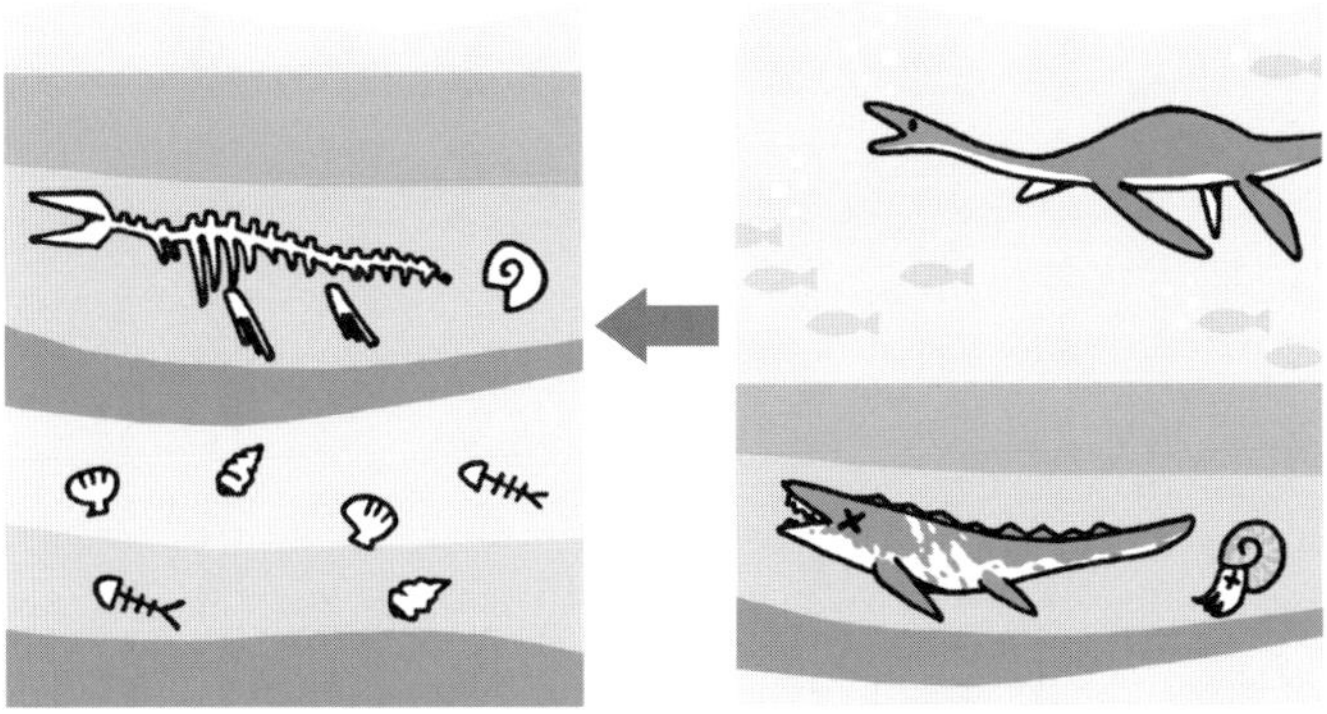

① 生《い》き物《もの》が死《し》ぬと、皮《ひ》ふや肉《にく》などのやわらかい部分《ぶぶん》は、ほかの生《い》き物《もの》に食《た》べられたり、くさったりして分解《かい》してしまう。やがて、残《のこ》った骨《ほね》や歯《は》などの部分《ぶぶん》が、泥《どろ》や砂《すな》に埋《う》まる。

② さらにその上《うえ》に泥《どろ》や砂《すな》がどんどん重《かさ》なり、重《おも》みでかたくなって岩石《がんせき》の層《そう》（地層《ちそう》）ができる。地層《ちそう》の中《なか》で骨《ほね》や歯《は》に地層《ちそう》の石《いし》の成分《せいぶん》がしみこんで、化石《かせき》になる。

大昔《おおむかし》の生物《せいぶつ》の中《なか》には、ある時期《じき》しか存在《そんざい》しなかったものがいます。そのため、その生物《せいぶつ》の化石《かせき》が出《で》ると地層《ちそう》の年代《ねんだい》を知《し》ることができます。このような化石《かせき》を「示準化石《しじゅんかせき》」といいます。

化石《かせき》は過去《かこ》からの手紙《てがみ》といえるかもね。

地質年代《ちしつねんだい》

新生代《しんせいだい》	第四紀《だいよんき》	現代《げんだい》まで続《つづ》く時代《じだい》
	第三紀《だいさんき》	ほ乳類《にゅうるい》が繁栄《はんえい》
中生代《ちゅうせいだい》	白亜紀《はくあき》	恐竜《きょうりゅう》が繁栄《はんえい》
	ジュラ紀《き》	恐竜《きょうりゅう》が巨大化《きょだいか》。鳥類《ちょうるい》の登場《とうじょう》
	三畳紀《さんじょうき》	恐竜《きょうりゅう》、ほ乳類《にゅうるい》の登場《とうじょう》
古生代《こせいだい》	ペルム紀《き》	ほ乳類《にゅうるい》の祖先《そせん》の登場《とうじょう》
	石炭紀《せきたんき》	は虫類《ちゅうるい》の登場《とうじょう》。大森林《だいしんりん》ができる
	デボン紀《き》	両生類《りょうせいるい》の登場《とうじょう》
	シルル紀《き》	植物《しょくぶつ》の陸上進出《りくじょうしんしゅつ》。昆虫《こんちゅう》の登場《とうじょう》
	オルドビス紀《き》	無《む》せきつい動物《どうぶつ》の繁栄《はんえい》
	カンブリア紀《き》	さまざまな生物《せいぶつ》がいっきに進化《しんか》
原生代《げんせいだい》		多細胞生物《たさいぼうせいぶつ》の登場《とうじょう》
始生代《しせいだい》		生物《せいぶつ》の誕生《たんじょう》

示準化石《しじゅんかせき》

新生代《しんせいだい》
ピカリア
ナウマンゾウ
中生代《ちゅうせいだい》
アンモナイト
恐竜《きょうりゅう》
古生代《こせいだい》
フズリナ
サンヨウチュウ

生物《せいぶつ》の誕生《たんじょう》は40億年《おくねん》ほど前《まえ》のことじゃ。

第《だい》10話《わ》

クイズ

ウナギにうろこはあるの?

ア ある。

イ ない。

ウ 子《こ》どものときはあるが大人《おとな》になるとなくなる。

ウナギは海《うみ》で産《う》まれるのか！

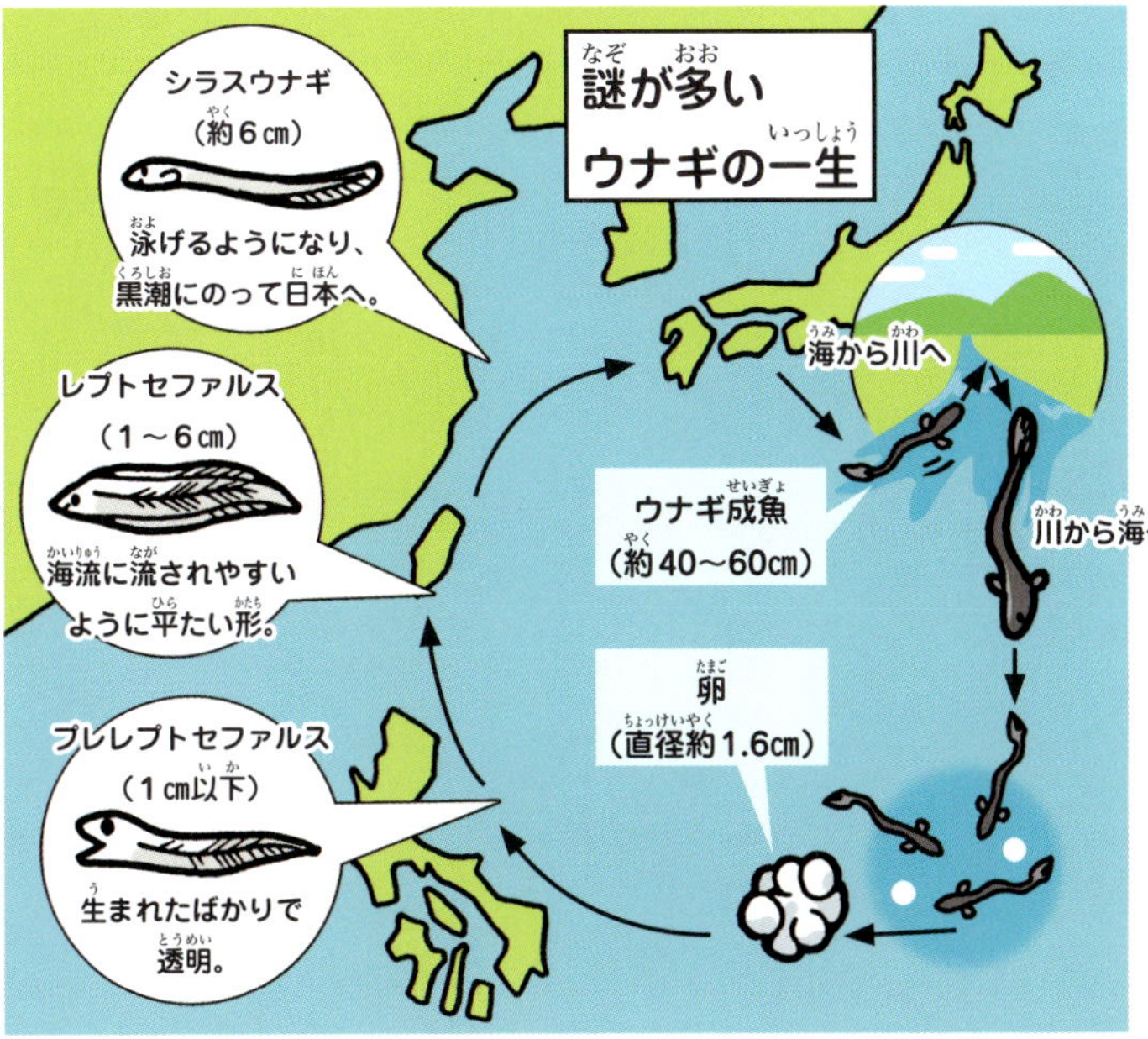
謎《なぞ》が多《おお》い
ウナギの一生《いっしょう》
シラスウナギ
（約《やく》6㎝）
泳《およ》げるようになり、
黒潮《くろしお》にのって日本《にほん》へ。
レプトセファルス
（1～6㎝）
海流《かいりゅう》に流《なが》されやすい
ように平《ひら》たい形《かたち》。
プレレプトセファルス
（1㎝以下《いか》）
生《う》まれたばかりで
透明《とうめい》。
海《うみ》から川《かわ》へ
ウナギ成魚《せいぎょ》
（約《やく》40～60㎝）
川《かわ》から海《うみ》へ
卵《たまご》
（直径約《ちょっけいやく》1.6㎝）

うう。ぬるぬるで気持《きも》ち悪《わる》い……。

ウナギって何《なん》でぬるぬるしてるの？

皮《ひ》ふを乾燥《かんそう》から守《まも》るためじゃ。

ウナギといえば、ニホンウナギが絶滅危惧種《ぜつめつきぐしゅ》に指定《してい》されたって聞《き》いたよ。そんなに数《かず》が減《へ》っているんだ。

えーっ？　かば焼《や》き、食《た》べられなくなっちゃうのかなあ？　でも、養殖《ようしょく》してるんじゃないの？

それは、稚魚《ちぎょ》をつかまえて養殖《ようしょく》しているんだ。でも、生態《せいたい》がよく分《わ》かっていないから、卵《たまご》から養殖《ようしょく》する技術《ぎじゅつ》はまだないんだよ。

産卵場所《さんらんばしょ》が日本《にほん》から２５００㎞も離《はな》れたマリアナ海域《かいいき》だということも、２００９年《ねん》にやっと分《わ》かったくらいじゃ。ウナギにはまだまだ謎《なぞ》が多《おお》いんじゃよ。

答《こた》えは次《つぎ》のページ！

答《こた》え

ア ある。

【解説《かいせつ》】

体《からだ》の表面《ひょうめん》がぬるぬるしていてうろこがなさそうなウナギですが、じつはあります。ただし、幅《はば》が1㎜以下《いか》と小《ちい》さくて、皮《かわ》の下《した》にかくれているので目立《めだ》ちません。

ウナギの仲間《なかま》のアナゴやハモ、コイの仲間《なかま》のドジョウもうろこがないように見《み》えてじつは、小《ちい》さなうろこがあります。これらの魚《さかな》は、うろこの退化《たいか》が進《すす》んでいるために、うろこの代《か》わりに体《からだ》を守《まも》ってくれる粘液《ねんえき》の出《で》る量《りょう》が多《おお》くなり、ぬるぬるしていることが多《おお》いのです。

まったくうろこがない魚《さかな》もわずかにいます。ヤツメウナギや、ナマズ、マンボウなどです。

代表的《だいひょうてき》なうろこの種類《しゅるい》

円鱗《えんりん》（イワシ、サンマ、ウナギなど）

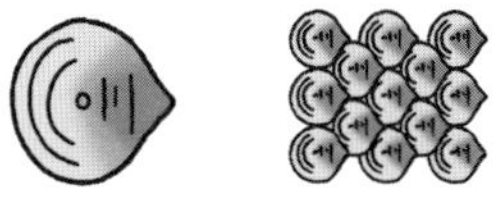

櫛鱗《しつりん》（マダイ、スズキ、カサゴなど）

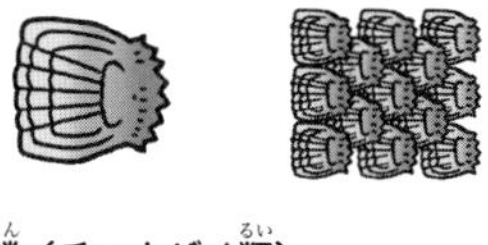

硬鱗《こうりん》（チョウザメ類《るい》）

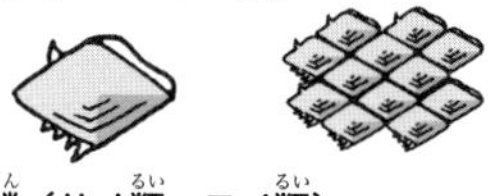

楯鱗《じゅんりん》（サメ類《るい》、エイ類《るい》）

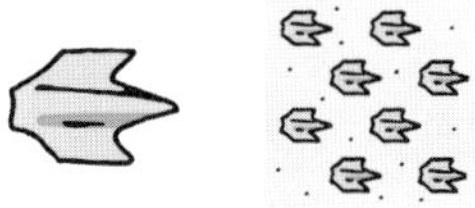

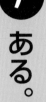

うろこは皮《ひ》ふの表面《ひょうめん》が変化《へんか》したもので、骨《ほね》と同《おな》じカルシウムでできています。

うろこには、魚《さかな》をけがや病気《びょうき》などから守《まも》り、体内《たいない》の塩分《えんぶん》濃度《のうど》を調整《ちょうせい》するなど、いろいろな役目《やくめ》があります。また、カルシウムなどのミネラルをためておいて、血液中《けつえきちゅう》のミネラルが足《た》りなくなると、うろこから補給《ほきゅう》できるようになっています。ほかにも、水圧《すいあつ》や振動《しんどう》を感《かん》じて、自分《じぶん》の位置《いち》や周《まわ》りの魚《さかな》などの動《うご》きをつかむセンサーの役割《やくわり》や、水《みず》の抵抗《ていこう》を少《すく》なくする働《はたら》きもあります。

ところで、大昔《おおむかし》の魚《さかな》には甲冑魚《かっちゅうぎょ》といって、頭《あたま》を骨《ほね》のヘルメットで、体《からだ》をうろこでおおって身《み》を守《まも》っているものがいました。現在《げんざい》の魚《さかな》には骨《ほね》のヘルメットはありませんが、頭《あたま》の部分《ぶぶん》にうろこがないのは、甲冑魚《かっちゅうぎょ》の名残《なごり》なのです。

甲冑魚《かっちゅうぎょ》の骨《ほね》の
ヘルメットは
やがてより軽《かる》い
頭《あたま》の骨《ほね》の一部《いちぶ》に
変《か》わって
いったのじゃ。

ドレパナスピス
デボン紀《きぜんき》前期に繁栄《はんえい》した無顎魚類《むがくぎょるい》で甲冑魚《かっちゅうぎょ》の一種《いっしゅ》。体長《たいちょう》30～40cm。幅《はば》の広《ひろ》い大《おお》きな頭《あたま》と、大《おお》きな尾《お》びれがあった。泥《どろ》の底《そこ》をはうように泳《およ》ぎ、食《た》べ物《もの》をさがしていた。

生《い》き物《もの》のサバイバル

1 最初《さいしょ》の生物《せいぶつ》にはオスとメスの区別《くべつ》はなかった！

約《やく》40億年前《おくねんまえ》、地球《ちきゅう》に初《はじ》めて誕生《たんじょう》した生命《せいめい》は細胞《さいぼう》が1つの単純《たんじゅん》なもので、オス・メスの区別《くべつ》はなく、細胞分裂《さいぼうぶんれつ》で増《ふ》えていたよ。やがて生命《せいめい》はどんどん複雑《ふくざつ》になって、約《やく》9億年前《おくねんまえ》にオスとメスの区別《くべつ》があるものが誕生《たんじょう》したと考《かんが》えられているんだ。

生物《せいぶつ》の世界《せかい》にもいろんな不思議《ふしぎ》があるんじゃ！

2 恐竜《きょうりゅう》の名前《なまえ》のひみつ

恐竜《きょうりゅう》の名前《なまえ》には「〜サウルス」や「〜ドン」「〜ラプトル」というのが多《おお》いね。それぞれ次《つぎ》のような意味《いみ》なんだ。

・サウルス……トカゲ
・ドン……歯《は》
・ラプトル……略奪者《りゃくだつしゃ》

たとえば、ティラノサウルスは、「暴君《ぼうくん》トカゲ」という意味《いみ》なんだよ。

3 カッパの正体《しょうたい》はカワウソ？

昔話《むかしばなし》などでおなじみの妖怪《ようかい》カッパ。この正体《しょうたい》はいろいろなものが考《かんが》えられていて、ニホンカワウソもその一《ひと》つ。川《かわ》で泳《およ》いでいたカワウソをカッパに見間違《みまちが》えたのではないかという。ニホンカワウソは、1979年《ねん》に最後《さいご》に目撃《もくげき》されてから、確実《かくじつ》な目撃例《もくげきれい》がなく、2012年《ねん》に絶滅《ぜつめつ》動物《どうぶつ》に指定《してい》されているよ。

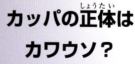

ビックリ豆《まめ》知《ち》識《しき》！

4 食虫植物《しょくちゅうしょくぶつ》の中《なか》でくらす昆虫《こんちゅう》がいる！

昆虫《こんちゅう》などをつかまえて溶《と》かして栄養《えいよう》にしてしまう食虫植物《しょくちゅうしょくぶつ》。ところが、溶《と》かされることなく食虫植物《しょくちゅうしょくぶつ》の中《なか》でくらす昆虫《こんちゅう》はけっこういる。たとえば、ボルネオにいるある種《しゅ》のアリは、ウツボカズラをすみかにし、消化液《しょうかえき》の入《はい》った袋《ふくろ》の中《なか》に入《はい》って、落《お》ちた昆虫《こんちゅう》を食《た》べてくらしているそうだ。

5 日本《にほん》の東西《とうざい》でホタルの光《ひか》り方《かた》はちがう！

ゲンジボタルの光《ひか》る間《かん》かくは、東日本《ひがしにほん》では４秒《びょう》に１回《かい》、西日本《にしにほん》では２秒《びょう》に１回《かい》とちがいがあるんだ。また、東西《とうざい》の中間《ちゅうかん》にある静岡県《しずおかけん》や長野県《ながのけん》には、３秒《びょう》に１回光《かいひか》るものがいるそうだ。４秒《びょう》タイプと２秒《びょう》タイプのホタルが出会《であ》って生《う》まれたものだといわれているよ。

6 大昔《おおむかし》、体長《たいちょう》３ｍの巨大《きょだい》ムカデがいた！

約《やく》３億年前《おくねんまえ》にいたアースロプレウラという、今《いま》でいえばムカデやヤスデのような生《い》き物《もの》は、２～３ｍもあったそうだよ。大昔《おおむかし》には巨大《きょだい》な生物《せいぶつ》がたくさんいて、たとえばはねを広《ひろ》げると70cmもあるトンボ（メガネウラ）や、全長《ぜんちょう》12cmほどもあるゴキブリの先祖《せんぞ》（プロトファスマ）などがいたよ。大昔《おおむかし》の巨大生物《きょだいせいぶつ》をほかにも調《しら》べてみよう！

自然《しぜん》のサバイバル

ある島《しま》の調査《ちょうさ》にやってきた、ノウ博士《はかせ》、ジオ、ピピ。
島《しま》の中央《ちゅうおう》の火山《かざん》は今《いま》にも噴火《ふんか》しそうだが……。

3人《にん》といっしょにクイズを解《と》きながら、
自然《しぜん》の不思議《ふしぎ》を知《し》ろう！

第《だい》1話《わ》

クイズ

どうして海《うみ》は満《み》ち引《ひ》きするの？

ア 海流《かいりゅう》によって、海水《かいすい》が動《うご》くため。

イ 海面《かいめん》が動《うご》いて見《み》えるが、じつは陸地《りくち》のほうが動《うご》いている。

ウ 月《つき》の引力《いんりょく》で、海水《かいすい》が引《ひ》っぱられるため。

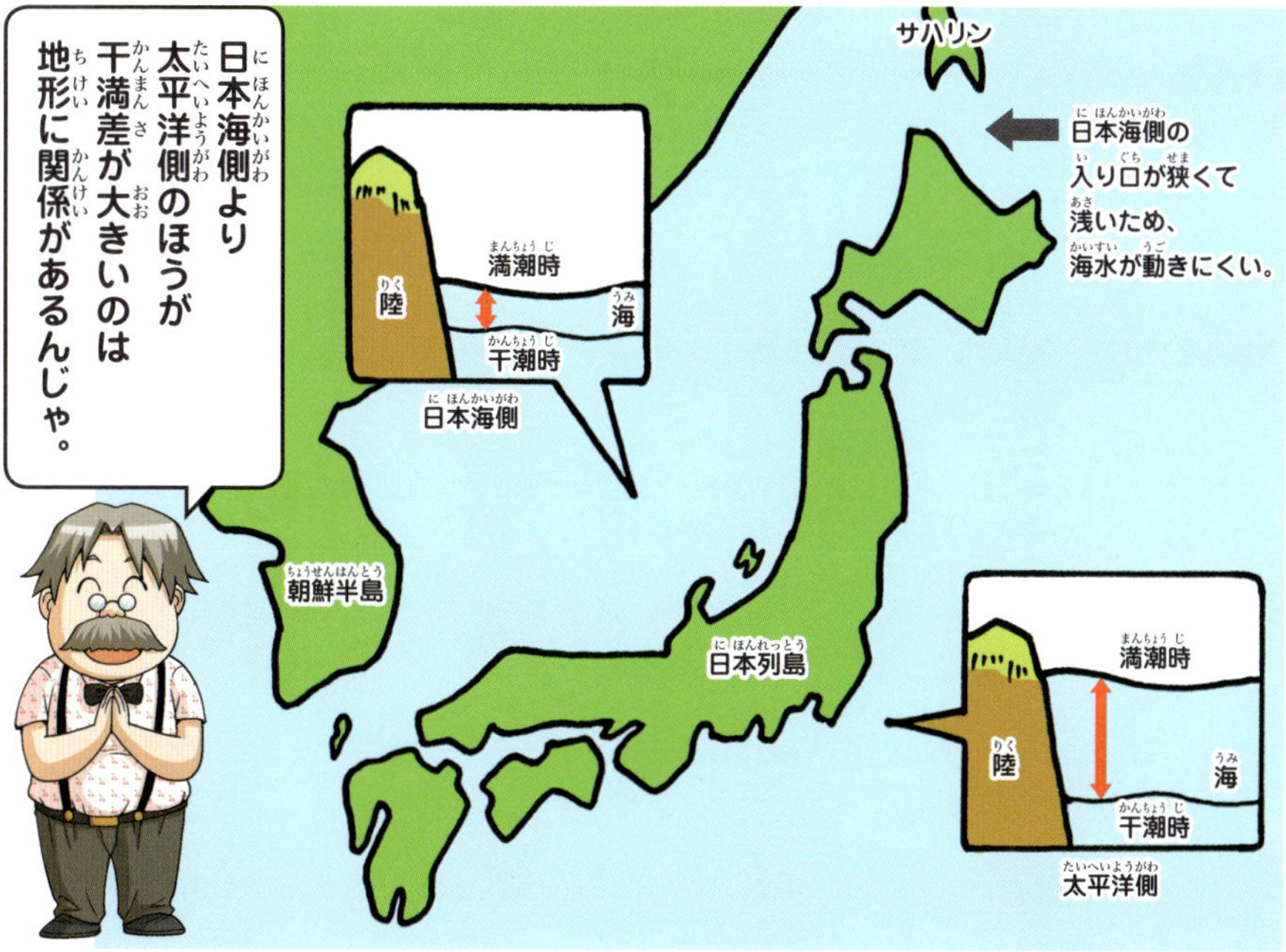
日本海側《にほんかいがわ》より
太平洋側《たいへいようがわ》のほうが
干満差《かんまんさ》が大《おお》きいのは
地形《ちけい》に関係《かんけい》があるんじゃ。
サハリン
日本海側《にほんかいがわ》の
入《い》り口《ぐち》が狭《せま》くて
浅《あさ》いため、
海水《かいすい》が動《うご》きにくい。
満潮時《まんちょうじ》
陸《りく》
海《うみ》
干潮時《かんちょうじ》
日本海側《にほんかいがわ》
朝鮮半島《ちょうせんはんとう》
日本列島《にほんれっとう》
満潮時《まんちょうじ》
陸《りく》
海《うみ》
干潮時《かんちょうじ》
太平洋側《たいへいようがわ》

海《うみ》の満《み》ち引《ひ》きで、海面《かいめん》の高《たか》さって結構変《けっこうか》わるの?

干満差《かんまんさ》――、つまり引《ひ》き潮《しお》と満《み》ち潮《しお》のときの海面《かいめん》の差《さ》が大《おお》きいことで有名《ゆうめい》なのが九州《きゅうしゅう》の有明海《ありあけかい》。差《さ》が大《おお》きいときには5ｍ以上《いじょう》もちがうんじゃ。

5ｍってすごい差《さ》よね! そんなに海《うみ》が満《み》ちてくるなら、安心《あんしん》して潮干狩《しおひが》りもできないわ!

一気《いっき》に満《み》ちてくるわけじゃないから大丈夫《だいじょうぶ》じゃ。ちなみに潮干狩《しおひが》りができる海岸《かいがん》は、日本海側《にほんかいがわ》より太平《たいへい》洋側《ようがわ》に多《おお》いんじゃが、なぜだと思《おも》うかな?

え～? 分《わ》かんない!

日本海側《にほんかいがわ》より太平洋側《たいへいようがわ》のほうが、干満差《かんまんさ》が大《おお》きいんじゃ。その分《ぶん》、引《ひ》き潮《しお》のときには、浜《はま》が現《あらわ》れやすいってことじゃな。

答《こた》えは次《つぎ》のページ!

答《こた》え

ウ 月《つき》の引力《いんりょく》で、海水《かいすい》が引《ひ》っぱられるため。

【解説《かいせつ》】

海《うみ》の満《み》ち引《ひ》きに大《おお》きく関係《かんけい》しているのは、月《つき》の引力《いんりょく》です。地球《ちきゅう》の海水面《かいすいめん》で、月《つき》に近《ちか》い場所《ばしょ》は、月《つき》の引力《いんりょく》に引《ひ》っぱられて盛《も》り上《あ》がります。これが満《み》ち潮《しお》です。

すると、月《つき》からいちばん遠《とお》い場所《ばしょ》は引《ひ》き潮《しお》になるように思《おも》いませんか？　じつはちがいます。下《した》の図《ず》のように、月《つき》に近《ちか》い場所《ばしょ》と、月《つき》のある反対側《はんたいがわ》の海水面《かいすいめん》が盛《も》り上《あ》がって満《み》ち潮《しお》になります。

反対側《はんたいがわ》が満《み》ち潮《しお》になるのは遠心力《えんしんりょく》によるものです。月《つき》に近《ちか》い海水面《かいすいめん》は月《つき》の引力《いんりょく》で盛《も》り上《あ》がり、遠《とお》い場所《ばしょ》は、引力《いんりょく》よりも地球《ちきゅう》や月《つき》の公転《こうてん》による遠心力《えんしんりょく》が強《つよ》いために、同《おな》じよう

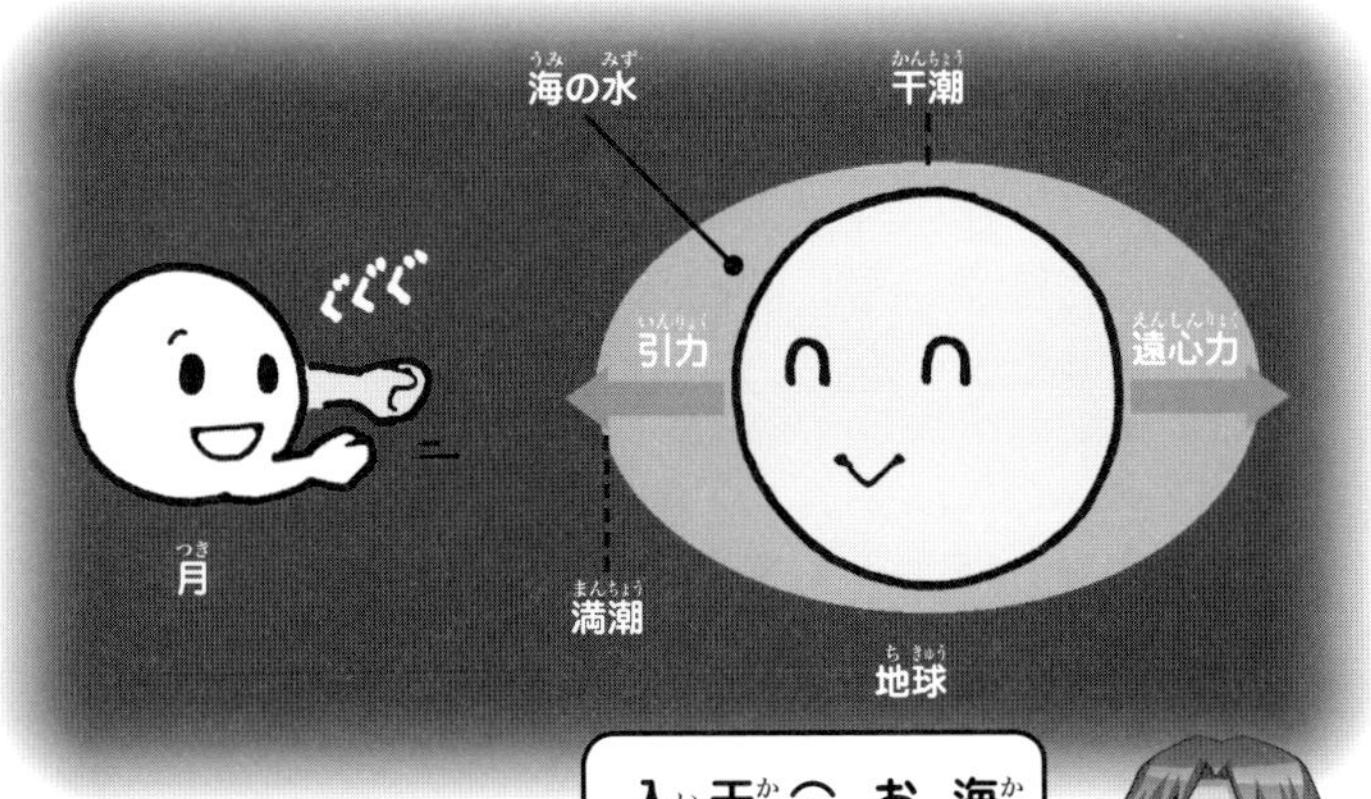
海《うみ》の水《みず》
干潮《かんちょう》
ぐぐぐ
引力《いんりょく》
遠心力《えんしんりょく》
月《つき》
満潮《まんちょう》
地球《ちきゅう》

海面《かいめん》の水位《すいい》はおよそ半日《はんにち》で満潮《まんちょう》（満《み》ち潮《しお》）と干潮《かんちょう》（引《ひ》き潮《しお》）が入《い》れ替《か》わるんじゃ。

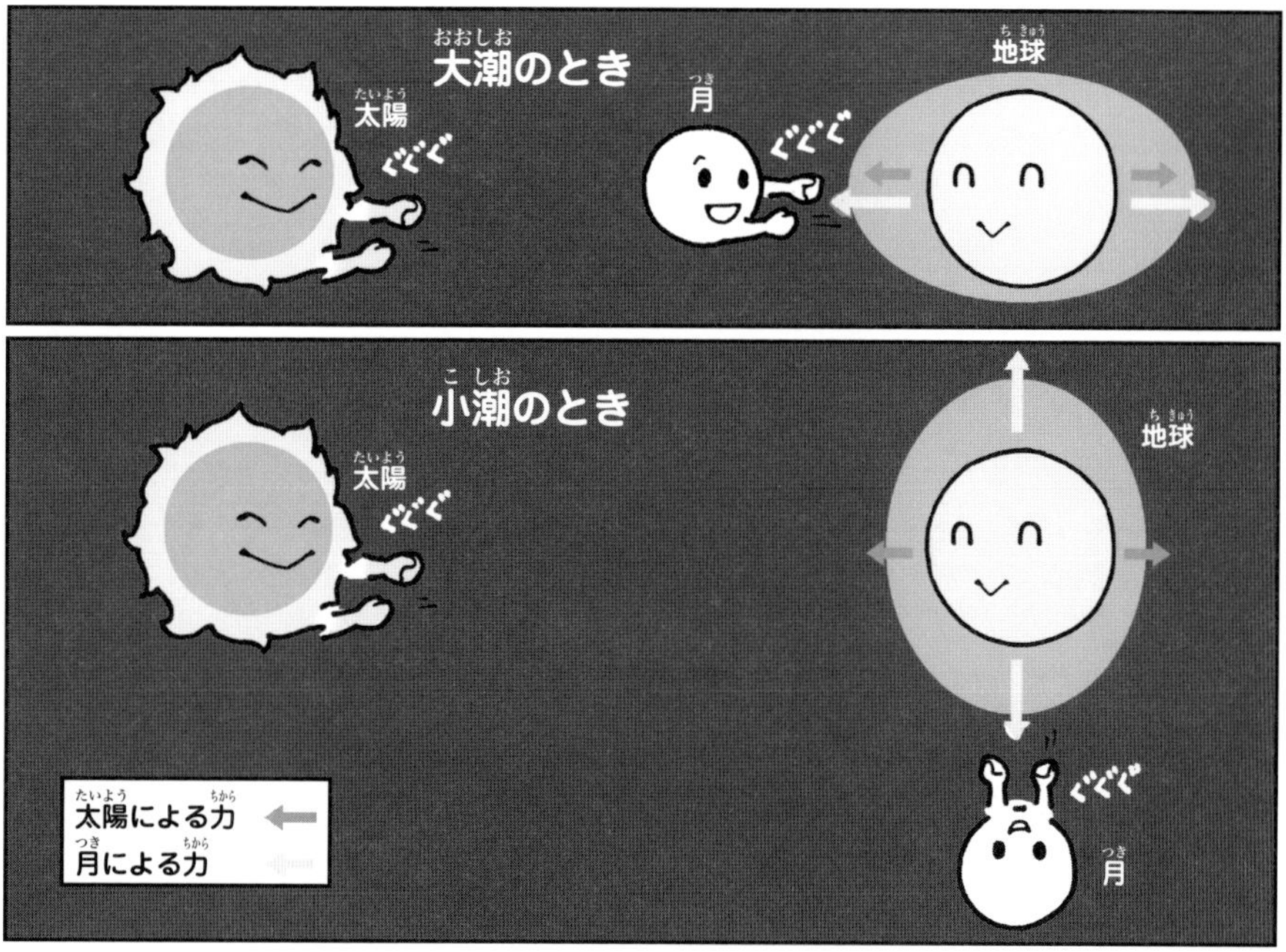
大潮《おおしお》のとき
太陽《たいよう》
ぐぐぐ
月《つき》
ぐぐぐ
地球《ちきゅう》
小潮《こしお》のとき
太陽《たいよう》
ぐぐぐ
地球《ちきゅう》
ぐぐぐ
月《つき》
太陽《たいよう》による力《ちから》
月《つき》による力《ちから》

に海水面《かいすいめん》が盛《も》り上《あ》がるのです。

地球《ちきゅう》の海水面《かいすいめん》への引力《いんりょく》は、じつは月《つき》だけでなく、太陽《たいよう》からもかかっています。ただ、太陽《たいよう》は月《つき》よりも距離《きょり》が遠《とお》いため、月《つき》の半分《はんぶん》ぐらいの力《ちから》になります。

満月《まんげつ》や新月《しんげつ》のときは、月《つき》と太陽《たいよう》と地球《ちきゅう》が一直線《いっちょくせん》に並《なら》びます。すると月《つき》と太陽《たいよう》の引力《いんりょく》が重《かさ》なるために、地球《ちきゅう》の海水面《かいすいめん》は大《おお》きく引《ひ》っぱられます。これが干満差《かんまんさ》が最《もっと》も大《おお》きくなるときで、大潮《おおしお》といいます。

一方《いっぽう》、月《つき》と太陽《たいよう》が直角方向《ちょっかくほうこう》にずれているときは、お互《たが》いの引力《いんりょく》が、地球《ちきゅう》の海水面《かいすいめん》を引《ひ》っぱる力《ちから》を打《う》ち消《け》す形《かたち》になるので、干満差《かんまんさ》が最《もっと》も小《ちい》さくなります。これを小潮《こしお》といいます。

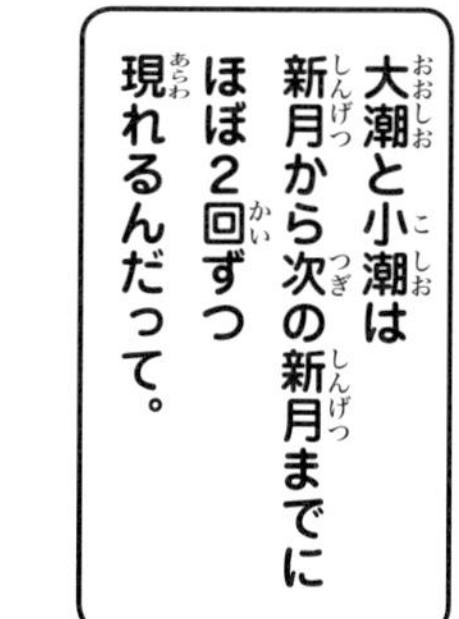
大潮《おおしお》と小潮《こしお》は
新月《しんげつ》から次《つぎ》の新月《しんげつ》までに
ほぼ2回《かい》ずつ
現《あらわ》れるんだって。

第《だい》2話《わ》

クイズ

どうして海《うみ》の色《いろ》は青《あお》いの？

ア 空《そら》の青《あお》い色《いろ》が映《うつ》っているから。

イ 青《あお》い色《いろ》の光《ひかり》が反射《はんしゃ》して、人《ひと》の目《め》に届《とど》くから。

ウ 青《あお》いプランクトンがたくさんいるから。

光《ひかり》には波《なみ》の性質《せいしつ》がある。その波《なみ》の長《なが》さを波長《はちょう》といい、波長《はちょう》は光《ひかり》の色《いろ》によってちがうんじゃ。

虹《にじ》は、空気中《くうきちゅう》の水滴《すいてき》に、光《ひかり》が差《さ》し込《こ》んで折《お》れ曲《ま》がる角度《かくど》のちがいによって、さまざまな色《いろ》に分《わ》かれて見《み》える。

ねえ、海《うみ》の色《いろ》って、どうしてこんなに神秘的《しんぴてき》なのかしら？ キラキラ緑《みどり》がかった青《あお》から、だんだん深《ふか》い青《あお》に……。見《み》てると吸《す》い込《こ》まれていきそう。

そうだな。海《うみ》の水《みず》を手《て》ですくってみると透明《とうめい》なのに、海全体《うみぜんたい》を見渡《みわた》すと青《あお》だ。

ほう！ いいところに注目《ちゅうもく》したな。まずは色《いろ》というのは何《なに》か？という話《はなし》から始《はじ》めよう。人《ひと》の目《め》は光《ひかり》がなければ真《ま》っ暗《くら》で何《なに》も見《み》えないんじゃ。

光《ひかり》があって、はじめていろんな物《もの》の色《いろ》や形《かたち》が分《わ》かるのか。

光《ひかり》にはいろんな色《いろ》が隠《かく》れている。虹《にじ》で分《わ》かるように、太陽《たいよう》の光《ひかり》にもいろんな色《いろ》が含《ふく》まれているんじゃ。

え〜？ 太陽《たいよう》の光《ひかり》と海《うみ》の色《いろ》と、どんな関係《かんけい》があるの？

答《こた》えは次《つぎ》のページ！

答《こた》え

イ　青《あお》い色《いろ》の光《ひかり》が反射《はんしゃ》して、人《ひと》の目《め》に届《とど》くから。

【解説《かいせつ》】

海《うみ》の色《いろ》が青《あお》いのは、太陽《たいよう》の光《ひかり》の中《なか》にある青色《あおいろ》の光《ひかり》が水底《すいてい》に反射《はんしゃ》して、それがわたしたちの目《め》に届《とど》いているからです。

太陽《たいよう》の光《ひかり》は無色透明《むしょくとうめい》に思《おも》えますが、虹《にじ》で分《わ》かるように、太陽《たいよう》の光《ひかり》には「赤《あか》、だいだい、黄《き》、緑《みどり》、青《あお》、あい、むらさき」の7色《しょく》がふくまれています。

その太陽《たいよう》の光《ひかり》が海《うみ》の水《みず》に当《あ》たると、赤《あか》やだいだい、黄《き》などの色《いろ》は吸収《きゅうしゅう》されてしまって、深《ふか》いところまで届《とど》きません。しかし、青《あお》やあいは深《ふか》いところまで届《とど》いていきます。その光《ひかり》が反射《はんしゃ》して水面《すいめん》に出《で》てくるので、わたしたちには海《うみ》の色《いろ》が青《あお》く見《み》えるのです。

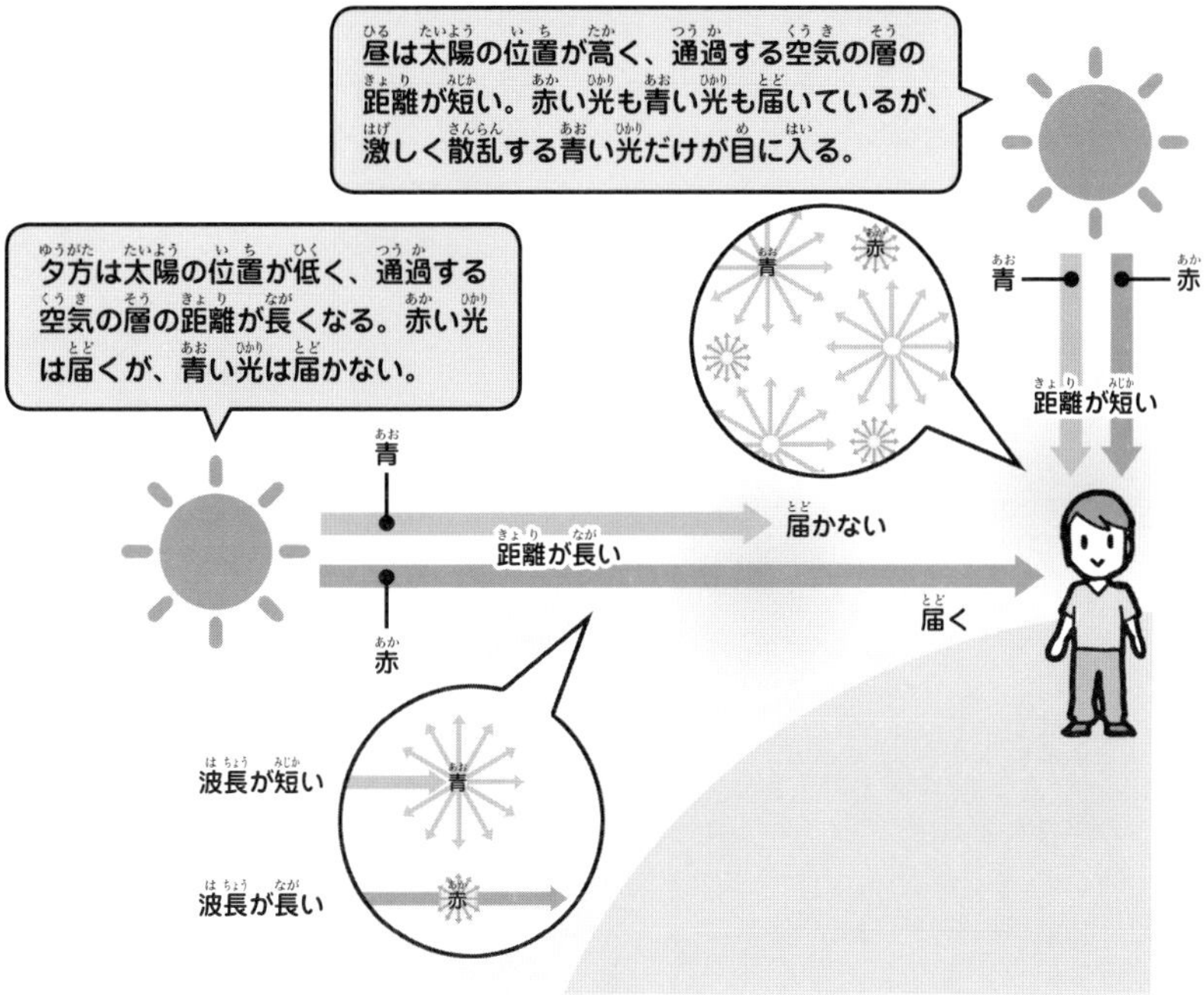

では、空《そら》の青色《あおいろ》はどうでしょうか？　じつは、空気中《くうきちゅう》と水中《すいちゅう》では光《ひかり》の届《とど》き方《かた》がちがいます。空気中《くうきちゅう》には、目《め》に見《み》えない空気《くうき》の分子《ぶんし》がたくさんあり、その分子《ぶんし》に光《ひかり》が当《あ》たると、光《ひかり》があちこちに散《ち》らばります。これを散乱《さんらん》といいますが、空気中《くうきちゅう》でいちばん激《はげ》しく散乱《さんらん》するのが青《あお》い色《いろ》の光《ひかり》なのです。ですから、空《そら》の色《いろ》は青《あお》く見《み》えるのです。

夕焼《ゆうや》けの空《そら》が赤《あか》いのは、空気《くうき》の層《そう》の距離《きょり》と、光《ひかり》の届《とど》きやすさに関係《かんけい》します。光《ひかり》は波長《はちょう》が長《なが》いほど、遠《とお》くまで届《とど》く性《せい》質《しつ》があります。上《うえ》の図《ず》のように、夕方《ゆうがた》は空気《くうき》の層《そう》の距離《きょり》が長《なが》いため、波長《はちょう》の長《なが》い赤《あか》の光《ひかり》しか届《とど》きません。ですから、夕方《ゆうがた》の空《そら》は赤《あか》く見《み》えるのです。

第《だい》3話《わ》

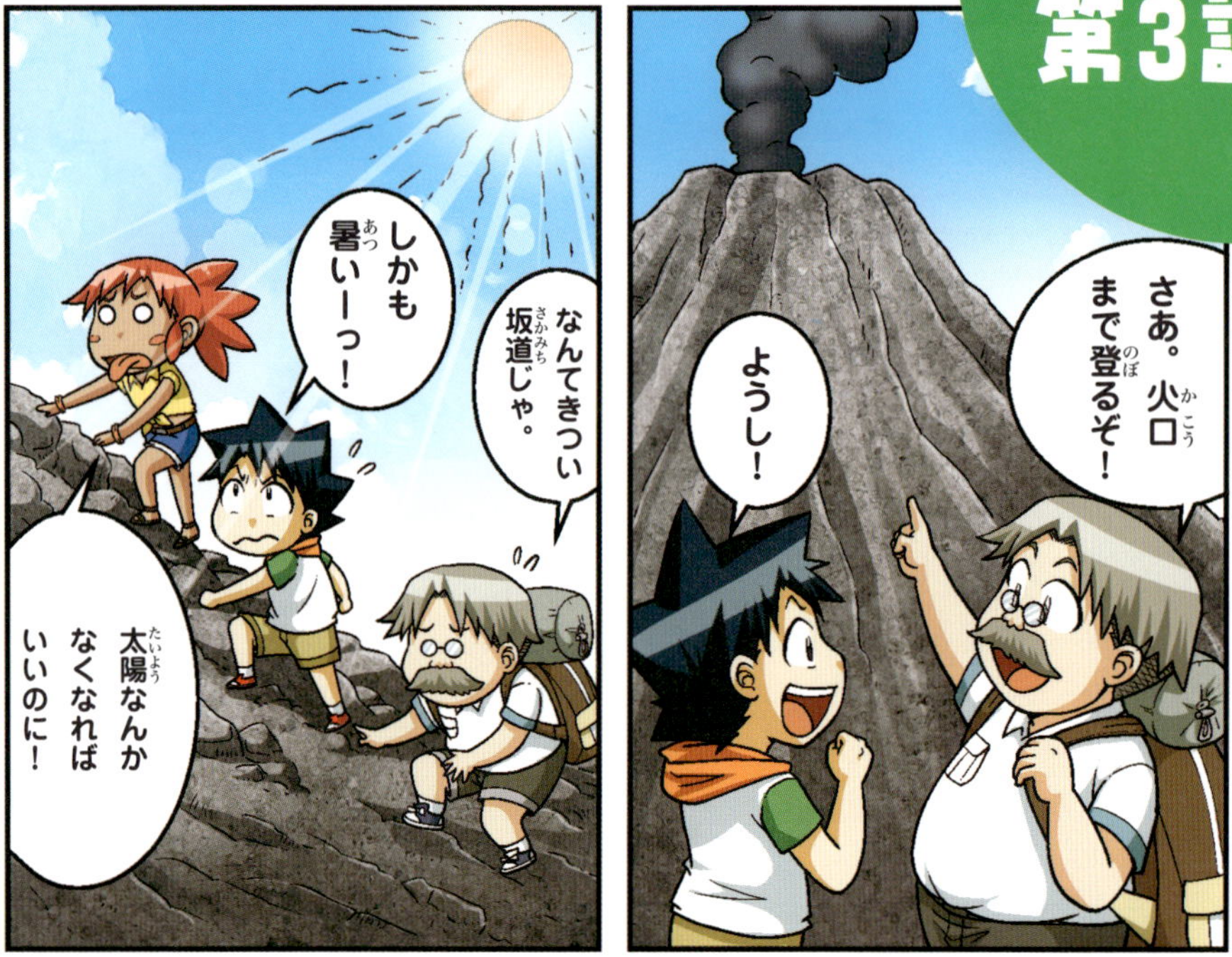

クイズ

太陽《たいよう》の光《ひかり》がなくなったらどうなるの？

ア　すべての生物《せいぶつ》が死滅《しめつ》してしまう。

イ　暗《くら》い海《うみ》の底《そこ》で生《い》きている、深海生物《しんかいせいぶつ》だけ生《い》き残《のこ》る。

ウ　暗《くら》くなるけど、電気《でんき》や石油《せきゆ》があるので人間《にんげん》は生《い》き残《のこ》る。

太陽《たいよう》のように自分《じぶん》で光《ひか》り輝《かがや》く星《ほし》を恒星《こうせい》という。銀河系《ぎんがけい》には数千億個《すうせんおくこ》の恒星《こうせい》があるというよ。
太陽《たいよう》
水星《すいせい》
金星《きんせい》
地球《ちきゅう》
ぼくたちは太陽《たいよう》のまわりを回《まわ》る惑星《わくせい》だよ。

太陽《たいよう》は水素《すいそ》とヘリウムでできたガスの星《ほし》だ。太陽《たいよう》の中心《ちゅうしん》では核融合《かくゆうごう》という反応《はんのう》が起《お》きていて、そこで生《う》まれたエネルギーが地球《ちきゅう》に届《とど》いている。太陽《たいよう》の表面《ひょうめん》温度《おんど》は約《やく》6000度《ど》で、コロナと呼《よ》ばれる太陽《たいよう》の周《しゅう》囲《い》の薄《うす》いガスの層《そう》は100万度《まんど》以上《いじょう》じゃ。

太陽《たいよう》のエネルギーがすごいことはよく分《わ》かったよ。あ〜、なんか余計暑《よけいあつ》くなる……。

大《おお》きさだって桁違《けたちが》いじゃ。直径約《ちょっけいやく》140万《まん》km、地球《ちきゅう》が109個並《こなら》ぶ大《おお》きさじゃ。重《おも》さは地球《ちきゅう》の約《やく》33万倍《まんばい》、体積《たいせき》は約《やく》130万倍《まんばい》……。

博士《はかせ》〜。もういいってば〜。

そんな太陽《たいよう》がいずれなくなる……と言《い》ったら?

うそ〜っ? そんなことあるの〜っ?

答《こた》えは次《つぎ》のページ!

答《こた》え

ア すべての生物《せいぶつ》が死滅《しめつ》してしまう。

【解説《かいせつ》】

太陽《たいよう》のような恒星《こうせい》にも寿命《じゅみょう》があります。恒星《こうせい》が年老《としお》いていくと、だんだん温度《おんど》が低《ひく》くなり、10～100倍《ばい》にふくらみます。これを赤色巨星《せきしょくきょせい》といいます。赤色巨星《せきしょくきょせい》はやがて爆《ばく》発《はっ》を起《お》こすなどして、ガスとなり、宇宙《うちゅう》に散《ち》らばります。これが恒星《こうせい》の一生《いっしょう》です。

太陽《たいよう》もいずれ赤色巨星《せきしょくきょせい》になり、水星《すいせい》や金星《きんせい》は巨大化《きょだいか》した太陽《たいよう》にのみ込《こ》まれてしまいます。でもそれは数十億年後《すうじゅうおくねんご》のことです。

では、もし今《いま》、太陽《たいよう》の光《ひかり》がなくなったらどうなるか、考《かんが》えてみましょう。太陽《たいよう》の光《ひかり》が届《とど》かなくなった瞬間《しゅんかん》から、世《せ》

太陽《たいよう》の光《ひかり》がなくなると、暗黒《あんこく》の冷《つめ》たい世界《せかい》となり、生物《せいぶつ》は死滅《しめつ》する。

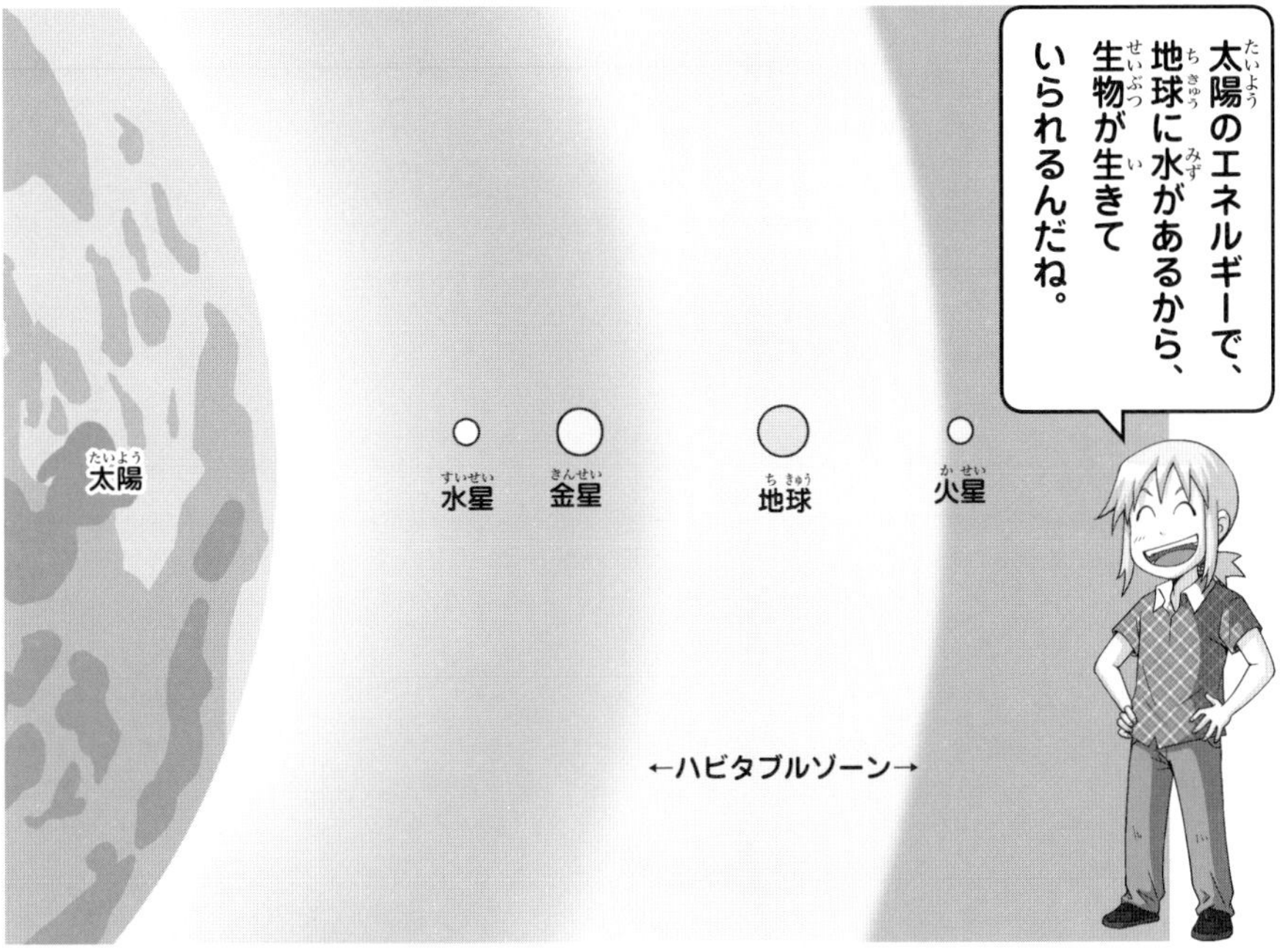
太陽《たいよう》のエネルギーで、
地球《ちきゅう》に水《みず》があるから、
生物《せいぶつ》が生《い》きて
いられるんだね。
太陽《たいよう》
水星《すいせい》
金星《きんせい》
地球《ちきゅう》
火星《かせい》
←ハビタブルゾーン→

界《かい》は真《ま》っ暗《くら》になり、何《なに》も見《み》えなくなります。そして地球《ちきゅう》の温度《おんど》は急激《きゅうげき》に下《さ》がっていき、やがてすべての生《い》き物《もの》が死滅《しめつ》してしまいます。

地球《ちきゅう》に生命《せいめい》が存在《そんざい》しているのは、太陽《たいよう》があるからです。太陽《たいよう》のエネルギーによって、地球《ちきゅう》には液体《えきたい》の水《みず》が保《たも》たれています。今《いま》のところ地球以外《ちきゅういがい》に生命《せいめい》は見《み》つかっていませんが、生命《せいめい》の誕生《たんじょう》や存在《そんざい》に必要《ひつよう》なのは、こうしたエネルギーと液体《えきたい》の水《みず》だと考《かんが》えられています。太陽《たいよう》がなければ生命《せいめい》も存在《そんざい》できません。

ちなみに、宇宙《うちゅう》の中《なか》で、太陽《たいよう》と地球《ちきゅう》のように恒星《こうせい》と惑星《わくせい》がほどよい距離《きょり》にあり、生命《せいめい》の存在《そんざい》に適《てき》していると考《かんが》えられる領域《りょういき》をハビタブルゾーンと呼《よ》んでいます。ハビタブルゾーンの研究《けんきゅう》が進《すす》めば、地球以外《ちきゅういがい》の惑星《わくせい》で新《あら》たな生命《せいめい》が発見《はっけん》されるかもしれません。

地球以外《ちきゅういがい》の
生命《せいめい》に早《はや》く
会《あ》ってみたい!

第《だい》4話《わ》

クイズ

ツバメが低《ひく》く飛《と》ぶときは雨《あめ》が降《ふ》るのはどうして?

ア 雨《あめ》が降《ふ》るのを予測《よそく》して、なるべく雨《あめ》に当《あ》たらないように低《ひく》く飛《と》ぶから。

イ 湿度《しつど》が高《たか》くなり、エサになる虫《むし》が低《ひく》く飛《と》ぶから。

ウ 上空《じょうくう》が寒《さむ》くなるので、寒《さむ》さをよけて低《ひく》く飛《と》ぶから。

ゲコゲコ
ぼくが鳴《な》くと
雨《あめ》が降《ふ》る？
観天望気《かんてんぼうき》は
ある場所《ばしょ》に限《かぎ》られたものや
科学的《かがくてき》に実証《じっしょう》できない
ものもあるようじゃ。

このような話《はなし》は、日本《にほん》に限《かぎ》らず世界中《せかいじゅう》でよくあるぞ。雲《くも》や風《かぜ》など自然《しぜん》の様子《ようす》を観察《かんさつ》して天気《てんき》を予想《よそう》することを、「観天望気《かんてんぼうき》」というんじゃ。

「カンテンボーイ」？

「観天望気《かんてんぼうき》」じゃ！　昔《むかし》からの天気《てんき》の言《い》い伝《つた》えじゃ。他《ほか》にもいろいろ聞《き》いたことはないかい？

えーっと……「目《め》がかゆいと花粉症《かふんしょう》」とか？

それは言《い》い伝《つた》えじゃないし、天気《てんき》の話《はなし》でもない！「アマガエルが鳴《な》くと雨《あめ》」とか、「日《ひ》がさ（月《つき》がさ）が出《で》ると雨《あめ》」とか、そういうやつじゃ。

う～んと……。「空《そら》が青《あお》いと晴《は》れ」！

わはは！　そのままじゃん！　でもさ……天気《てんき》の言《い》い伝《つた》えって本当《ほんとう》なのかな？

答《こた》えは次《つぎ》のページ！

答《こた》え

イ　湿度《しつど》が高《たか》くなり、エサになる虫《むし》が低《ひく》く飛《と》ぶから。

【解説《かいせつ》】

「ツバメが低《ひく》く飛《と》ぶと雨《あめ》が降《ふ》る」というのは、天気《てんき》に関《かん》する言《い》い伝《つた》えですが、日本《にほん》だけでなく古代《こだい》ローマでも同《おな》じことがいわれました。この言《い》い伝《つた》えには、それなりに科学的《かがくてき》に根拠《こんきょ》があるようです。

ツバメのエサは空《そら》を飛《と》んでいる虫《むし》です。雨《あめ》が降《ふ》る前《まえ》、空《くう》気中《きちゅう》の湿度《しつど》が高《たか》くなると、水分《すいぶん》で虫《むし》の羽《はね》が重《おも》くなり、虫《むし》は空低《そらひく》く飛《と》ぶようになります。ツバメはこうした虫《むし》をエサにするので、虫《むし》が低《ひく》く飛《と》べばそれに合《あ》わせて低《ひく》く飛《と》ぶようになります。昔《むかし》の人《ひと》は、ツバメの習性《しゅうせい》を経験的《けいけんてき》に知《し》ったのでしょう。

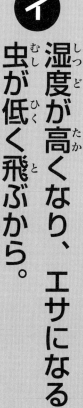

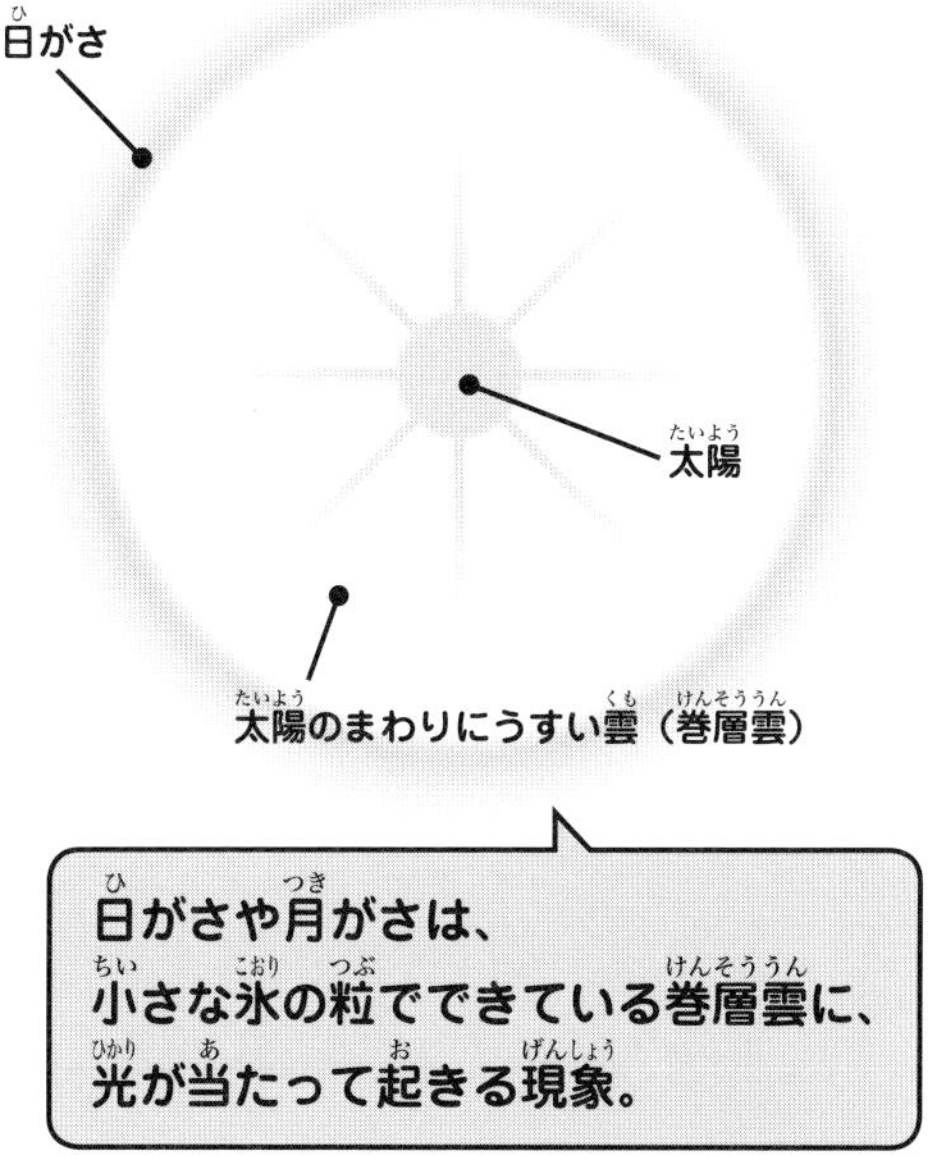
日《ひ》がさ
太陽《たいよう》
太陽《たいよう》のまわりにうすい雲《くも》（巻層雲《けんそううん》）
日《ひ》がさや月《つき》がさは、小《ちい》さな氷《こおり》の粒《つぶ》でできている巻層雲《けんそううん》に、光《ひかり》が当《あ》たって起《お》きる現象《げんしょう》。

巻層雲《けんそううん》は低気圧《ていきあつ》のときに現《あらわ》れるので、雨《あめ》が降《ふ》る確率《かくりつ》が高《たか》いのさ。

ただし、空気中《くうきちゅう》の湿度《しつど》が高《たか》くなっても、雨《あめ》が降《ふ》らない場《ば》合《あい》もあるので、必《かなら》ずしも言《い》い伝《つた》え通《どお》りになるとは限《かぎ》りません。

その他《ほか》、「アマガエルが鳴《な》くと雨《あめ》」という言《い》い伝《つた》えについて、大正時代《たいしょうじだい》、ある測候所《そっこうじょ》の人《ひと》が本当《ほんとう》にそうなのかを調《しら》べてみたところ、アマガエルが鳴《な》いてから30時間以内《じかんいない》に雨《あめ》が降《ふ》り出《だ》した確率《かくりつ》は、62%だったそうです。また、「日《ひ》がさ（月《つき》がさ）が出《で》ると雨《あめ》」も、科学的《かがくてき》に調《しら》べると、70%ほどの確率《かくりつ》だといわれます。

こうした天気《てんき》の言《い》い伝《つた》えの中《なか》には、１００%ではないものの、確率《かくりつ》としては高《たか》いものがあるわけです。

わりと当《あ》たる言《い》い伝《つた》えもあるってことね。

第《だい》5話《わ》

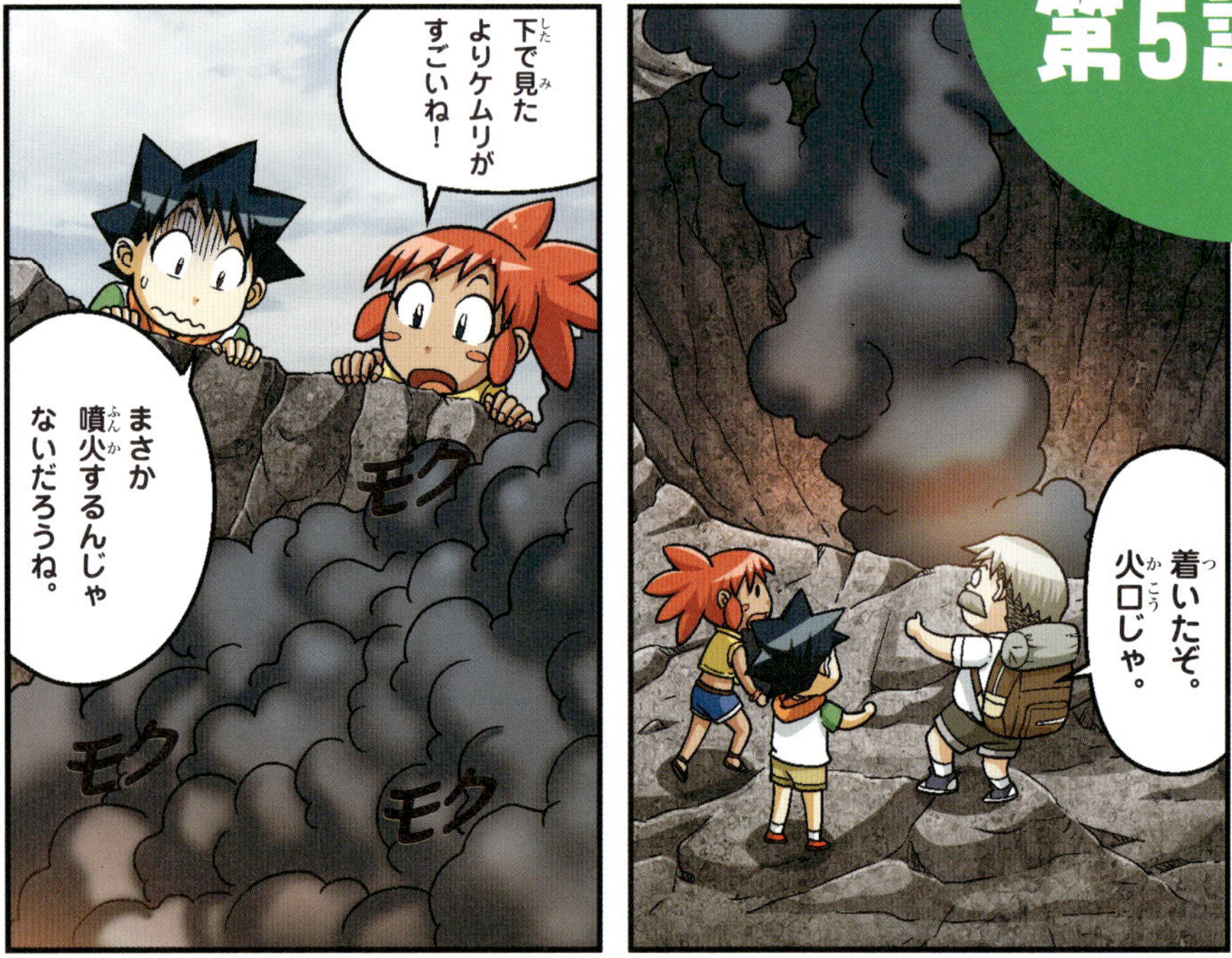

クイズ

日本《にほん》に火山《かざん》はどれだけあるの？

ア 11個《こ》

イ 111個《こ》

ウ 1111個《こ》

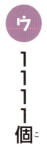

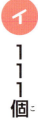

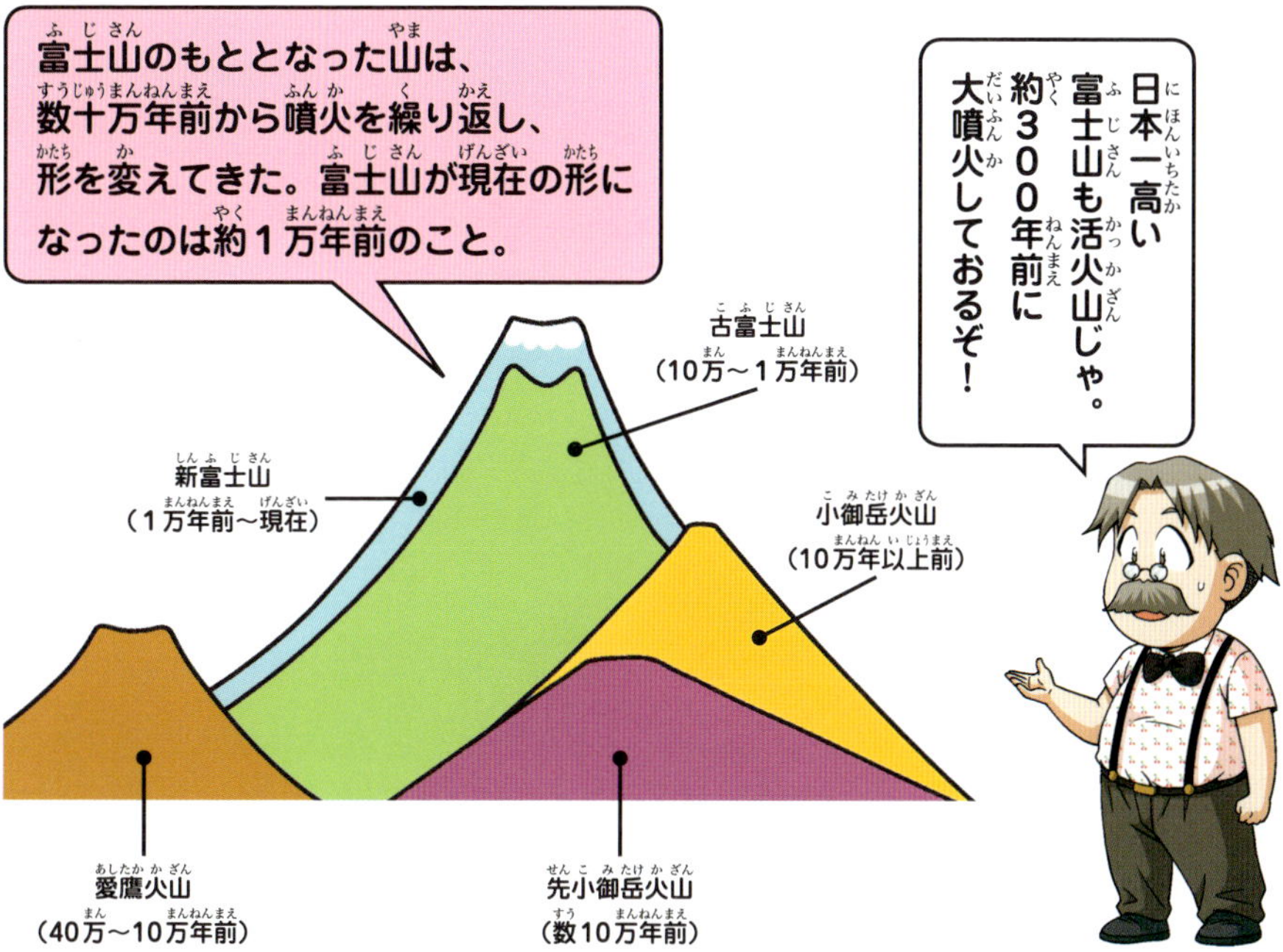
富士山《ふじさん》のもととなった山《やま》は、数十万年前《すうじゅうまんねんまえ》から噴火《ふんか》を繰《く》り返《かえ》し、形《かたち》を変《か》えてきた。富士山《ふじさん》が現在《げんざい》の形《かたち》になったのは約《やく》１万年前《まんねんまえ》のこと。
日本一高《にほんいちたか》い富士山《ふじさん》も活火山《かっかざん》じゃ。約《やく》３００年前《ねんまえ》に大噴火《だいふんか》しておるぞ！
古富士山《こふじさん》
（10万《まん》～１万年前《まんねんまえ》）
新富士山《しんふじさん》
（１万年前《まんねんまえ》～現在《げんざい》）
小御岳火山《こみたけかざん》
（10万年以上前《まんねんいじょうまえ》）
愛鷹火山《あしたかかざん》
（40万《まん》～10万年前《まんねんまえ》）
先小御岳火山《せんこみたけかざん》
（数《すう》10万年前《まんねんまえ》）

火山《かざん》って、どうなったら噴火《ふんか》するの？

火山《かざん》の下《した》にたまってきたマグマが、噴《ふ》き出《だ》してくるのが噴火《ふんか》じゃ。いつもより噴煙《ふんえん》が多《おお》く出《で》たり、地面《じめん》の揺《ゆ》れの数《かず》が増《ふ》えてきたりすると、噴火《ふんか》が近《ちか》いサインといわれておる。

でも、そうそう噴火《ふんか》なんて起《お》きないわよね？

分《わ》からんぞ。日本《にほん》は火山列島《かざんれっとう》といわれるほど火山《かざん》が多《おお》いからな。いつどこで噴火《ふんか》が起《お》きてもおかしくないんじゃ。

休火山《きゅうかざん》とか聞《き》いたことあるけど、それって何《なに》？

昔《むかし》は、噴火《ふんか》していない火山《かざん》を、休火山《きゅうかざん》や死火山《しかざん》などと呼《よ》んでいたが、今《いま》はもう使《つか》われておらん。たとえ数百年休《すうひゃくねんやす》んでいたとしても、噴火《ふんか》が起《お》きたりするからな。

答《こた》えは次《つぎ》のページ！

答《こた》え

イ

111個《こ》

【解説《かいせつ》】

日本《にほん》は世界《せかい》の中《なか》でも火山《かざん》の多《おお》い国《くに》としてあげられます。過去《かこ》1万年《まんねん》の間《あいだ》に噴火《ふんか》した火山《かざん》（活火山《かっかざん》）の数《かず》は、なんと111個《こ》。これは世界《せかい》にある活火山《かっかざん》の7％に当《あ》たります。

火山《かざん》とは、地球《ちきゅう》の内部《ないぶ》から上昇《じょうしょう》して噴《ふ》き出《だ》したマグマが固《かた》まってできた山《やま》です。火山《かざん》の多《おお》い日本《にほん》から見《み》ると意外《いがい》かもしれませんが、地球上《ちきゅうじょう》には火山《かざん》が集《あつ》まっている場所《ばしょ》と、ほとんどない場所《ばしょ》とがあるのです。

それでは、火山《かざん》はどのような場所《ばしょ》にできるのか見《み》てみましょう。

火山《かざん》ができる場所《ばしょ》は大《おお》きく分《わ》けて3つあります。

おもなプレートと火山《かざん》のある場所《ばしょ》

こうして見《み》ると日本《にほん》は火山《かざん》ばかりだね。
▲プレートが重《かさ》なるところにできた火山《かざん》
△ホットスポット

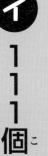

火山《かざん》ができる３つの場所《ばしょ》

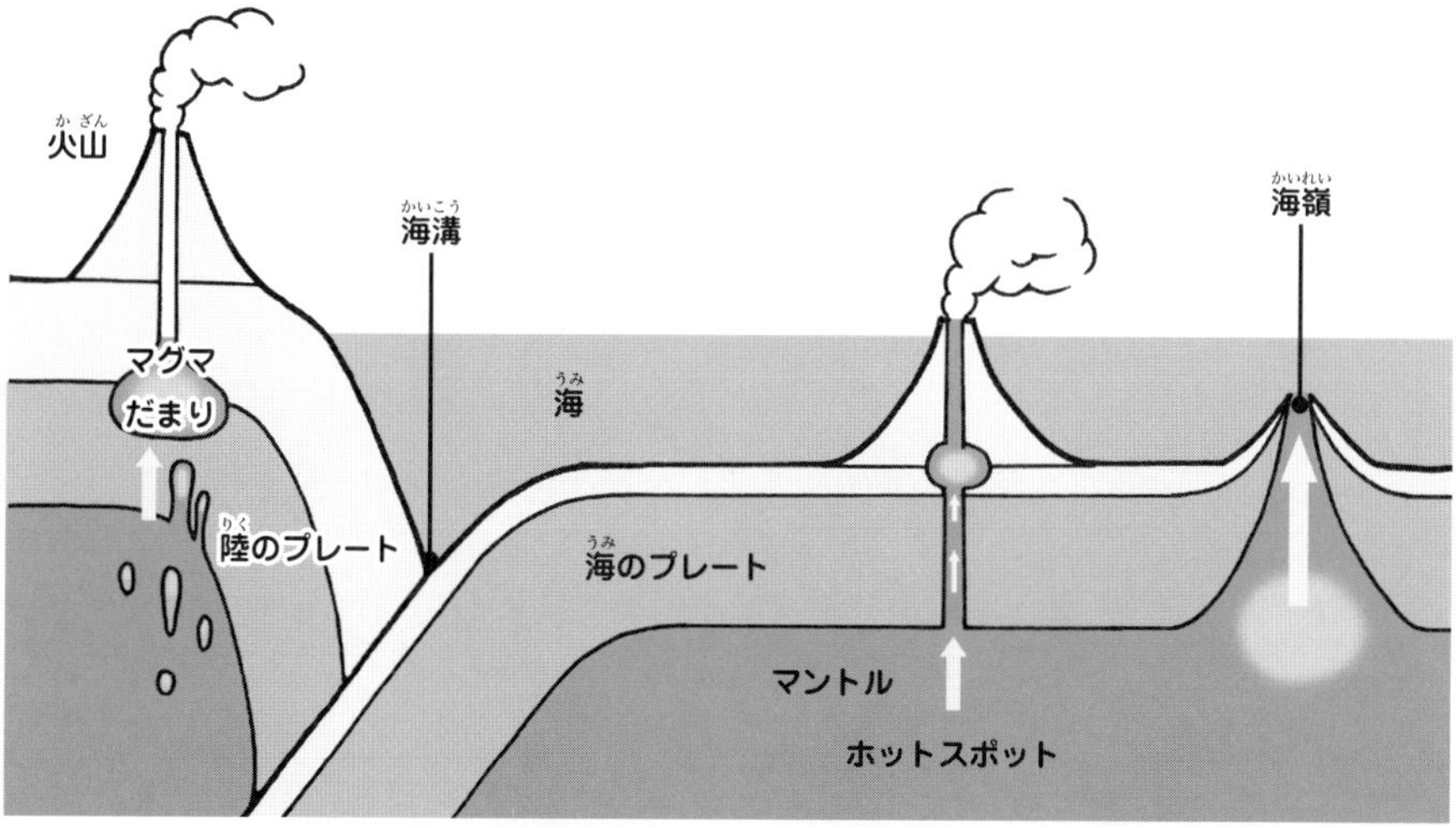

１つ目《め》はプレートが生《う》まれるところです。プレートとは、地球《ちきゅう》の表面《ひょうめん》をおおっている岩《いわ》の板《いた》のようなもので、海底《かいてい》の火山《かざん》が連《つら》なる、海嶺《かいれい》と呼《よ》ばれる場所《ばしょ》で生《う》まれます。ここで生《う》まれたプレートは、年《ねん》に数《すう》cm〜十数《じゅうすう》cmずつ動《うご》いていきます。

２つ目《め》は、海《うみ》のプレートと陸《りく》のプレートが重《かさ》なって沈《しず》み込《こ》んでいく、海溝《かいこう》に沿《そ》ったところです。日本《にほん》の火山《かざん》や、太平洋《へいよう》を囲《かこ》む地域《ちいき》の火山《かざん》はこのようなプレートが重《かさ》なる場所《ばしょ》にあります。

３つ目《め》は、プレートの下《した》の層《そう》のマントルが高温《こうおん》になり、マグマが噴《ふ》き出《だ》しているところです。このような場所《ばしょ》をホットスポットと呼《よ》びますが、アメリカのハワイ諸島《しょとう》周辺《しゅうへん》など、世界《せかい》のいろいろなところにあります。

第《だい》6話《わ》

クイズ

日本《にほん》で地震《じしん》が起《お》きない場所《ばしょ》ってあるの?

ア 北《きた》のほうは地震《じしん》が起《お》きない。

イ 南《みなみ》のほうは地震《じしん》が起《お》きない。

ウ 地震《じしん》が起《お》きない場所《ばしょ》はない。

大《おお》きな力《ちから》によって岩盤《がんばん》がずれたところを断層《だんそう》というんじゃ。

地震《じしん》のしくみ

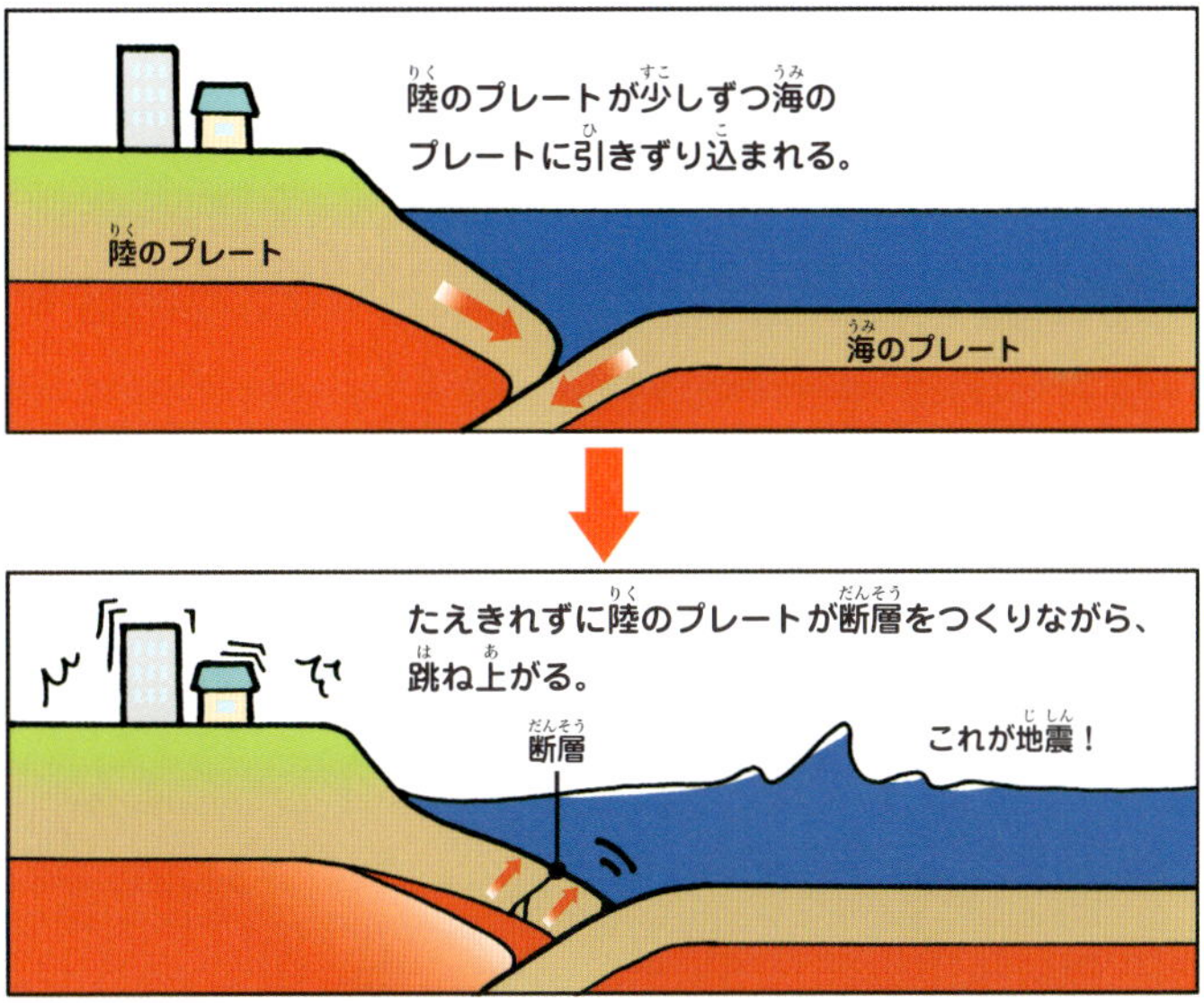
陸《りく》のプレートが少《すこ》しずつ海《うみ》のプレートに引《ひ》きずり込《こ》まれる。
陸《りく》のプレート
海《うみ》のプレート
たえきれずに陸《りく》のプレートが断層《だんそう》をつくりながら、跳《は》ね上《あ》がる。
断層《だんそう》
これが地震《じしん》！

どうして地震《じしん》が起《お》きるのかしら？

昔《むかし》の人《ひと》は、地面《じめん》の下《した》に大《おお》きなナマズがいて、それが動《うご》くと地震《じしん》が起《お》きるって考《かんが》えていたみたいだね。

ハハハ。地面《じめん》の下《した》には大《おお》きなナマズはいないが、大《おお》きなプレートがある。そのプレートが地震《じしん》の原因《げんいん》じゃ。プレートは1年《ねん》で数《すう》cmほど動《うご》いて、他《ほか》のプレートの下《した》に沈《しず》み込《こ》んでいく。そのときのゆがみが地震《じしん》につながるんじゃよ。

プレートが沈《しず》み込《こ》むって……たしか、火山《かざん》ができるしくみでも見《み》たよな？

その通《とお》り。日本《にほん》はちょうどプレートがぶつかり合《あ》う場所《ばしょ》にあるからな、火山《かざん》も地震《じしん》も多《おお》いんじゃ。

日本《にほん》で地震《じしん》が起《お》きない場所《ばしょ》ってないの？

答《こた》えは次《つぎ》のページ！

答《こた》え

ウ 地震《じしん》が起《お》きない場所《ばしょ》はない。

【解説《かいせつ》】

日本《にほん》で地震《じしん》が起《お》きない場所《ばしょ》はありません。しばらくの間《あいだ》、大《おお》きな地震《じしん》に襲《おそ》われていない地域《ちいき》だとしても、やがては起《お》こります。それは、日本列島《にほんれっとう》が特《とく》に地震《じしん》の起《お》こりやすい場《ば》所《しょ》にあるからです。

地球《ちきゅう》の表面《ひょうめん》は、十数枚《じゅうすうまい》のプレートと呼《よ》ばれる巨大《きょだい》な岩板《がんばん》におおわれていて、それぞれが動《うご》いてお互《たが》いにぶつかり合《あ》っています。地震《じしん》はこのプレートに加《くわ》わったゆがみが、跳《は》ね上《あ》がったり壊《こわ》れたりすることで起《お》こります。つまり、プレートの境目《さかいめ》で地震《じしん》が多《おお》く起《お》きるということです。日本《にほん》は、太平洋《たいへいよう》プレート、フィリピン海《かい》プレート、ユーラシア

日本列島付近《にほんれっとうふきん》のプレート

おもなプレートと地震《じしん》の発生地点《はっせいちてん》

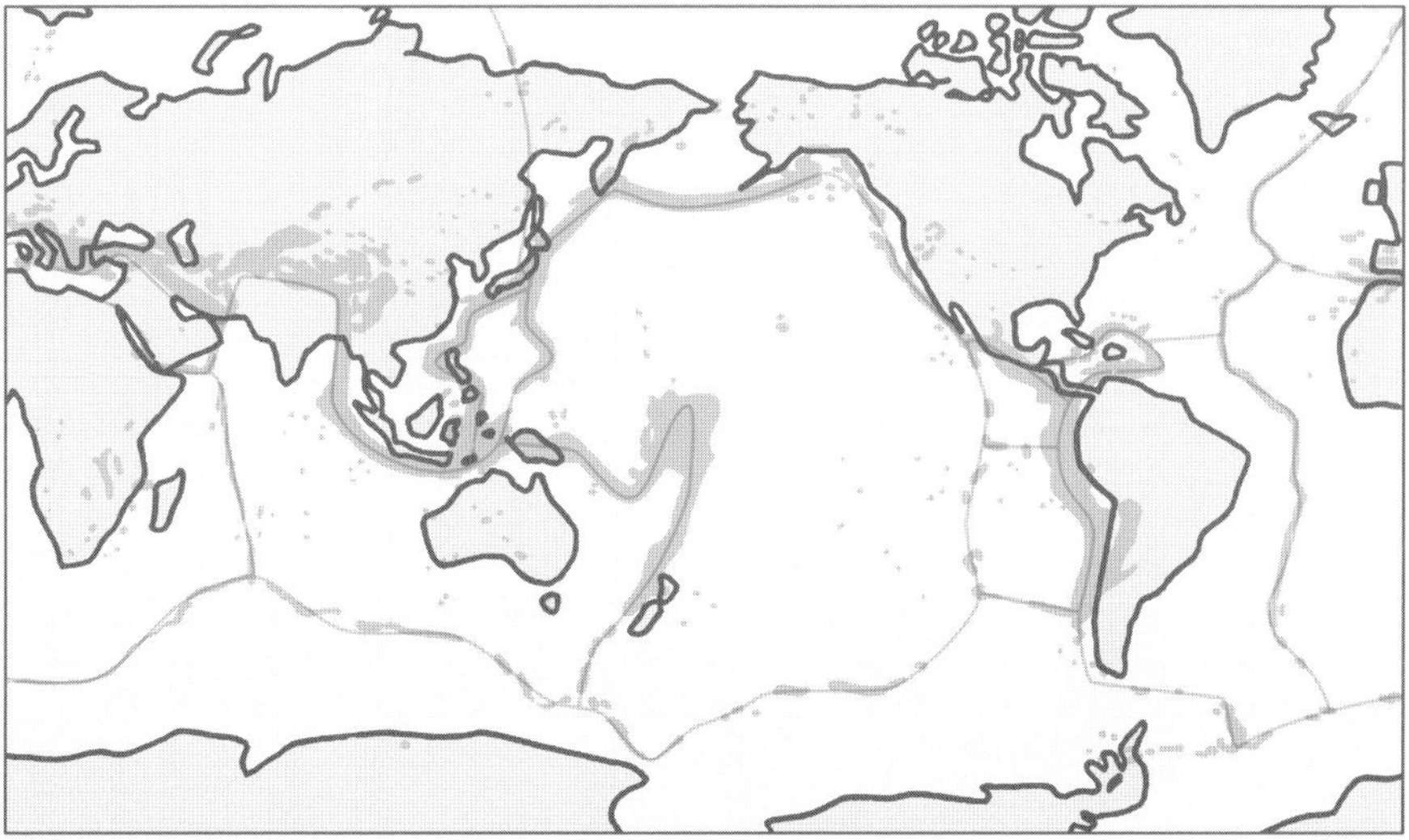

●……地震《じしん》の発生地点《はっせいちてん》

プレート、北《きた》アメリカプレートの4つのプレートがぶつかる境界《きょうかい》にあるため、特《とく》に地震《じしん》が起《お》こりやすいのです。1年《ねん》間《かん》に1500～2000回《かい》も、体《からだ》に感《かん》じる地震《じしん》が起《お》きています。

一方《いっぽう》、世界《せかい》には、あまり地震《じしん》を経験《けいけん》したことがないという人《ひと》もいます。プレートの境目《さかいめ》から遠《とお》い、北《きた》ヨーロッパやロシア、アフリカ西部《せいぶ》、北《きた》アメリカ大陸東部《たいりくとうぶ》、南《みなみ》アメリカ大陸東部《たいりくとうぶ》などは地震《じしん》が少《すく》なく、1年間《ねんかん》に数回程度《すうかいていど》しか起《お》こりません。そのような場所《ばしょ》から日本《にほん》に来《き》た人《ひと》は、地震《じしん》にとても驚《おどろ》くようです。

地震《じしん》の多《おお》い少《すく》ないは地域《ちいき》によってちがいますが、地球上《ちきゅうじょう》でまったく地震《じしん》が起《お》こらない場所《ばしょ》はありません。

第《だい》7話《わ》

クイズ

日本《にほん》でこれまでで最大《さいだい》の津波《つなみ》の高《たか》さはどれぐらい？

ア 約《やく》10m

イ 約《やく》20m

ウ 約《やく》40m

津波《つなみ》の前《まえ》は必《かなら》ず潮《しお》が引《ひ》くといわれるが、必《かなら》ずしもそうではないんじゃ。

津波《つなみ》のできるしくみ

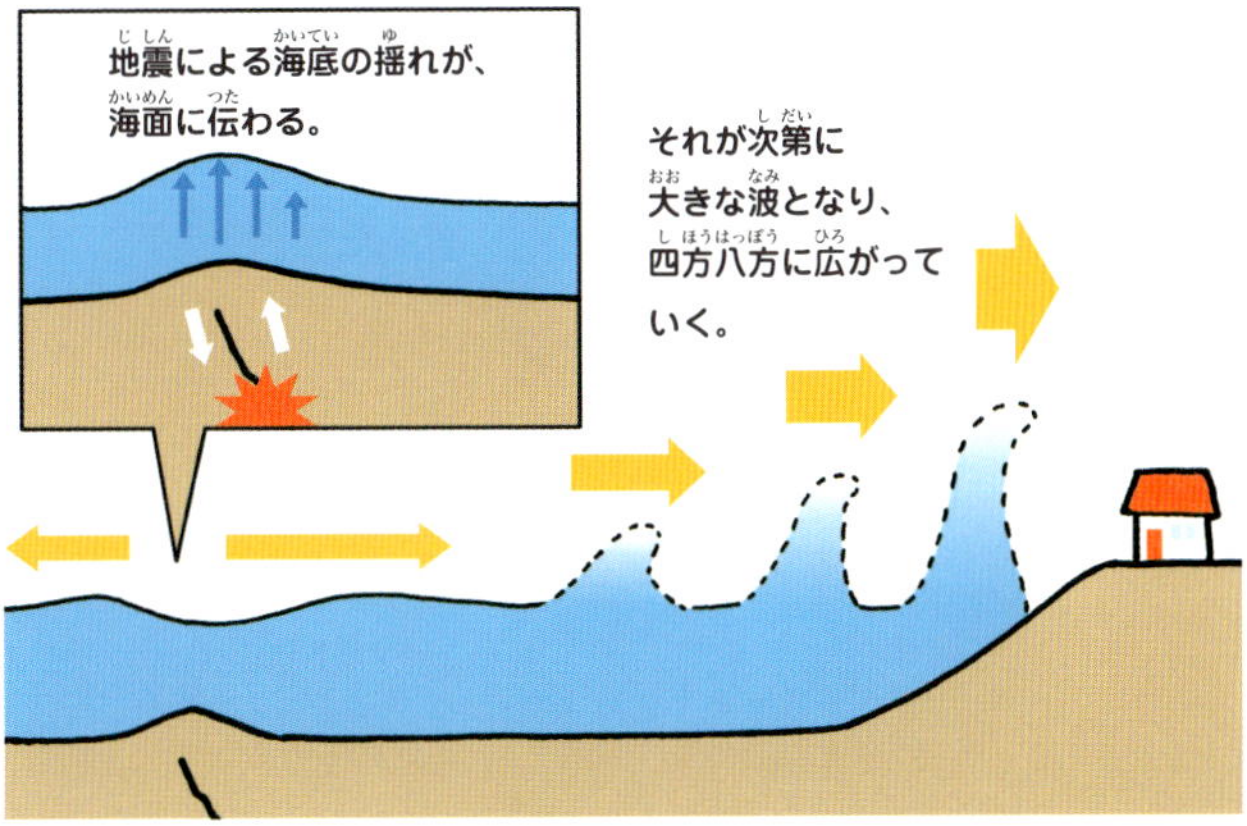

地震《じしん》による海底《かいてい》の揺《ゆ》れが、海面《かいめん》に伝《つた》わる。
それが次第《しだい》に大《おお》きな波《なみ》となり、四方八方《しほうはっぽう》に広《ひろ》がっていく。

自分《じぶん》の身長《しんちょう》より高《たか》い津波《つなみ》が来《き》たら怖《こわ》いだろうね……。

身長《しんちょう》の高《たか》さなんて言《い》っていたら、たいへんなことになるぞ。津波《つなみ》の高《たか》さがひざの高《たか》さを超《こ》えると、立《た》っていられずに流《なが》されてしまうんじゃ。

ええっ？　ひざの高《たか》さの波《なみ》でも流《なが》されちゃうの？

津波《つなみ》は、大《おお》きな水《みず》のかたまりが、何《なん》kmも、何百《なんびゃく》kmも続《つづ》けて押《お》し寄《よ》せてくるんじゃよ。

そっか……。津波《つなみ》の力《ちから》ってすごいんだね。でも、津《つ》波《なみ》ってどうやって起《お》こるの？

海底《かいてい》で起《お》きた地震《じしん》によって発生《はっせい》する。地震《じしん》で海底《かいてい》が盛《も》り上《あ》がったり沈《しず》んだり、それが海面《かいめん》にも伝《つた》わって、大《おお》きな波《なみ》になって広《ひろ》がっていくんじゃ。

答《こた》えは次《つぎ》のページ！

答《こた》え

ウ 約《やく》40m

【解説《かいせつ》】

2011年《ねん》3月《がつ》11日《にち》の東日本大震災《ひがしにほんだいしんさい》（東北地方太平洋沖《とうほくちほうたいへいようおき》地震《じしん》）による津波《つなみ》で、岩手県大船渡市《いわてけんおおふなとし》の綾里湾《りょうりわん》で40・1mの遡上高《そじょうこう》が観測《かんそく》されました。遡上高《そじょうこう》というのは、津波《つなみ》が陸《りく》に上《あ》がってはい上《あ》がる高《たか》さのことです。記録《きろく》に残《のこ》っている中《なか》では、これが日本《にほん》で最大《さいだい》の津波《つなみ》です。

気象庁《きしょうちょう》が発表《はっぴょう》する「予想《よそう》される津波《つなみ》の高《たか》さ」は、海岸線《かいがんせん》での平均的《へいきんてき》な津波《つなみ》の高《たか》さのため、遡上高《そじょうこう》はさらに高《たか》くなることがあります。場所《ばしょ》によっては、発表《はっぴょう》された高《たか》さの4倍《ばい》にもなるのです。高《たか》さが1mなら、4mに達《たっ》します。

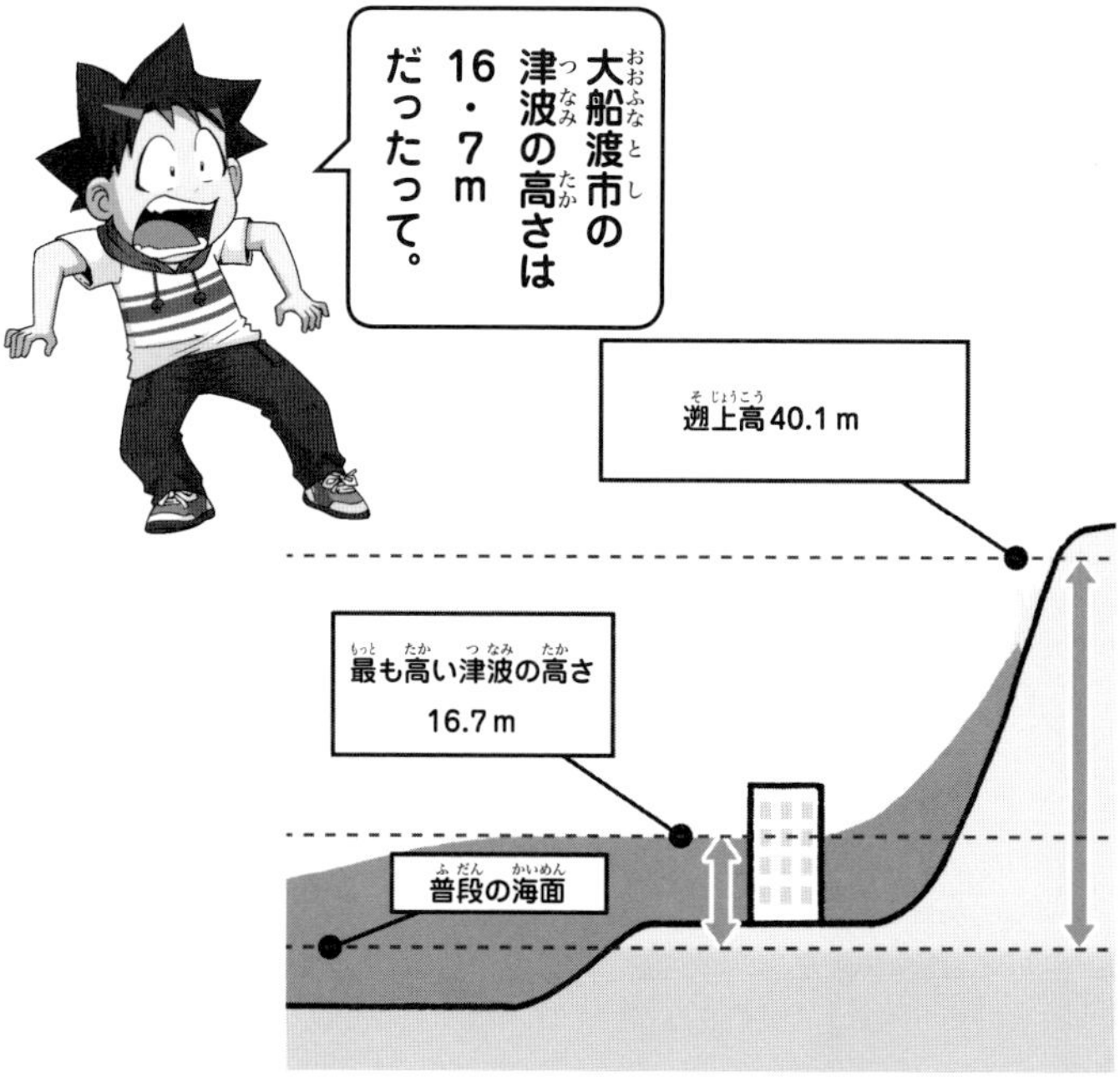
大船渡市《おおふなとし》の津波《つなみ》の高《たか》さは16・7mだったたって。
遡上高《そじょうこう》40.1m
最《もっと》も高《たか》い津波《つなみ》の高《たか》さ 16.7m
普段《ふだん》の海面《かいめん》

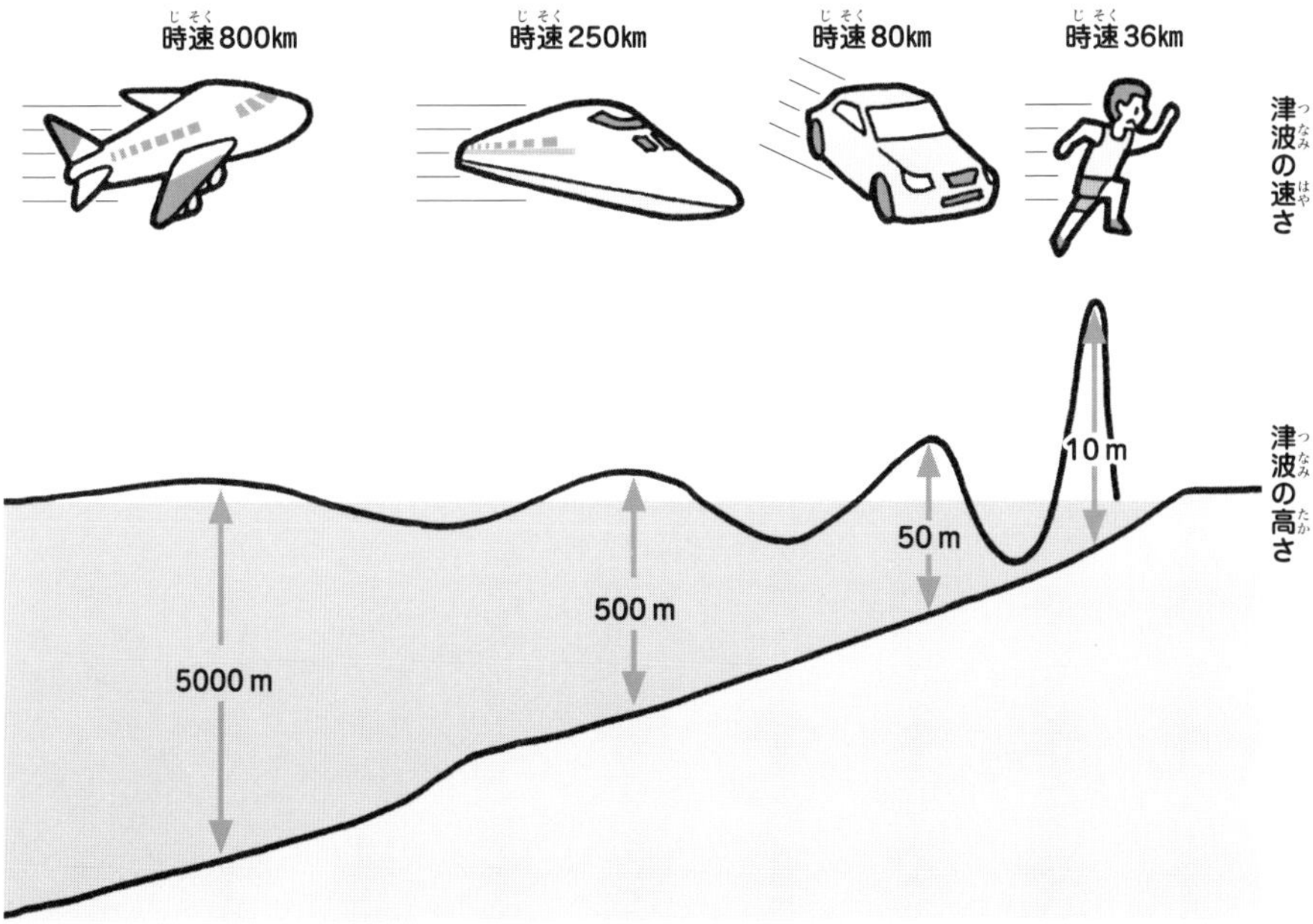

時速《じそく》800km
時速《じそく》250km
時速《じそく》80km
時速《じそく》36km
津波《つなみ》の速《はや》さ
10m
50m
500m
5000m
津波《つなみ》の高《たか》さ

津波《つなみ》は、海《うみ》が深《ふか》いほど速《はや》く伝《つた》わります。沖《おき》のほうでは時速《じそく》800㎞という、ジェット機《き》なみのスピードで伝《つた》わります。陸《りく》に近《ちか》づくにつれて、だんだんと波《なみ》が伝《つた》わるスピードは遅《おそ》くなっていきますが、それでも、陸上短距離《りくじょうたんきょり》のオリンピック選手《せんしゅ》ほどのスピードがあるので、津波《つなみ》が来《き》てから走《はし》って逃《に》げようとしても逃《に》げ切《き》れません。また、津波《つなみ》は陸《りく》に近《ちか》づくにつれ、後《うし》ろの波《なみ》が前《まえ》の波《なみ》に追《お》いついてくるため、波《なみ》の高《たか》さが高《たか》くなります。

日本《にほん》から遠《とお》い場所《ばしょ》で起《お》きた地震《じしん》でも、津波《つなみ》に注意《ちゅうい》しなくてはなりません。地球《ちきゅう》の裏側《うらがわ》からも津波《つなみ》はやってくるのです。1960年《ねん》に南《みなみ》アメリカのチリ沖《おき》で起《お》きた「チリ沖地震《おきじしん》」の津波《つなみ》は、太平洋《たいへいよう》を横断《おうだん》して22時間半後《じかんはんご》に日本《にほん》に到達《とうたつ》、大《おお》きな被害《ひがい》をもたらしたのです。

海《うみ》の近《ちか》くにいるときは地震《じしん》の情報《じょうほう》に敏感《びんかん》じゃなきゃね。

第《だい》8話《わ》

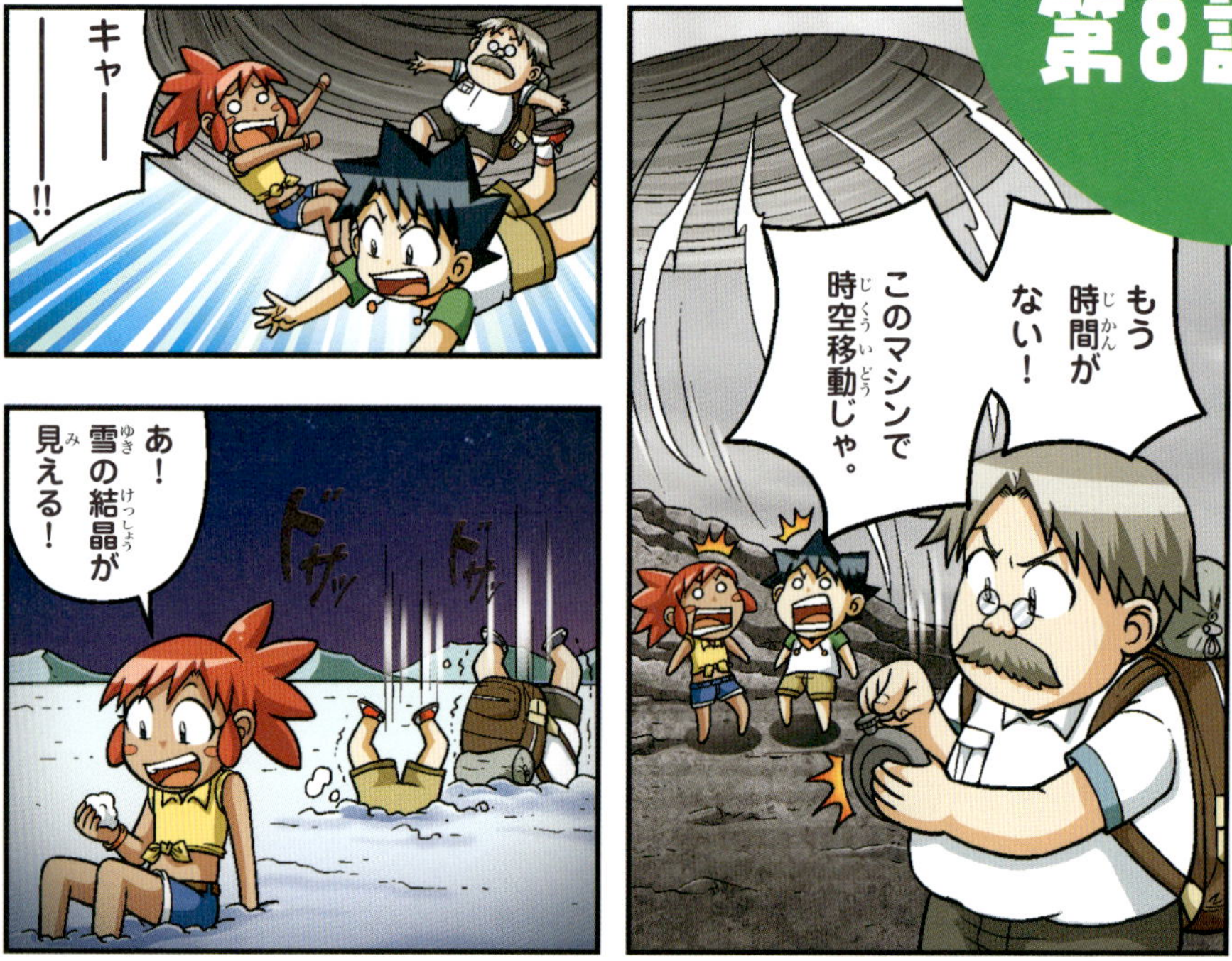

クイズ

雪《ゆき》の結晶《けっしょう》が六角形《ろっかくけい》なのはどうして？

ア 水《みず》の分子《ぶんし》が六角形《ろっかくけい》に結《むす》びつきやすいから。

イ 三角形《さんかくけい》や四角形《しかくけい》の結晶《けっしょう》もあるが、目立《めだ》たないだけ。

ウ 六角形《ろっかくけい》なのは一瞬《いっしゅん》で、だいたいはちがう形《かたち》をしている。

いろいろな雪《ゆき》の結晶《けっしょう》の形《かたち》

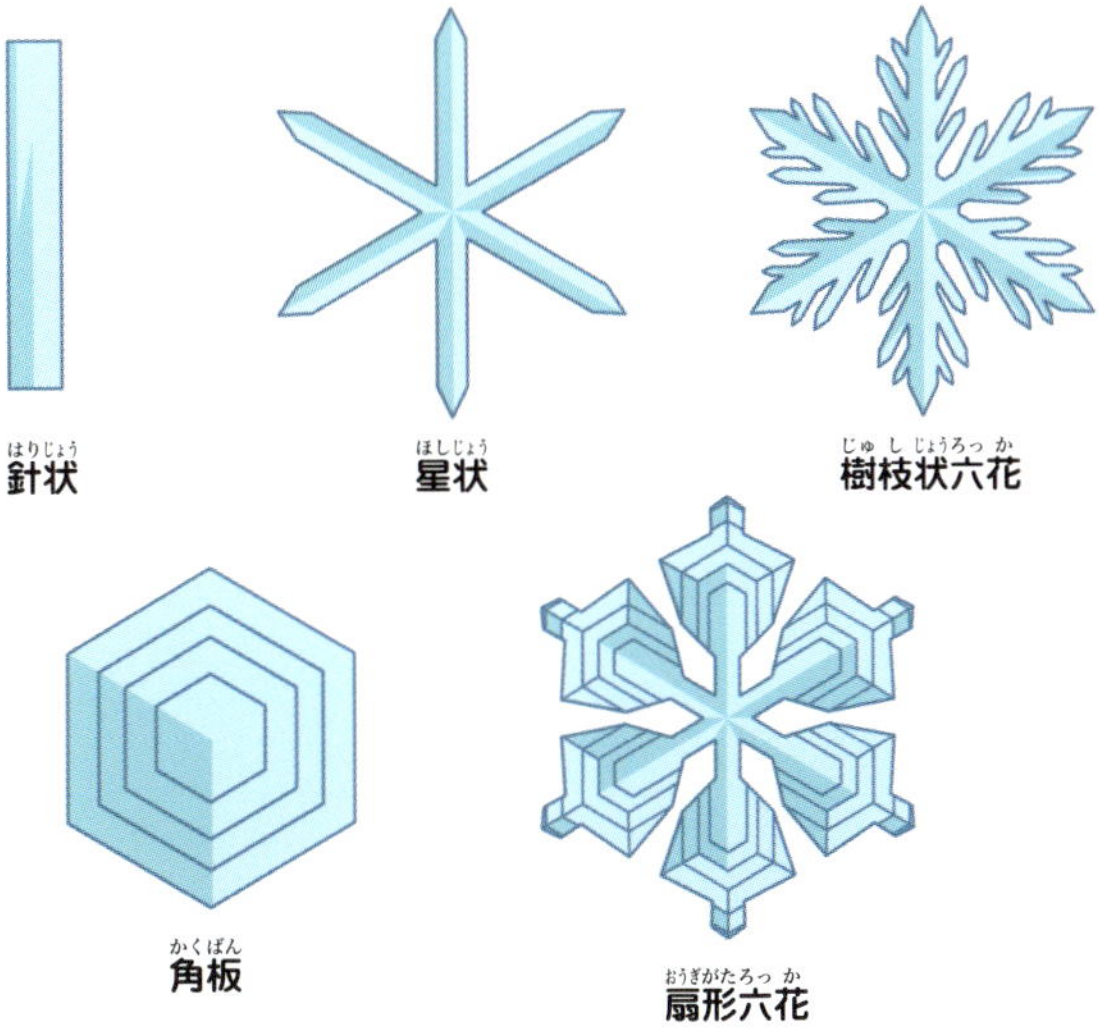
針状《はりじょう》
星状《ほしじょう》
樹枝状六花《じゅしじょうろっか》
角板《かくばん》
扇形六花《おうぎがたろっか》

雪《ゆき》の結晶《けっしょう》ってとってもきれいだね。

わー！　雪《ゆき》の結晶《けっしょう》っていろんな形《かたち》があるのね！　でも、こうした形《かたち》のちがいができるのは、どうして？

雪《ゆき》ができるときの水蒸気《すいじょうき》の量《りょう》（湿度《しつど》）や温度《おんど》のちがいによって、形《かたち》がいろいろ変《か》わるんじゃ。水蒸気《すいじょうき》が多《おお》くて気温《きおん》が高《たか》い場合《ばあい》は、針状《はりじょう》の結晶《けっしょう》ができやすく、きれいな樹枝《じゅし》（木《き》の枝《えだ》）状《じょう》の結晶《けっしょう》は、水蒸気《すいじょうき》が多《おお》くて、気温《きおん》もマイナス14～17度《ど》のときにできやすいとかね。

針状《はりじょう》の結晶《けっしょう》以外《いがい》は、六角形《ろっかくけい》が基本《きほん》の形《かたち》になっているみたいだね。

針状《はりじょう》の結晶《けっしょう》も六角形《ろっかくけい》なんじゃ。縦《たて》に伸《の》びているから分《わ》かりにくいがね。このように雪《ゆき》は六角形《ろっかくけい》でできていることから、「六花《ろっか》」と呼《よ》ぶこともある。

へー、六花《ろっか》か……。かわいい呼《よ》び方《かた》だね！

答《こた》えは次《つぎ》のページ！

答《こた》え

ア　水《みず》の分子《ぶんし》が六角形《ろっかくけい》に結《むす》びつきやすいから。

【解説《かいせつ》】

雪《ゆき》の結晶《けっしょう》が六角形《ろっかくけい》なのは、水《みず》の分子《ぶんし》が六角形《ろっかくけい》に結《むす》びつきやすい性質《せいしつ》があるからです。

水《みず》の分子《ぶんし》は、２つの水素原子《すいそげんし》と１つの酸素原子《さんそげんし》が結《むす》びついてできています。水素原子《すいそげんし》はプラスの電気《でんき》をおびていて、酸素原子《さんそげんし》はマイナスの電気《でんき》をおびているため、お互《たが》いに引《ひ》きつけ合《あ》って、水《みず》の分子《ぶんし》どうしは六角形《ろっかくけい》につながりやすいのです。

雪《ゆき》は空気中《くうきちゅう》の水蒸気《すいじょうき》の粒《つぶ》が水《みず》にならずに、直接凍《ちょくせつこお》るときにできます。凍《こお》った水蒸気《すいじょうき》の粒《つぶ》は小《ちい》さな六角形《ろっかくけい》の結晶《けっしょう》（氷晶《ひょうしょう》）になり、そのまわりに水蒸気《すいじょうき》がくっついて成長《せいちょう》します。

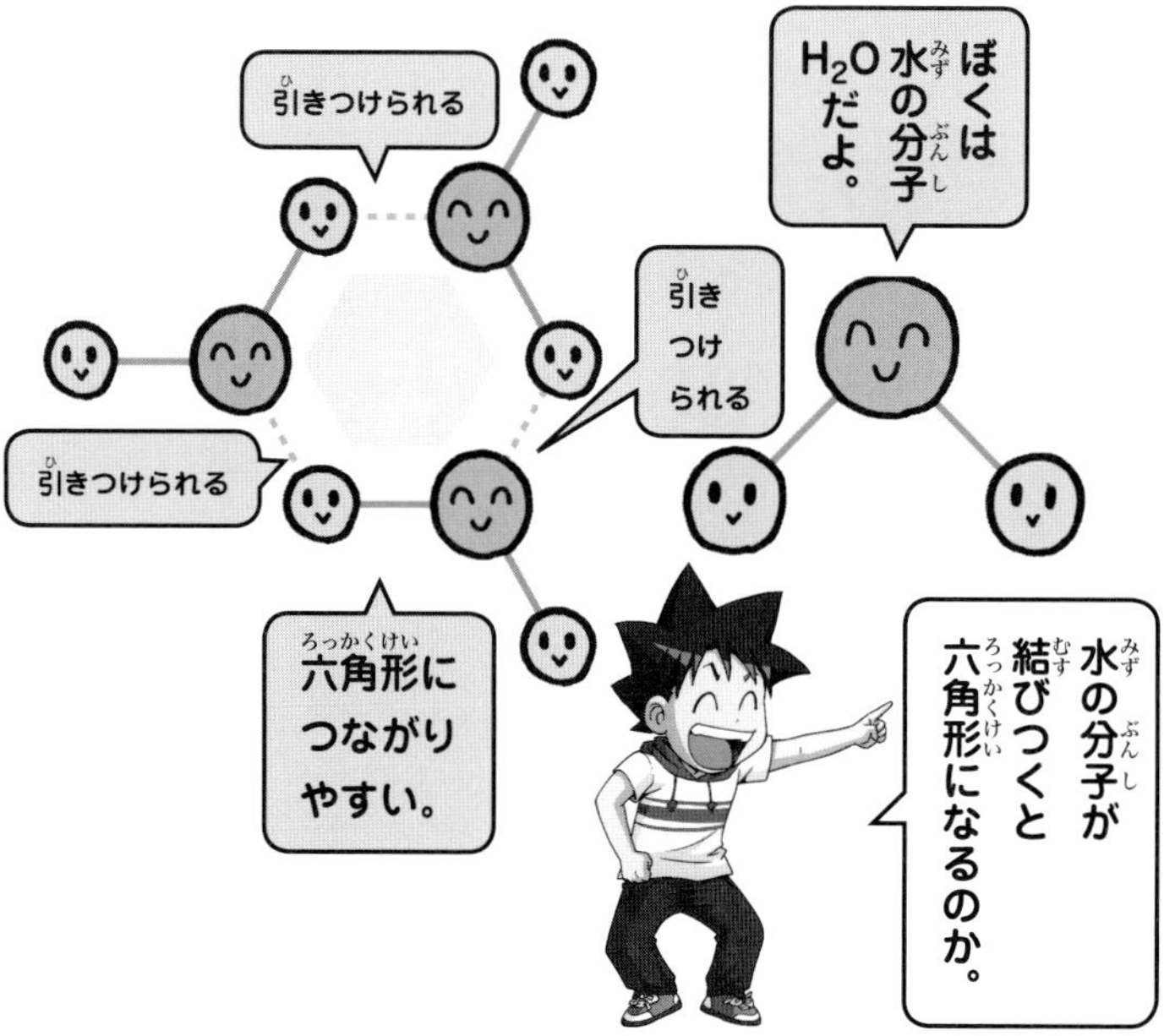

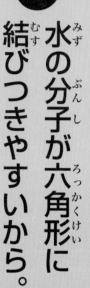

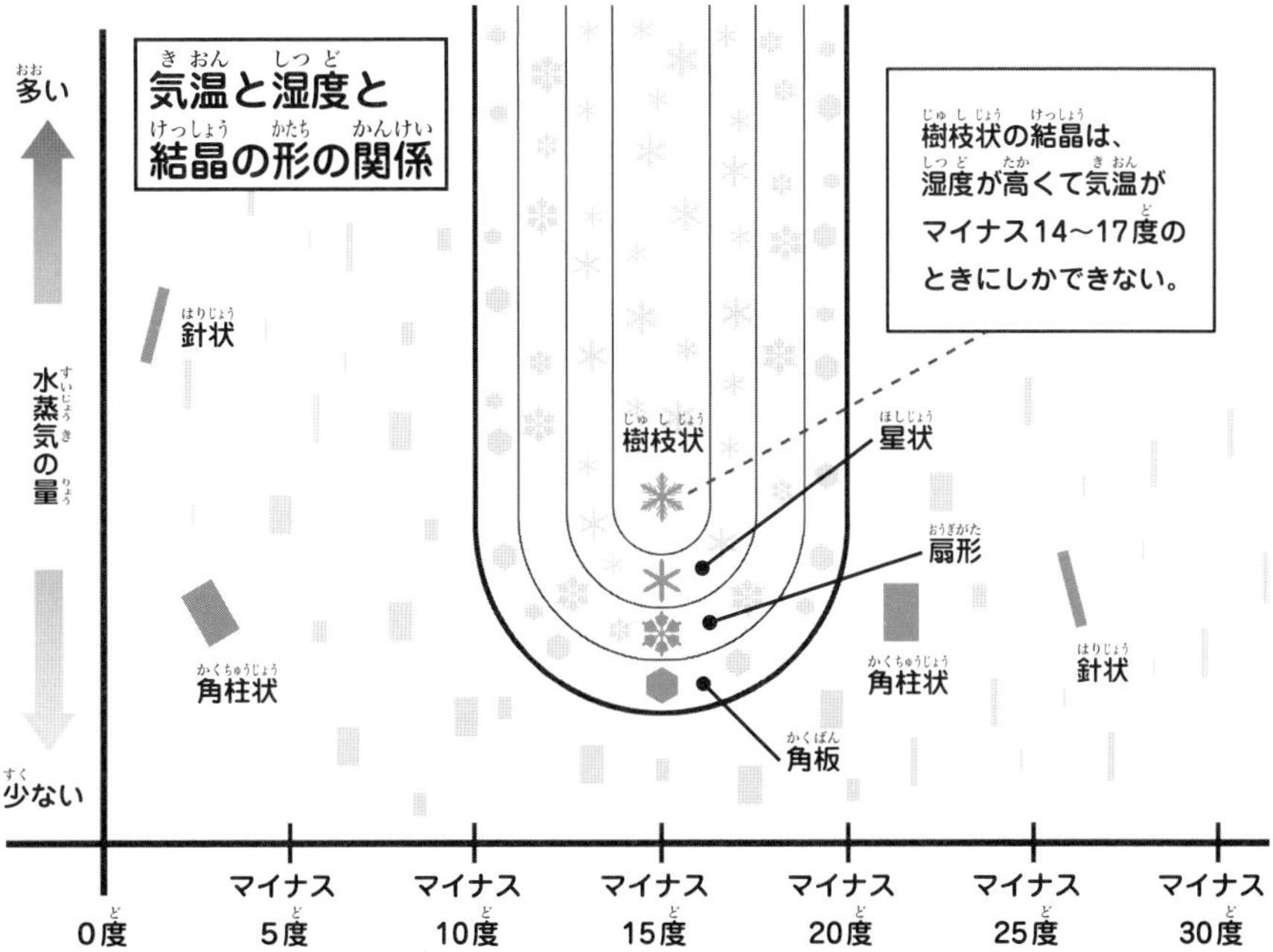
気温《きおん》と湿度《しつど》と
結晶《けっしょう》の形《かたち》の関係《かんけい》
多《おお》い
水蒸気《すいじょうき》の量《りょう》
少《すく》ない
針状《はりじょう》
角柱状《かくちゅうじょう》
樹枝状《じゅしじょう》
星状《ほしじょう》
扇形《おうぎがた》
角板《かくばん》
角柱状《かくちゅうじょう》
針状《はりじょう》
樹枝状《じゅしじょう》の結晶《けっしょう》は、
湿度《しつど》が高《たか》くて気温《きおん》が
マイナス14〜17度《ど》の
ときにしかできない。
0度《ど》
マイナス5度《ど》
マイナス10度《ど》
マイナス15度《ど》
マイナス20度《ど》
マイナス25度《ど》
マイナス30度《ど》

縦《たて》に成長《せいちょう》すると針状《はりじょう》の結晶《けっしょう》になり、横《よこ》に成長《せいちょう》すると板状《いたじょう》の結晶《けっしょう》になります。

雪《ゆき》の結晶《けっしょう》は湿度《しつど》と温度《おんど》によって、できやすい形《かたち》が決《き》まっています。ですから、結晶《けっしょう》を見《み》れば空《そら》がどんな状態《じょうたい》なのかを知《し》ることができます。

このように雪《ゆき》の結晶《けっしょう》は六角形《ろっかくけい》ですが、他《ほか》のものの結晶《けっしょう》は六角形《ろっかくけい》とは限《かぎ》りません。

結晶《けっしょう》とは、原子《げんし》や分子《ぶんし》が規則《きそく》正《ただ》しく並《なら》んで結《むす》びついているもので、形《かたち》はものの種類《しゅるい》によって決《き》まっています。身近《みぢか》なものでは塩《しお》や砂糖《さとう》が結晶《けっしょう》です。虫眼鏡《むしめがね》で見《み》ると、ひとつひとつの粒《つぶ》が同《おな》じ形《かたち》をしていることが分《わ》かります。

虫眼鏡《むしめがね》で見《み》てみよう！

第《だい》9話《わ》

クイズ

南極《なんきょく》では風邪《かぜ》をひかないって本当《ほんとう》？

ア ウソ。南極《なんきょく》は寒《さむ》いので、みんなが風邪《かぜ》をひく。

イ 風邪《かぜ》をひきにくい環境《かんきょう》なので、健康《けんこう》な人《ひと》なら風邪《かぜ》をひかない。

ウ 本当《ほんとう》。南極《なんきょく》には風邪《かぜ》の病原体《びょうげんたい》が存在《そんざい》できないため、絶対《ぜったい》に風邪《かぜ》はひかない。

南極大陸《なんきょくたいりく》はオーストラリア大陸《たいりく》より大《おお》きいんじゃよ。

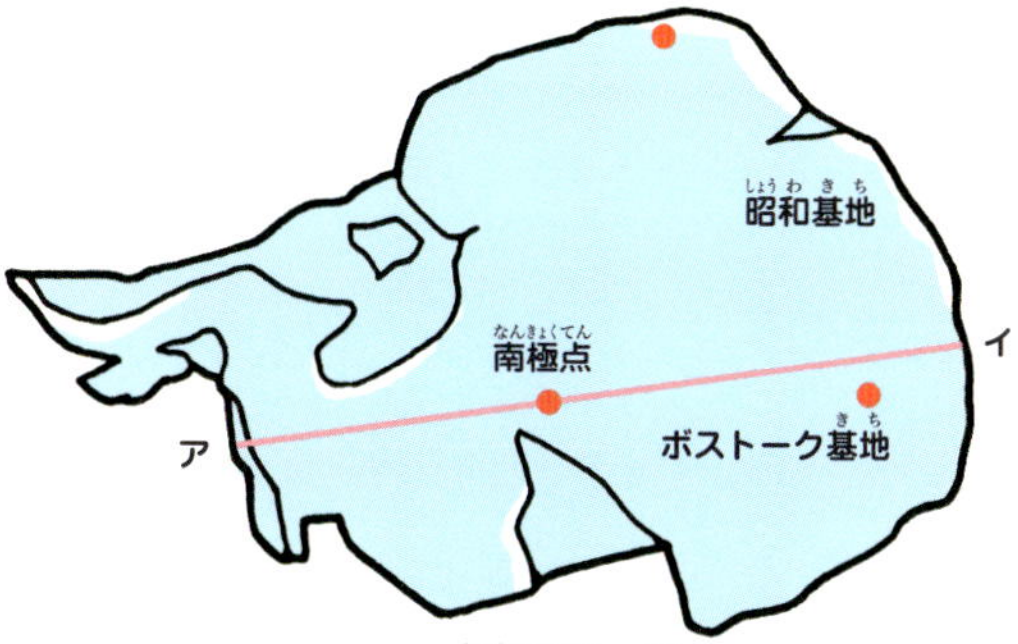
昭和基地《しょうわきち》
南極点《なんきょくてん》
イ
ア
ボストーク基地《きち》

南極大陸《なんきょくたいりく》の形《かたち》

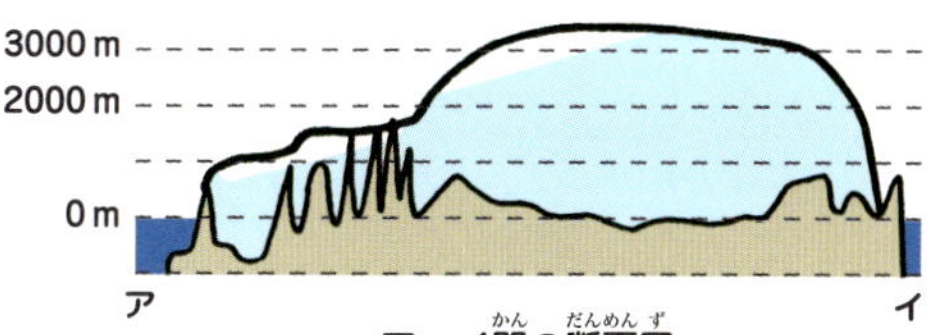
3000 m
2000 m
0 m
ア
イ

アーイ間《かん》の断面図《だんめんず》

南極《なんきょく》にある日本《にほん》の昭和基地《しょうわきち》。夏《なつ》の平均気温《へいきんきおん》はマイナス1度《ど》、冬《ふゆ》の平均気温《へいきんきおん》はマイナス20度《ど》じゃ。

ひえ～……。寒《さむ》すぎる……。

南極《なんきょく》は氷《こおり》の世界《せかい》じゃが、その下《した》には大陸《たいりく》がある。世《せ》界《かい》で5番目《ばんめ》に大《おお》きな大陸《たいりく》じゃ。そして地球上《ちきゅうじょう》の氷《こおり》の約《やく》90％が南極《なんきょく》にある。氷《こおり》の厚《あつ》さは平均《へいきん》で1900m、厚《あつ》い場所《ばしょ》では4000mにもなる。氷《こおり》の重《おも》さで大陸《たいりく》が沈《しず》んでいるといわれておる。

大陸《たいりく》が沈《しず》むって……。そんなことあるの？

氷《こおり》が全部《ぜんぶ》なくなると、南極大陸《なんきょくたいりく》は数百《すうひゃく》m浮《う》き上《あ》がるらしいぞ。誰《だれ》も試《ため》せないから分《わ》からんがな。

世《よ》の中《なか》には不思議《ふしぎ》なことがあるから、南極《なんきょく》では風邪《かぜ》をひかないっていうのも本当《ほんとう》かも。

答《こた》えは次《つぎ》のページ！

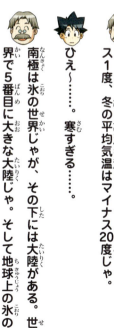

答《こた》え

イ **風邪《かぜ》をひきにくい環境《かんきょう》なので、健康《けんこう》な人《ひと》なら風邪《かぜ》をひかない。**

【解説《かいせつ》】

南極《なんきょく》では、健康《けんこう》な人《ひと》なら風邪《かぜ》をひきません。

わたしたちが風邪《かぜ》と呼《よ》んでいるのは、ひとつの病気《びょうき》の名《な》前《まえ》ではなく、鼻《はな》やのどや肺《はい》などに起《お》こる炎症《えんしょう》のすべてをさします。それらの症状《しょうじょう》を引《ひ》き起《お》こす原因《げんいん》は、ほとんどがウイルスです。

ウイルスは高倍率《こうばいりつ》の電子顕微鏡《でんしけんびきょう》でしか見《み》ることができない、1万分《まんぶん》の1㎜ぐらいという、たいへん小《ちい》さな微生物《びせいぶつ》です。風邪《かぜ》の原因《げんいん》となるものは今《いま》のところ200種類《しゅるい》ぐらいが見《み》つかっていますが、ウイルスのちがいによって、さまざまな症状《しょうじょう》が引《ひ》き起《お》こされます。

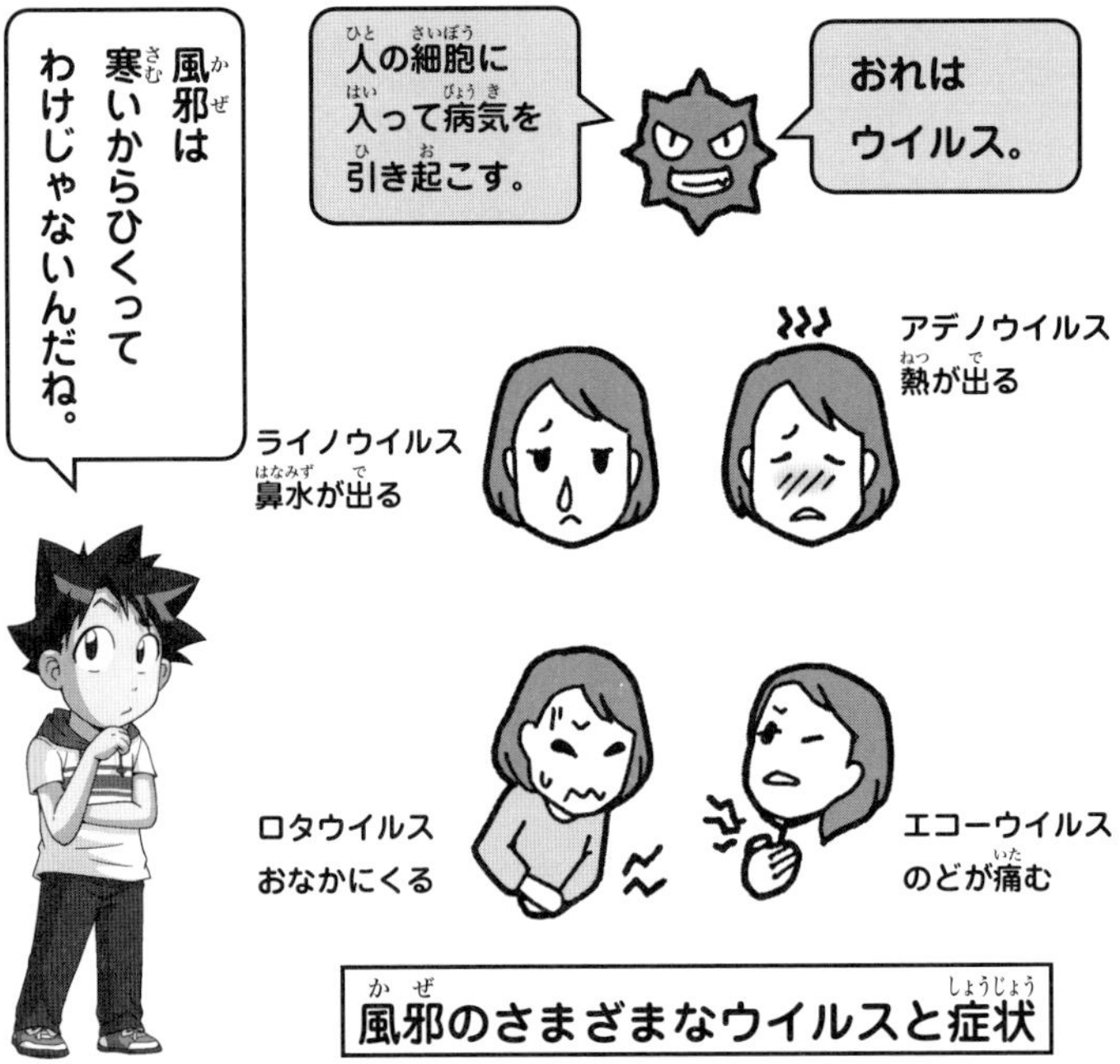
おれはウイルス。
人《ひと》の細胞《さいぼう》に入《はい》って病気《びょうき》を引《ひ》き起《お》こす。
風邪《かぜ》は寒《さむ》いからひくってわけじゃないんだね。
アデノウイルス
熱《ねつ》が出《で》る
ライノウイルス
鼻水《はなみず》が出《で》る
エコーウイルス
のどが痛《いた》む
ロタウイルス
おなかにくる

風邪《かぜ》のさまざまなウイルスと症状《しょうじょう》

病気《びょうき》を引《ひ》き起《お》こすものには細菌《さいきん》もありますが、ウイルスは細菌《さいきん》とちがって、自分《じぶん》で増《ふ》えることができません。人《ひと》や動物《どうぶつ》の細胞《さいぼう》の中《なか》に入《はい》り込《こ》み、その細胞《さいぼう》に自分《じぶん》の仲間《なかま》を作《つく》らせて増《ふ》えていきます。

　ウイルスは感染《かんせん》した人《ひと》のくしゃみで飛《と》んだり、手《て》に触《ふ》れたりして、口《くち》から入《はい》ることで、人《ひと》から人《ひと》へと感染《かんせん》します。しかし、南極《なんきょく》の場合《ばあい》、もともと人《ひと》がいないので、ウイルスが人《ひと》から人《ひと》にうつっていくことがありません。

　人《ひと》が少《すく》ない南極《なんきょく》は、ウイルスが増《ふ》えづらい環境《かんきょう》なので、健康《けんこう》な人《ひと》が南極《なんきょく》に行《い》った場合《ばあい》、そこで新《あら》たなウイルスに感《かん》染《せん》して風邪《かぜ》をひくことがないのです。

　でも仮《かり》に、南極《なんきょく》に行《い》く前《まえ》から風邪《かぜ》をひいていた人《ひと》がいるとしたら、その人《ひと》を通《つう》じて、南極基地《なんきょくきち》の他《ほか》の隊員《たいいん》などに風《か》邪《ぜ》がうつることはあるでしょう。

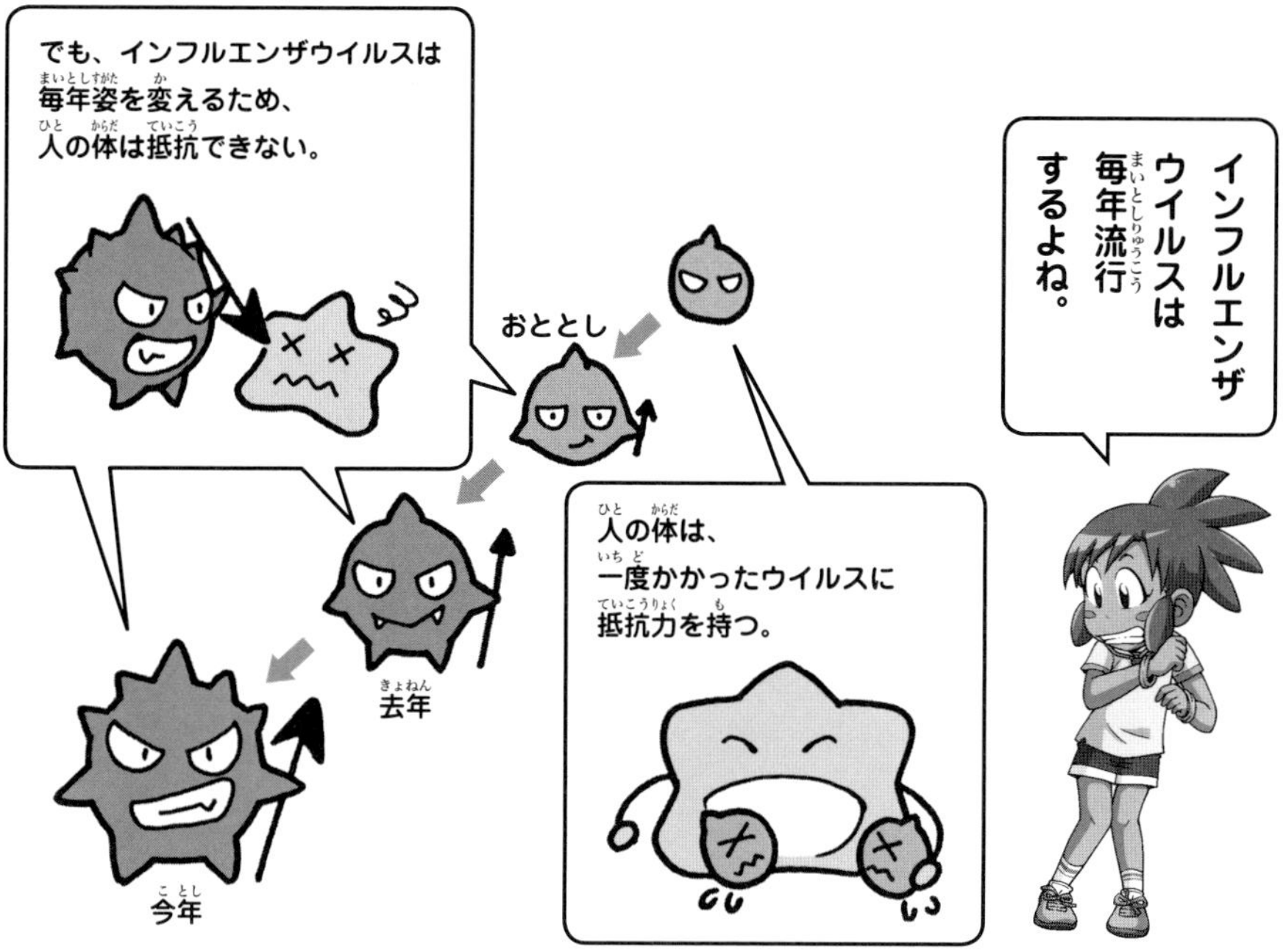

第《だい》10話《わ》

クイズ

オーロラの原因《げんいん》になるものは何《なに》？

ア 空気中《くうきちゅう》の冷《つめ》たい水蒸気《すいじょうき》。

イ 雷雲《らいうん》による電気《でんき》。

ウ 太陽《たいよう》からやってくる電気《でんき》の風《かぜ》。

オーロラベルト
オーロラは北極《ほっきょく》や南極《なんきょく》を輪《わ》で囲《かこ》むようにして同時《どうじ》に現《あらわ》れるんじゃ。

オーロラって、いろんな色《いろ》の光《ひかり》がカーテンのようにゆらめくんだね、すごくきれい！

オーロラを見《み》るには、北極《ほっきょく》か南極《なんきょく》に近《ちか》い場所《ばしょ》まで行《い》かねばならん。特《とく》によく見《み》えるのは、オーロラベルトと呼《よ》ばれる、緯度《いど》60～70度《ど》あたりの場所《ばしょ》じゃ。

寒《さむ》いところで見《み》えるってわけか。

いや。北極《ほっきょく》や南極《なんきょく》に近《ちか》い場所《ばしょ》は、そりゃ寒《さむ》いところだが、じつは寒《さむ》さとオーロラはまったく関係《かんけい》ない。

ふーん、じゃあ、何《なに》が関係《かんけい》あるの？

地球《ちきゅう》は大《おお》きな磁石《じしゃく》だということが関係《かんけい》している。

地球《ちきゅう》が大《おお》きな磁石《じしゃく》……？　磁石《じしゃく》だと、なんでオーロラが光《ひか》るの？　ぜんっぜん分《わ》かんない～！

答《こた》えは次《つぎ》のページ！

答《こた》え

ウ 太陽《たいよう》からやってくる電気《でんき》の風《かぜ》。

【解説《かいせつ》】

オーロラの原因《げんいん》になるのは、太陽《たいよう》からやってくる電気《でんき》の風《かぜ》で、「太陽風《たいようふう》」と呼《よ》ばれるものです。太陽風《たいようふう》は、太陽《たいよう》の表面《ひょうめん》から飛《と》び出《だ》してきた電気《でんき》を持《も》つ粒子《りゅうし》で、風《かぜ》のように地球《ちきゅう》におしよせてきています。

その太陽風《たいようふう》が、北極《ほっきょく》や南極近《なんきょくちか》くの場所《ばしょ》に流《なが》れ込《こ》み、酸素《さんそ》原子《げんし》や窒素分子《ちっそぶんし》などにぶつかると、光《ひかり》が発生《はっせい》します。これがオーロラです。

では、どうしてオーロラは、限《かぎ》られた場所《ばしょ》でしか見《み》ることができないのでしょうか？　それは地球全体《ちきゅうぜんたい》が大《おお》きな磁石《じしゃく》になっていることと関係《かんけい》があります。

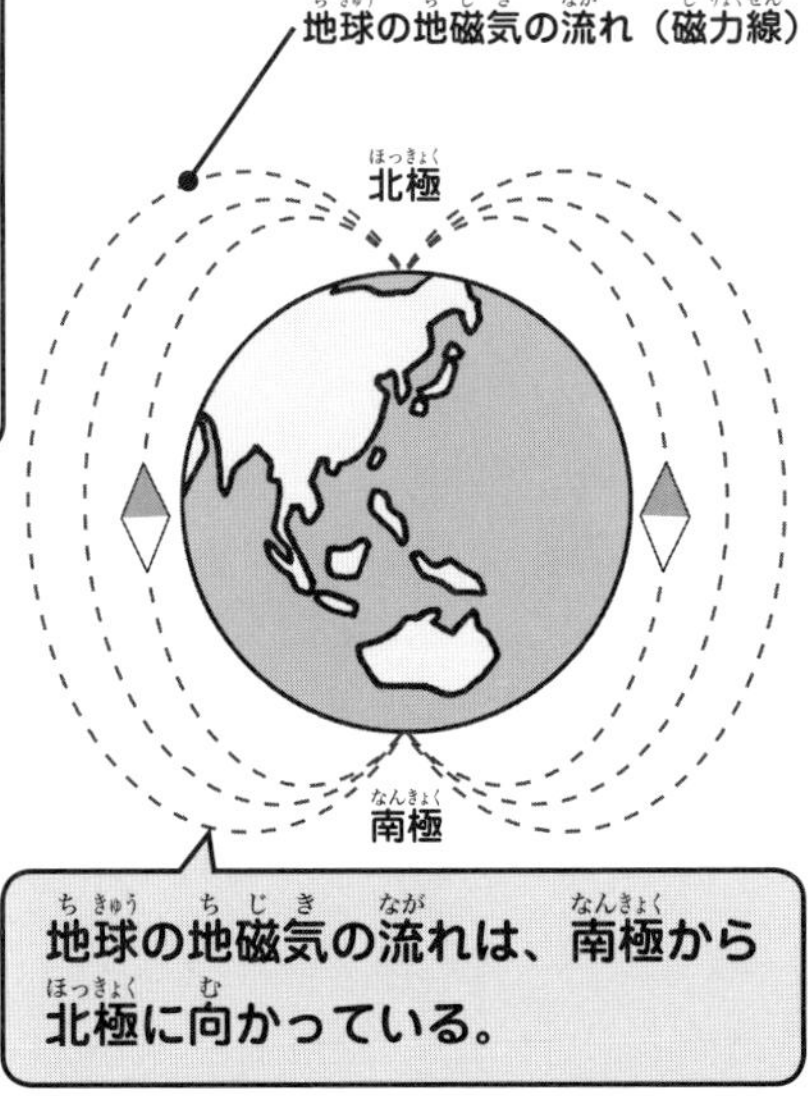
地球《ちきゅう》の地磁気《ちじき》の流《なが》れ（磁力線《じりょくせん》）
北極《ほっきょく》
南極《なんきょく》
地球《ちきゅう》の地磁気《ちじき》の流《なが》れは、南極《なんきょく》から北極《ほっきょく》に向《む》かっている。

砂鉄《さてつ》に磁石《じしゃく》を近《ちか》づけると磁石《じしゃく》の力《ちから》が働《はたら》く様子《ようす》が分《わ》かるけど、地球《ちきゅう》にも同《おな》じような力《ちから》が働《はたら》いているのか！

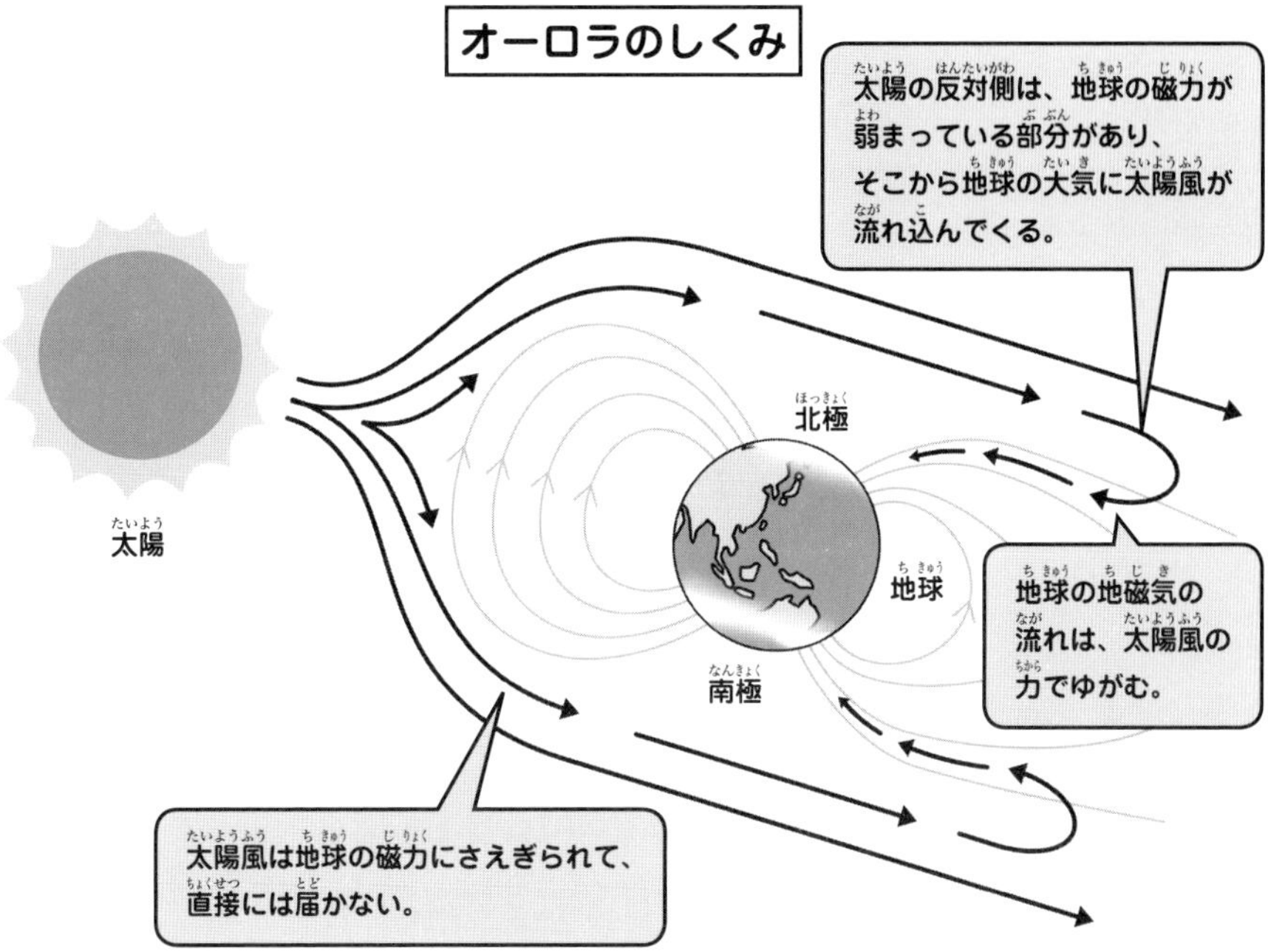
オーロラのしくみ
太陽《たいよう》の反対側《はんたいがわ》は、地球《ちきゅう》の磁力《じりょく》が弱《よわ》まっている部分《ぶぶん》があり、そこから地球《ちきゅう》の大気《たいき》に太陽風《たいようふう》が流《なが》れ込《こ》んでくる。
北極《ほっきょく》
太陽《たいよう》
地球《ちきゅう》
地球《ちきゅう》の地磁気《ちじき》の流《なが》れは、太陽風《たいようふう》の力《ちから》でゆがむ。
南極《なんきょく》
太陽風《たいようふう》は地球《ちきゅう》の磁力《じりょく》にさえぎられて、直接《ちょくせつ》には届《とど》かない。

地球《ちきゅう》のまわりには、地磁気《ちじき》という磁石《じしゃく》の力《ちから》が働《はたら》いています。その地磁気《ちじき》の流《なが》れに沿《そ》って、太陽風《たいようふう》も流《なが》れ込《こ》んできますが、それがちょうどオーロラベルト付近《ふきん》になるというわけです。

じつはオーロラは、昼《ひる》も夜《よる》も関係《かんけい》なくできていますが、昼《ひる》は明《あか》るいために見《み》えません。

また、オーロラの光《ひかり》の色《いろ》は、太陽風《たいようふう》とぶつかる原子《げんし》や分《ぶん》子《し》の種類《しゅるい》によって変《か》わります。たとえば、太陽風《たいようふう》と酸素原《さんそげん》子《し》がぶつかると緑白色《りょくはくしょく》の光《ひかり》になり、窒素分子《ちっそぶんし》とぶつかると青《あお》などの光《ひかり》になります。オーロラの神秘的《しんぴてき》な光《ひかり》のカーテン、一度《いちど》は見《み》てみたいものですね。

オーロラは土星《どせい》などでも見《み》られるんだって！

自《し》然《ぜん》のサバイバル

1 海水《かいすい》には金《きん》が溶《と》け込《こ》んでいる！

海水《かいすい》には、塩分《えんぶん》のほかにミネラルや金属《きんぞく》などいろいろな物質《ぶっしつ》が溶《と》け込《こ》んでいるんだ。金《きん》は、海水《かいすい》1kgの中《なか》にたった0.00000002mgしかなく、残念《ざんねん》ながら取《と》り出《だ》すのは難《むずか》しいらしい。けれども、海水《かいすい》には、リチウムなど、金以外《きんいがい》の貴重《きちょう》な金属《きんぞく》も溶《と》け込《こ》んでいて、取《と》り出《だ》して使《つか》えないか研究《けんきゅう》が進《すす》められているよ。

自然《しぜん》の不思議《ふしぎ》を集《あつ》めたよ。知《し》っているものはある？

2 日本《にほん》には、1年《ねん》に1度《ど》だけ姿《すがた》を現《あらわ》す幻《まぼろし》の島《しま》がある!?

沖縄県《おきなわけん》の宮古島沖《みやこじまおき》に、1年《ねん》に1度《ど》、旧暦《きゅうれき》3月《がつ》の大潮《おおしお》の日《ひ》だけ姿《すがた》を現《あらわ》すという島《しま》・八重干瀬《やびじ》がある。100以上《いじょう》のサンゴ礁《しょう》からできている日本最大《にほんさいだい》のサンゴ礁群《しょうぐん》だそうだ。もっとも、本当《ほんとう》は1年《ねん》に1度《ど》だけでなく、別《べつ》の大潮《おおしお》の日《ひ》にも、わずかに海面《かいめん》から姿《すがた》を現《あらわ》すこともあるらしいよ。

3 火山《かざん》は頂上《ちょうじょう》以外《いがい》からも噴火《ふんか》する！

火山《かざん》は山頂《さんちょう》にある火口《かこう》から噴火《ふんか》するのが当《あ》たり前《まえ》と思《おも》うけれど、時《とき》には山頂以外《さんちょういがい》からも噴火《ふんか》することがあるんだ。たとえば、富士山《ふじさん》は、2200年前《ねんまえ》の噴火《ふんか》を最後《さいご》に、山《さん》頂《ちょう》の火口《かこう》からは噴火《ふんか》をしていない。それ以降《いこう》はすべて、山《やま》の側面《そくめん》から新《あたら》しい火口《かこう》をつくって噴火《ふんか》しているんだ。富士山《ふじさん》のほかにも、こうした火山《かざん》は多《おお》いよ。

ビックリ豆知識《まめちしき》！

4 地震雲《じしんぐも》って本当《ほんとう》にあるの？

地震《じしん》の前兆《ぜんちょう》の一《ひと》つとして「地震雲《じしんぐも》」が見《み》られるという人《ひと》がいるけれど、これは本当《ほんとう》なんだろうか？

結論《けつろん》からいえば、とても怪《あや》しい話《はなし》だ。地下《ちか》で起《お》きる地震《じしん》と上空《じょうくう》で発生《はっせい》する雲《くも》は別々《べつべつ》の現象《げんしょう》で、そこに何《なに》か関連《かんれん》があるとする科学的《かがくてき》な根拠《こんきょ》は存在《そんざい》しない。地震《じしん》など災害《さいがい》に関《かん》する情報《じょうほう》は、信頼《しんらい》できるところから入手《にゅうしゅ》しよう。

5 南極《なんきょく》にも恐竜《きょうりゅう》がすんでいた？

南極《なんきょく》からたくさんの恐竜《きょうりゅう》の化石《かせき》が発見《はっけん》されているよ。じつは、今《いま》から1億《おく》8千万年前《せんまんねんまえ》、南極《なんきょく》は今《いま》よりも暖《あたた》かい場所《ばしょ》にあったんだ。恐竜以外《きょうりゅういがい》にも、そのころの植物《しょくぶつ》や動物《どうぶつ》の化石《かせき》も出《で》ているよ。その後《ご》、南極《なんきょく》はゆっくりと現在《げんざい》の場所《ばしょ》まで移動《いどう》してきたんだ。

6 砂漠《さばく》にも雪《ゆき》が降《ふ》る！

暑《あつ》くて乾燥《かんそう》した世界《せかい》の砂漠《さばく》。ところが、ときには雪《ゆき》が降《ふ》ることもあるんだ。アフリカにある、世界最大《せかいさいだい》の砂漠《さばく》であるサハラ砂漠《さばく》の端《はし》にあるアインセフラの町《まち》では、2016年《ねん》12月《がつ》19日《にち》に雪《ゆき》が降《ふ》り積《つ》もり、赤茶《あかちゃ》けた砂漠《さばく》が銀世界《ぎんせかい》に変《か》わった。しかも、これは初《はじ》めてのことではなくて、この37年前《ねんまえ》にも雪《ゆき》が積《つ》もったことがあったそうだ。

身近《みぢか》な科学《かがく》のサバイバル

遊園地《ゆうえんち》に閉《と》じ込《こ》められたジオとピピとケイ。
そこは、だれもいない不思議《ふしぎ》な遊園地《ゆうえんち》だった。

身近《みぢか》な科学《かがく》を探《さぐ》りながら、
遊園地《ゆうえんち》をさまよう3人《にん》。
無事《ぶじ》に遊園地《ゆうえんち》から脱出《だっしゅつ》できるのか？

第《だい》1話《わ》

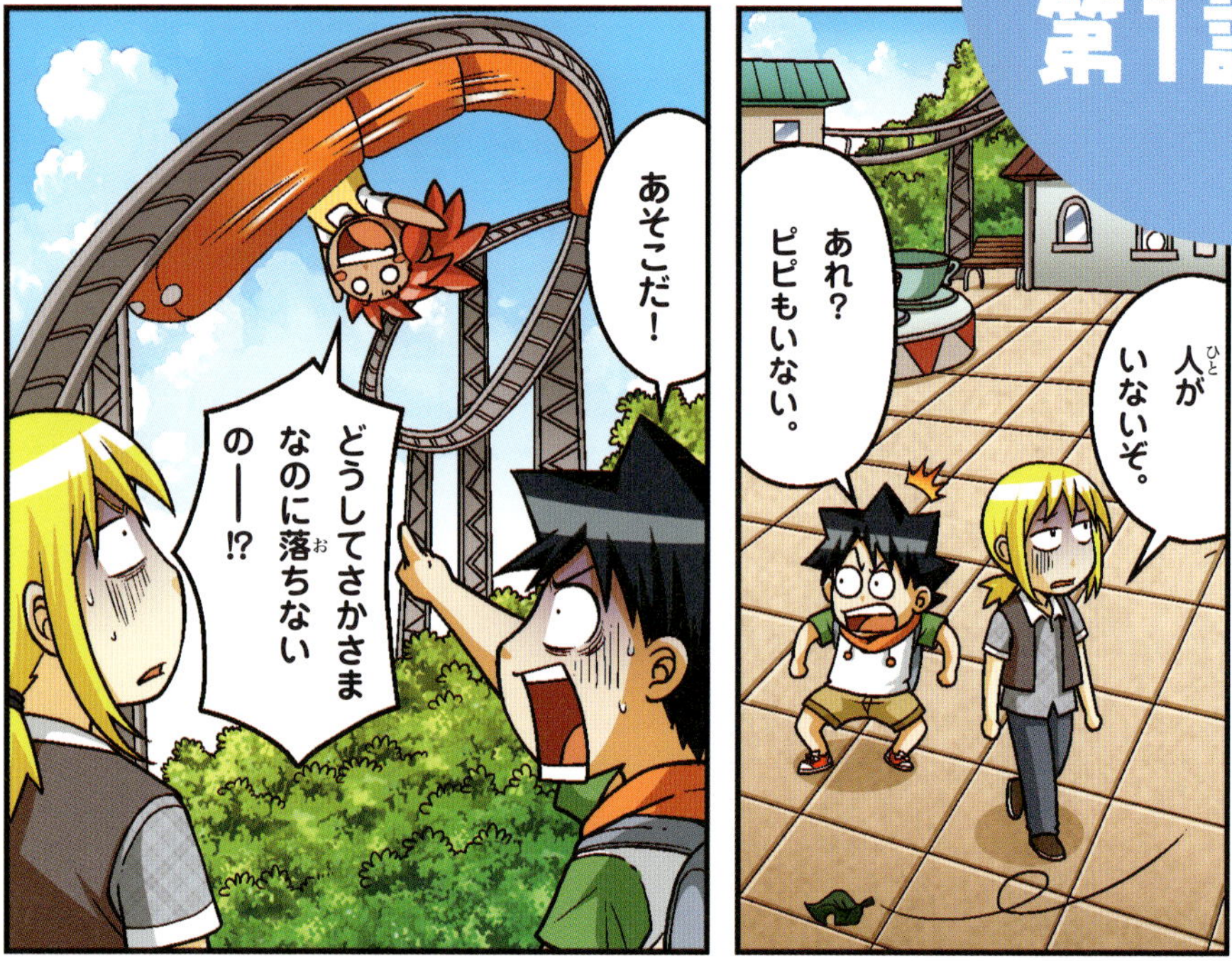

クイズ

ジェットコースターがさかさまになっても落《お》ちないのはなぜ？

ア 靴《くつ》の底《そこ》が強力《きょうりょく》な磁石《じしゃく》でくっついているから。

イ ジェットコースターが速《はや》いスピードで回転《かいてん》しているから。

ウ ベルトで固定《こてい》されているから。ベルトがなければ、ふつうに落《お》ちてしまう。

あー、おもしろかった。でも、どうして、さかさまになっても落《お》ちないのかな。

ヒントをあげよう。水《みず》の入《はい》ったバケツを手《て》で持《も》ってぐるぐる回《まわ》したことはある？

あるよ！　バケツがさかさまになっても、なぜか水《みず》はこぼれないんだよね。

じゃあ、バケツをゆっくり回《まわ》すとどうなると思《おも》う？

じつは僕《ぼく》、やったことがあるんだ。バケツが上《うえ》にきたとき、中《なか》の水《みず》がザバーッと落《お》ちてきてびしょぬれになっちゃったよ。

ということは、バケツを回《まわ》すスピードが関係《かんけい》しているのね。確《たし》かめるために、もう一回《いっかい》乗《の》ってくる！

ジェットコースターに乗《の》りたいだけだろ？

答《こた》えは次《つぎ》のページ！

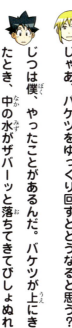

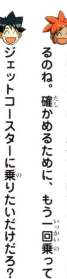

答《こた》え

イ　ジェットコースターが速《はや》いスピードで回転《かいてん》しているから。

【解説《かいせつ》】

物体《ぶったい》が円《えん》を描《えが》くように回《まわ》っているときに、描《えが》く円《えん》の中心《ちゅうしん》から外側《そとがわ》に向《む》かって力《ちから》が働《はたら》きます。この力《ちから》を「遠心力《えんしんりょく》」と呼《よ》んでいます。

水《みず》の入《はい》ったバケツをぐるぐる回転《かいてん》させたときにも、この遠心力《えんしんりょく》が働《はたら》いています。ふつう、バケツがさかさまになると、重力《じゅうりょく》の働《はたら》きで水《みず》は地面《じめん》に落《お》ちてしまいます。しかし、下向《したむ》きの重力《じゅうりょく》よりも上向《うわむ》きの遠心力《えんしんりょく》のほうが大《おお》きければ、バケツの水《みず》は落《お》ちません。

ジェットコースターでさかさまになっても落《お》ちないのも、バケツの水《みず》と同《おな》じ原理《げんり》です。

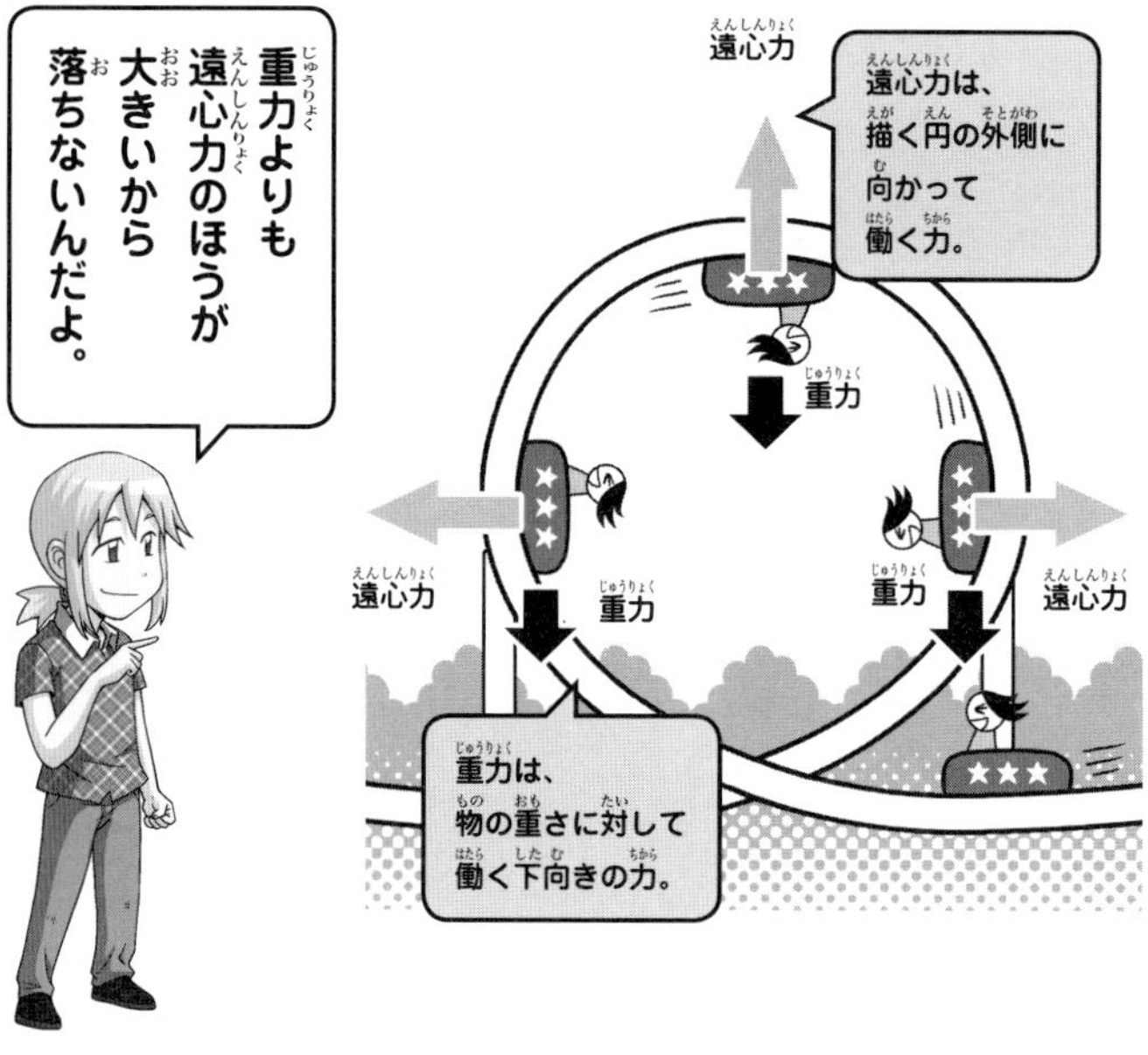

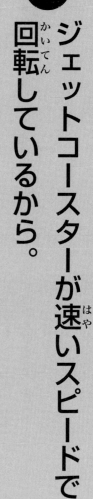

じゃあ、バケツをゆっくり回《まわ》すと水《みず》がこぼれるのはなぜだ？

バケツをゆっくり回《まわ》したときに、水《みず》がこぼれてしまうのはなぜでしょう？

じつは、遠心力《えんしんりょく》は、回《まわ》る速度《そくど》が速《はや》いほど大《おお》きくなり、回《まわ》る速度《そくど》が遅《おそ》ければ、小《ちい》さくなります。そのため、ゆっくり回《まわ》すと遠心力《えんしんりょく》が小《ちい》さくなり、重力《じゅうりょく》のほうが上回《うわまわ》ってしまうので、バケツの水《みず》は落《お》ちてしまうのです。

ジェットコースターは、重力《じゅうりょく》よりも大《おお》きい遠心力《えんしんりょく》がかかるように設計《せっけい》されているので、乗《の》った人《ひと》が落《お》ちることはありません。安心《あんしん》してくださいね。

速《はや》く回《まわ》すと……。

速《はや》く回《まわ》すほど
遠心力《えんしんりょく》は
大《おお》きくなる。
グルン
グルン

ゆっくり回《まわ》すと……。

遅《おそ》く回《まわ》すと
遠心力《えんしんりょく》は
小《ちい》さくなる。
バシャン!!

第《だい》2話《わ》

クイズ

鉄《てつ》でできた船《ふね》はどうして沈《しず》まないの?

ア　船《ふね》の底《そこ》の空洞《くうどう》に、空気《くうき》より軽《かる》いガスが入《はい》っているから。

イ　船《ふね》は、水《みず》をはじく特殊《とくしゅ》な鉄《てつ》でできているから。

ウ　鉄《てつ》が船《ふね》の形《かたち》になると、水《みず》に浮《う》く力《ちから》が増《ま》すから。

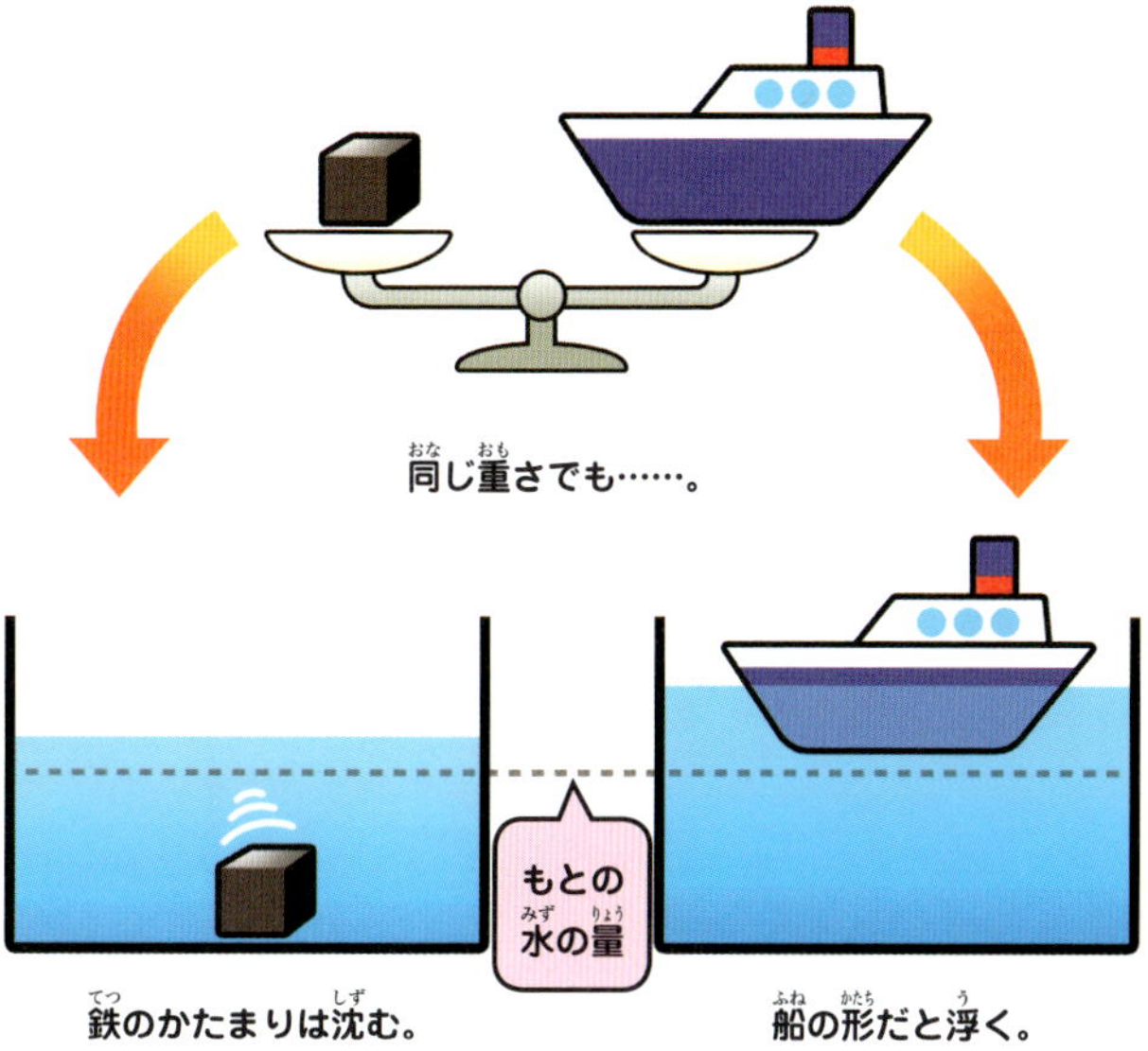
同《おな》じ重《おも》さでも……。
もとの水《みず》の量《りょう》
鉄《てつ》のかたまりは沈《しず》む。
船《ふね》の形《かたち》だと浮《う》く。

同《おな》じ重《おも》さの鉄《てつ》なのに何《なん》でだろう?

船《ふね》は鉄《てつ》でできているんだよね。

昔《むかし》の船《ふね》は、主《おも》に木《き》でできていたけれど、今《いま》はほとんどの大《おお》きな船《ふね》が鉄《てつ》でできているね。

このあいだ、ビルを横《よこ》にしたみたいな、とっても大《おお》きな船《ふね》が海《うみ》に浮《う》かんでいるのを見《み》たよ。どうしてそんなに重《おも》い船《ふね》でも水《みず》に浮《う》いちゃうんだろう。

上《うえ》の2つの絵《え》を見《み》てごらん。形《かたち》のちがう同《おな》じ重《おも》さの鉄《てつ》を、同《おな》じ量《りょう》の水《みず》に浮《う》かべてみたところだよ。

ふつうのかたまりは沈《しず》んでしまうけど、船《ふね》の形《かたち》をしたものは浮《う》かんでいるね。

重《おも》さは同《おな》じで、ちがうのは、形《かたち》だけ?

そう! それと、入《い》れたあとの水《みず》の量《りょう》にも注目《ちゅうもく》してみよう。

答《こた》えは次《つぎ》のページ!

答《こた》え

ウ　鉄《てつ》が船《ふね》の形《かたち》になると、水《みず》に浮《う》く力《ちから》が増《ま》すから。

【解説《かいせつ》】

お風呂《ふろ》に入《はい》ると、体《からだ》が軽《かる》くなったような気《き》がしませんか。これは、水《みず》の中《なか》にある物体《ぶったい》に、上向《うわむ》きの力《ちから》（浮《う》かせようとする力《ちから》）が働《はたら》くからです。この上向《うわむ》きの力《ちから》を「浮力《ふりょく》」といいます。浮力《ふりょく》と重力《じゅうりょく》がつりあったとき、物体《ぶったい》は水《みず》に浮《う》かびます。重力《じゅうりょく》が浮力《ふりょく》より大《おお》きければ、物体《ぶったい》は沈《しず》みます。

浮力《ふりょく》の大《おお》きさは、物体《ぶったい》が押《お》しのけた水《みず》の量《りょう》で決《き》まります。鉄《てつ》を薄《うす》く広《ひろ》げてたくさんの水《みず》を押《お》しのけるような形《かたち》にすれば、大《おお》きな浮力《ふりょく》が働《はたら》き、鉄《てつ》は水《みず》に浮《う》くのです。

押《お》しのけた水《みず》の分《ぶん》だけ、上向《うわむ》きの力《ちから》「浮力《ふりょく》」が生《う》まれる。

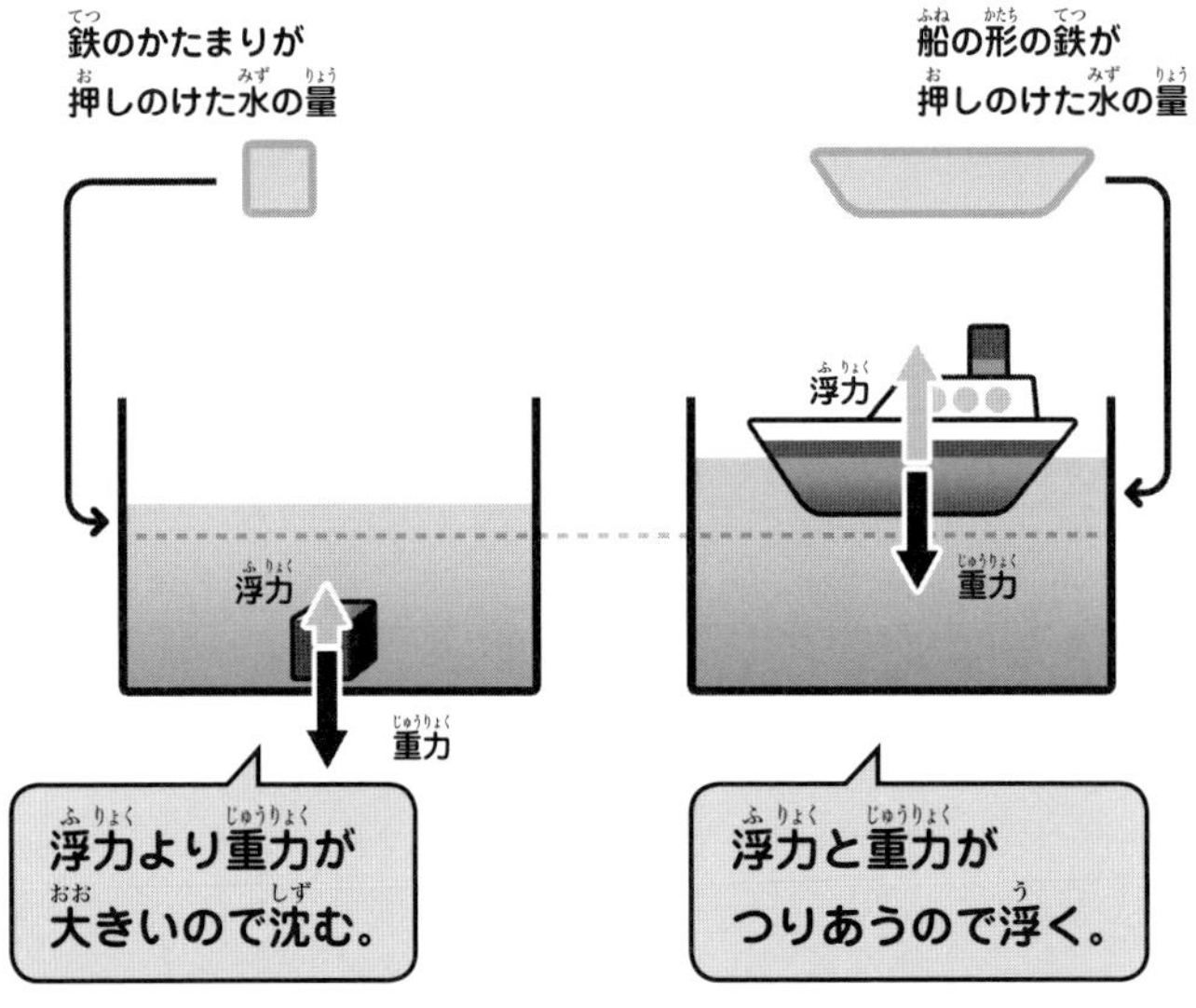
鉄《てつ》のかたまりが押《お》しのけた水《みず》の量《りょう》
船《ふね》の形《かたち》の鉄《てつ》が押《お》しのけた水《みず》の量《りょう》
浮力《ふりょく》
重力《じゅうりょく》
浮力《ふりょく》
重力《じゅうりょく》
浮力《ふりょく》より重力《じゅうりょく》が大《おお》きいので沈《しず》む。
浮力《ふりょく》と重力《じゅうりょく》がつりあうので浮《う》く。

潜水艦《せんすいかん》は、自由自在《じゆうじざい》に沈《しず》んだり、浮《う》かんだりします。いったい、どのようなしくみなのでしょうか。

じつは、潜水艦《せんすいかん》の中《なか》にあるタンクに、水《みず》を入《い》れたり抜《ぬ》いたりして、潜水艦自体《せんすいかんじたい》の重《おも》さを変《か》えているのです。潜水艦《せんすいかん》の大《おお》きさは変《か》わらないので、浮力《ふりょく》は変《か》わりませんが、タンクに水《みず》を入《い》れると船体《せんたい》が重《おも》くなり、潜水艦《せんすいかん》は沈《しず》みます。浮《ふ》上《じょう》するときは、タンクの水《みず》を抜《ぬ》いて、船体《せんたい》を軽《かる》くして浮《う》き上《あ》がるのです。

潜水艦《せんすいかん》に乗《の》ってみたいな！

潜水艦《せんすいかん》の浮《う》き沈《しず》み

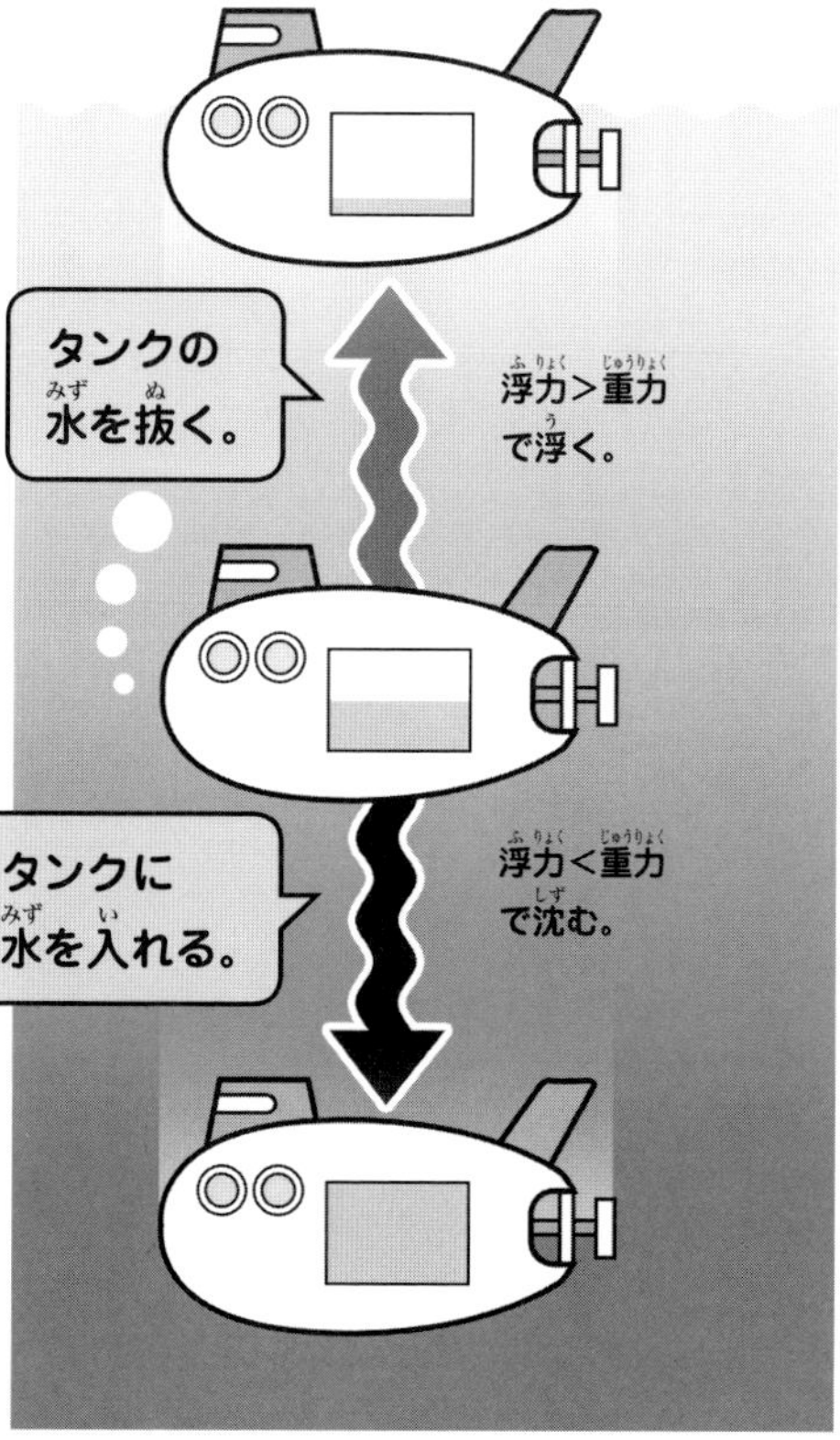
タンクの水《みず》を抜《ぬ》く。
浮力《ふりょく》＞重力《じゅうりょく》で浮《う》く。
タンクに水《みず》を入《い》れる。
浮力《ふりょく》＜重力《じゅうりょく》で沈《しず》む。

潜水艦《せんすいかん》の断面図《だんめんず》

2重《じゅう》になった部分《ぶぶん》にタンクがあるよ。

第《だい》3話《わ》

クイズ

使《つか》い捨《す》てカイロが熱《あつ》くなるのはどうして?

ア 袋《ふくろ》を破《やぶ》ると電気《でんき》のスイッチが入《はい》って、カイロの中《なか》の鉄《てつ》の粉《こな》が温《あたた》まるから。

イ カイロの中《なか》の鉄《てつ》の粉《こな》が、酸素《さんそ》にふれると熱《ねつ》を出《だ》すから。

ウ カイロが手《て》や服《ふく》でこすれるので、中《なか》の鉄《てつ》の粉《こな》が摩擦《まさつ》の熱《ねつ》で温《あたた》かくなるから。

使《つか》い捨《す》てカイロの中身《なかみ》

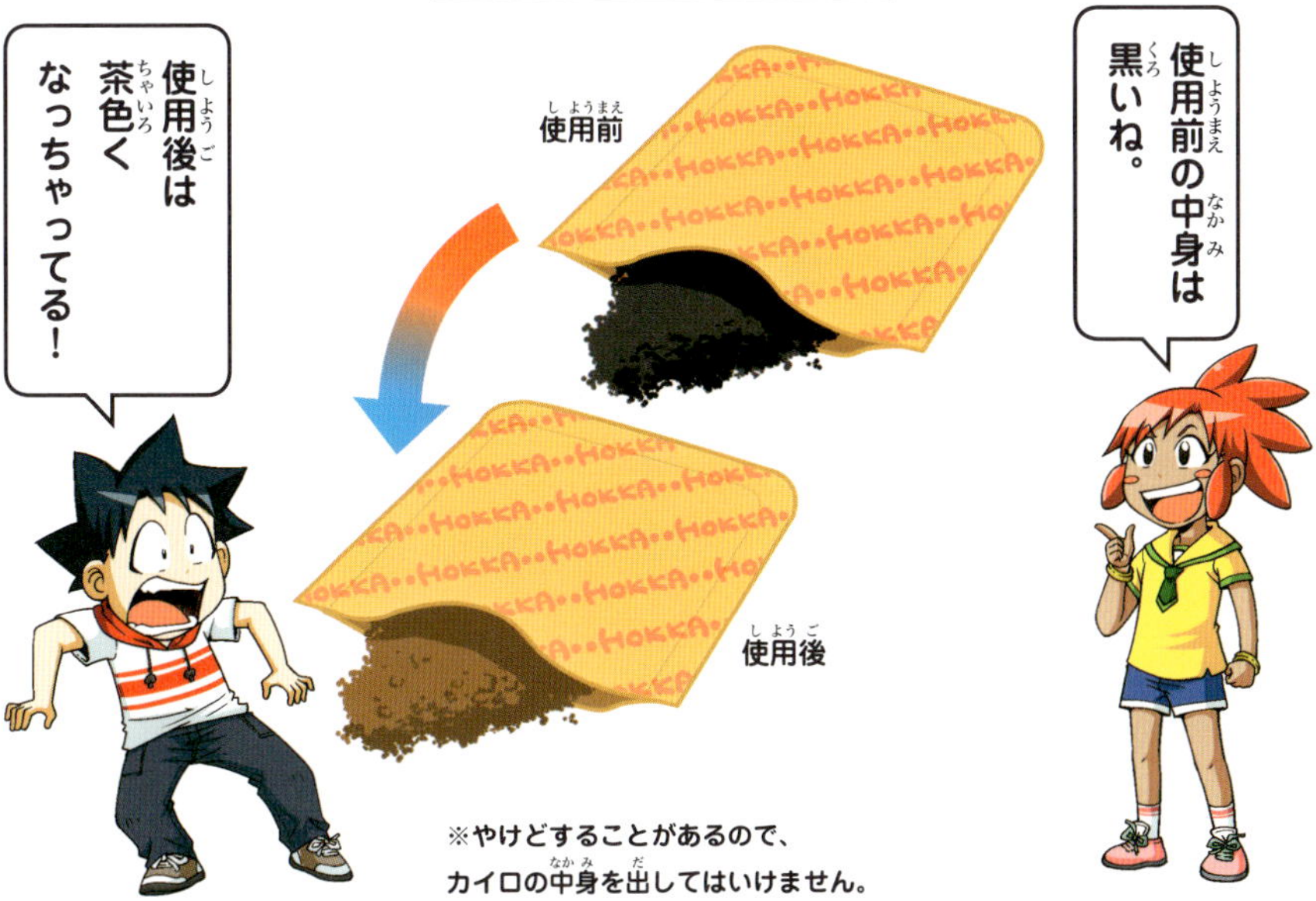
使用前《しようまえ》の中身《なかみ》は黒《くろ》いね。
使用前《しようまえ》
使用後《しようご》
使用後《しようご》は茶色《ちゃいろ》くなっちゃってる!

※やけどすることがあるので、カイロの中身《なかみ》を出《だ》してはいけません。

使《つか》い捨《す》てカイロは、約《やく》40年前《ねんまえ》に、日本《にほん》でできたって聞《き》いたことがあるよ。

もともとはアメリカ軍《ぐん》の兵士《へいし》が寒《さむ》い戦地《せんち》に行《い》くときに、水筒《すいとう》のような容器《ようき》に鉄《てつ》の粉《こな》と塩《しお》を入《い》れてカイロとして使《つか》っていたのが始《はじ》まりなんだ。

ということは、使《つか》い捨《す》てカイロの中身《なかみ》は、鉄《てつ》の粉《こな》と塩《しお》なのね。どうしてそれで温《あたた》かくなるのかな?

使用前《しようまえ》の中身《なかみ》は黒《くろ》い色《いろ》なのに、使用後《しようご》は茶色《ちゃいろ》になってるね。なんだか、鉄《てつ》がさびたみたいな色《いろ》だな。

外袋《そとぶくろ》に入《はい》っているときは熱《あつ》くないけど、袋《ふくろ》を破《やぶ》ったとたん熱《あつ》くなるのも、何《なに》か関係《かんけい》あるのかな?

答《こた》えは次《つぎ》のページ!

答《こた》え

イ　カイロの中《なか》の鉄《てつ》の粉《こな》が、酸素《さんそ》にふれると熱《ねつ》を出《だ》すから。

【解説《かいせつ》】

鉄《てつ》が酸素《さんそ》と結《むす》びつくと、さびて熱《ねつ》が出《で》ます。使《つか》い捨《す》てカイロは、この熱《ねつ》を利用《りよう》して温《あたた》かくしています。

鉄《てつ》のくぎなどもさびますが、熱《あつ》くはなりません。これは、酸素《さんそ》にふれるのがくぎの表面《ひょうめん》だけで、さびるスピードもゆっくりなうえ、熱《ねつ》が出《で》てもすぐに冷《さ》めてしまうからです。一方《いっぽう》、カイロにふくまれる鉄《てつ》は、細《こま》かくくだかれて粉《こな》になっています。すると、酸素《さんそ》にふれる面積《めんせき》も多《おお》くなり、いっせいにさびて熱《ねつ》を出《だ》すのです。

ちなみに、鉄《てつ》の粉《こな》といっしょにふくまれる塩《しお》は、さびるスピードを速《はや》める役割《やくわり》をしています。

外袋《そとぶくろ》は空気《くうき》を通《とお》さないけど中袋《なかぶくろ》は通《とお》す構造《こうぞう》になっているよ。
熱《ねつ》
さびた鉄《てつ》
酸素《さんそ》
鉄《てつ》
酸素《さんそ》
鉄《てつ》

使用中《しようちゅう》の使《つか》い捨《す》てカイロ

※鉄《てつ》の粉《こな》や塩以外《しおいがい》にも、さびるスピードを速《はや》めるために水分《すいぶん》や活性炭《かっせいたん》（炭《すみ》の一種《いっしゅ》）などがふくまれている。

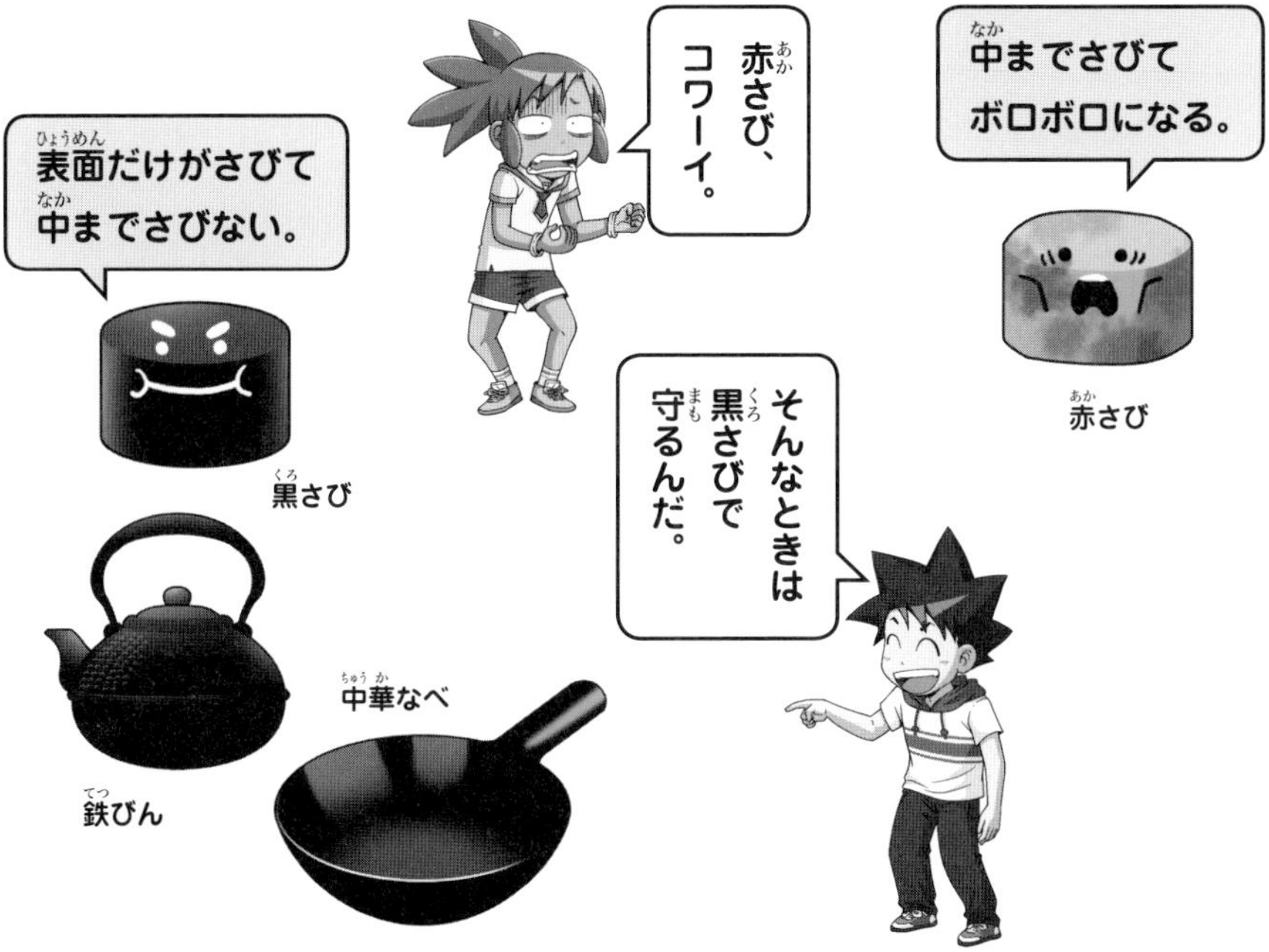

鉄《てつ》のさびには、「赤《あか》さび」と「黒《くろ》さび」の2種類《しゅるい》があります。

ふだんよく目《め》にするのは赤《あか》さびで、鉄《てつ》が空気中《くうきちゅう》の酸素《さんそ》と結《むす》びついてできるものです。使《つか》い捨《す》てカイロのさびも、この赤《あか》さびです。このさびは、時間《じかん》がたつと、どんどん内部《ないぶ》まで広《ひろ》がっていき、鉄《てつ》をボロボロにしてしまいます。

黒《くろ》さびは、鉄《てつ》を空気中《くうきちゅう》で強《つよ》く熱《ねっ》したときにできるさびです。黒《くろ》さびは赤《あか》さびとはちがい、表面《ひょうめん》を膜《まく》のようにおおって、内部《ないぶ》はそれ以上《いじょう》さびません。

鉄《てつ》びんや、鉄《てつ》の中華《ちゅうか》なべは、このさびの性質《せいしつ》のちがいを利用《りよう》して、わざと強《つよ》く熱《ねっ》して黒《くろ》さびをつけています。黒《くろ》さびで表面《ひょうめん》をおおうことで、赤《あか》さびから鉄《てつ》を守《まも》り、内部《ないぶ》までボロボロにならないようにする知恵《ちえ》なのです。

第《だい》4話《わ》

クイズ

プラスチックは何《なに》からつくるの？

ア おもに石油《せきゆ》からつくる。

イ おもに木《き》の枝《えだ》からつくる。

ウ おもに生《なま》ゴミからつくる。

プラスチックでできたものの例《れい》

フリース
ポリ袋《ぶくろ》
スーパー
ペットボトル
コンタクトレンズ
発泡《はっぽう》スチロール
マニキュア

身《み》のまわりにはプラスチックでできたものがいっぱいあるよ。

ペッペッ。やっぱりプラスチックは食《た》べられないよ。でも、色《いろ》もきれいで食《た》べ物《もの》そっくりの形《かたち》にできてるから、間違《まちが》えちゃうよ。

「プラスチック」っていうのは、英語《えいご》で、「自由《じゆう》に形《かたち》をつくれる」っていう意味《いみ》なんだよ。簡単《かんたん》に色《いろ》をつけられるのも、プラスチックの特徴《とくちょう》だよ。

へえ。便利《べんり》な素材《そざい》なんだね。そういえば、身《み》のまわりのものは、プラスチックだらけだね。

便利《べんり》だからって、なんでもプラスチックにするのも、考《かんが》えものだよ。プラスチックは貴重《きちょう》な資源《しげん》を使《つか》ってつくるからね。

それって大《だい》ヒントだね。

答《こた》えは次《つぎ》のページ!

答《こた》え

ア おもに石油《せきゆ》からつくる。

【解説《かいせつ》】

食品用《しょくひんよう》のポリ袋《ぶくろ》などに使《つか》われる代表的《だいひょうてき》なプラスチック「ポリエチレン」を例《れい》にとって、つくり方《かた》を説明《せつめい》しましょう。

まずは、石油《せきゆ》を分解《ぶんかい》して、エチレンという化学物質《かがくぶっしつ》をつくります。できあがったエチレンに、熱《ねつ》や圧力《あつりょく》を加《くわ》えると、エチレンどうしがくっつきはじめ、エチレンがたくさんくっついた物質《ぶっしつ》になります。これがポリエチレンです。

ちなみに、「ポリ」というのは、「たくさん」という意味《いみ》です。プラスチックには、ポリプロピレンや、ポリウレタンなど、ポリという語《ご》のついた名前《なまえ》のものが多《おお》いんですよ。

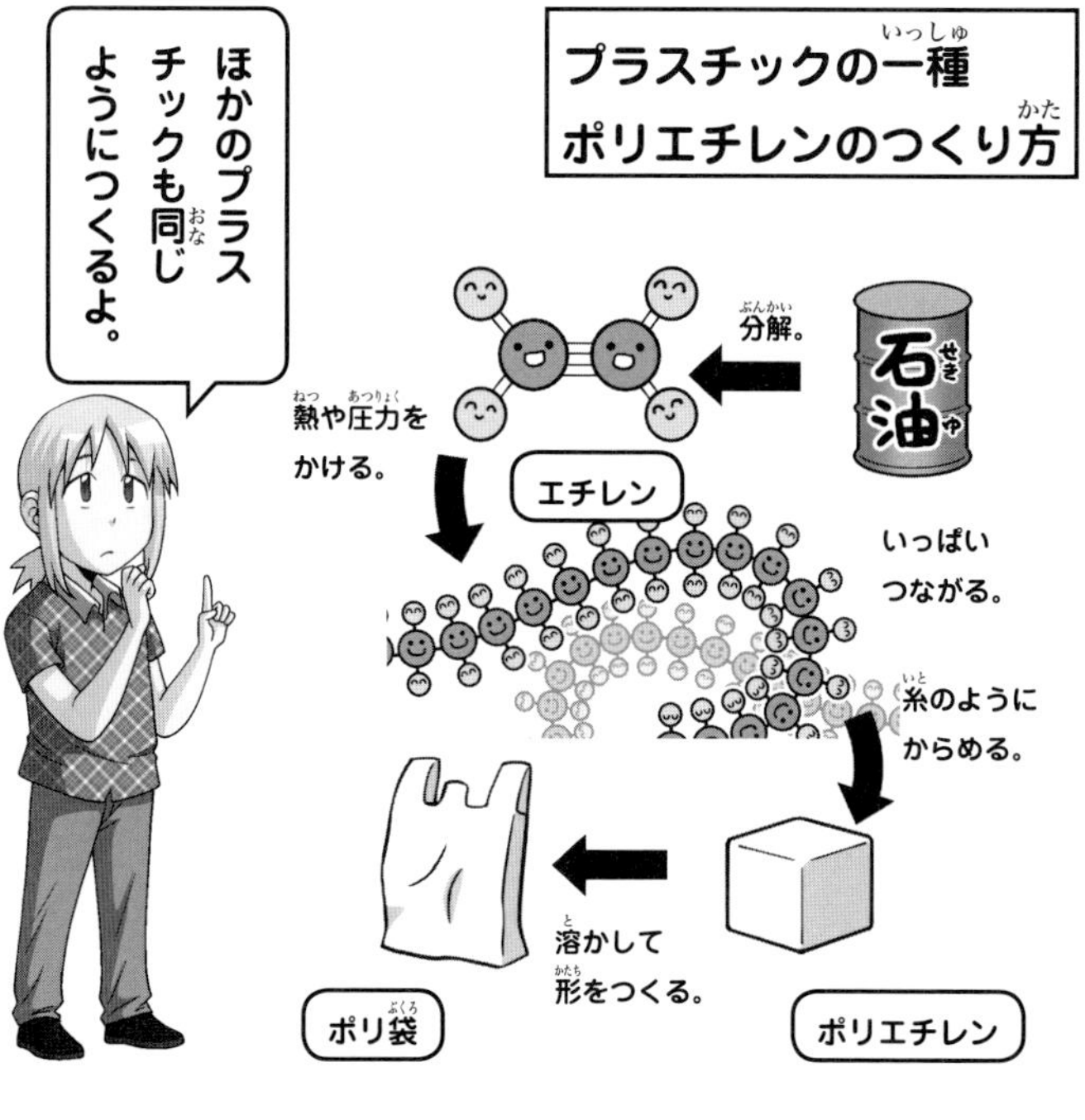
プラスチックの一種《いっしゅ》
ポリエチレンのつくり方《かた》
石《せき》油《ゆ》
分解《ぶんかい》。
エチレン
熱《ねつ》や圧力《あつりょく》をかける。
いっぱいつながる。
糸《いと》のようにからめる。
ポリエチレン
溶《と》かして形《かたち》をつくる。
ポリ袋《ぶくろ》
ほかのプラスチックも同《おな》じようにつくるよ。

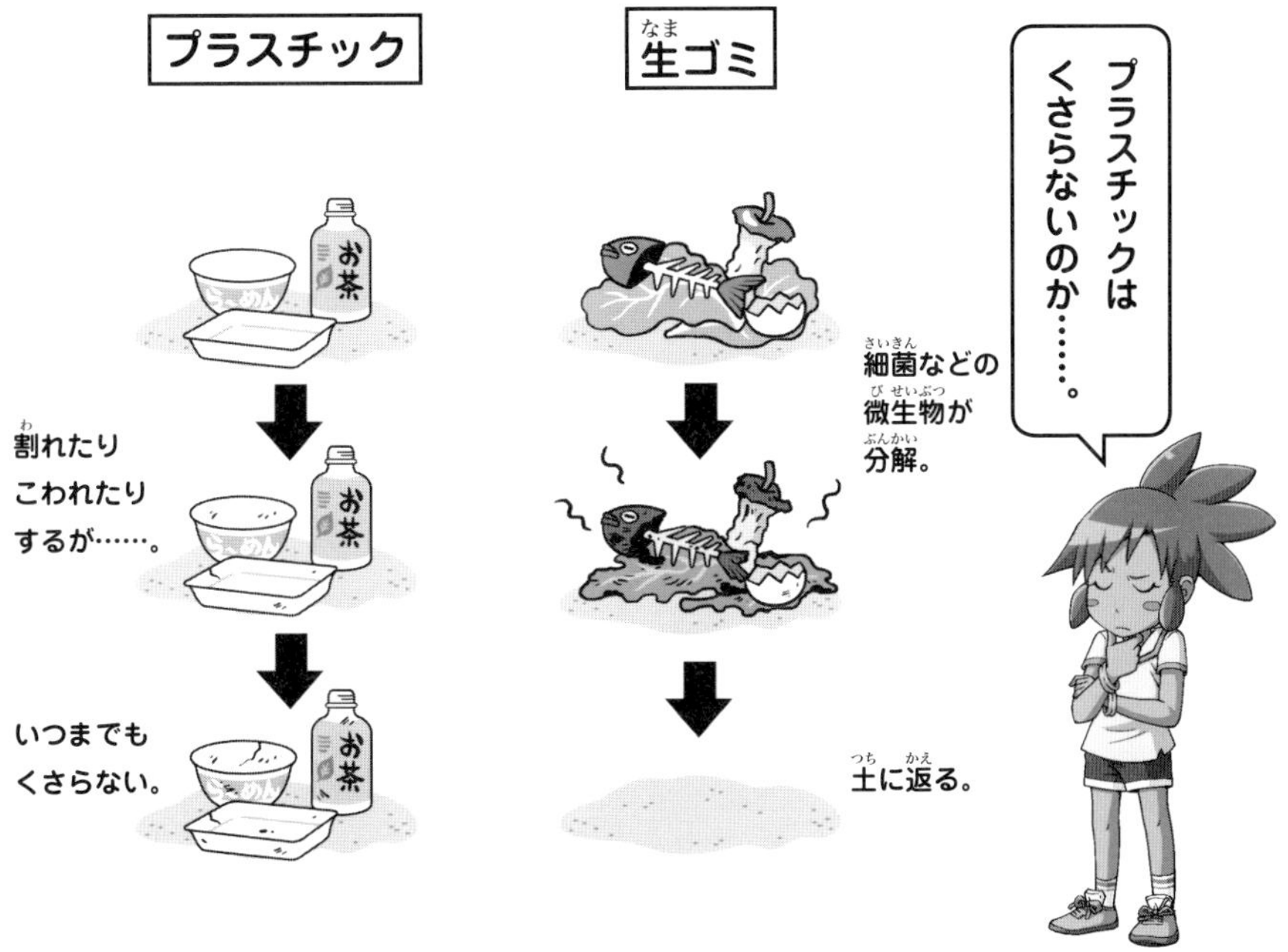

プラスチックは、軽《かる》くてじょうぶ、自由《じゆう》に形《かたち》がつくれる、安《やす》いなど、とても便利《べんり》な素材《そざい》です。そのため、身《み》のまわりでたくさん使《つか》われるようになりました。

しかし、プラスチックには欠点《けってん》もあります。たとえば、生《なま》ゴミなどは土《つち》に埋《う》めれば微生物《びせいぶつ》が分解《ぶんかい》して土《つち》に返《かえ》りますが、プラスチックは分解《ぶんかい》されないので、いつまでもゴミとして残《のこ》ります。また、燃《も》やすときに有害物質《ゆうがいぶっしつ》を出《だ》すものもあります。貴重《きちょう》な資源《しげん》の石油《せきゆ》を原料《げんりょう》として使《つか》うことも、問《もん》題《だい》のひとつです。

現在《げんざい》、石油以外《せきゆいがい》を原料《げんりょう》とし、微生物《びせいぶつ》が分解《ぶんかい》して土《つち》に返《かえ》るプラスチックが研究《けんきゅう》されています。トウモロコシなどの植《しょく》物《ぶつ》からつくるプラスチックが、すでに使《つか》われはじめています。

第《だい》5話《わ》

クイズ

缶詰《かんづめ》が長持《ながも》ちするのはどうして？

ア 細菌《さいきん》が缶詰《かんづめ》の中《なか》に入《はい》らないようにしているから。

イ くさってもおいしく食《た》べられる工夫《くふう》がされているから。

ウ 中身《なかみ》の食《た》べ物《もの》に、防腐剤《ぼうふざい》を混《ま》ぜているから。

つくり方《かた》に
物《もの》がくさらない
秘密《ひみつ》があるんだな。

昔《むかし》のびん詰《づ》め技術《ぎじゅつ》
ガラスのびんに火《ひ》を通《とお》した食《た》べ物《もの》を入《い》れる。
ゆるくふたをして熱《ねつ》を加《くわ》える。
ふたをきっちり閉《し》めてロウでおおう。

2年前《ねんまえ》に買《か》った缶詰《かんづめ》、中身《なかみ》がぜんぜんくさってなかったよ。冷蔵庫《れいぞうこ》にも入《い》れてないのに、不思議《ふしぎ》だね。

缶詰《かんづめ》は、今《いま》から約《やく》200年前《ねんまえ》にフランスで発明《はつめい》された、びん詰《づ》め技術《ぎじゅつ》が基本《きほん》になっているんだ。

もともとは、缶《かん》じゃなくて、びんだったんだね。

軍隊《ぐんたい》の食料《しょくりょう》にぴったりだということで、当時《とうじ》のフランス皇帝《こうてい》・ナポレオンから、賞金《しょうきん》が与《あた》えられたんだって。

へえ、最初《さいしょ》は戦争《せんそう》のために発明《はつめい》されたんだね。でも、持《も》ち運《はこ》ぶには、びんだと割《わ》れやすいんじゃない？

あっ、それでびんから缶《かん》になったのか。

答《こた》えは次《つぎ》のページ！

答《こた》え

ア 細菌《さいきん》が缶詰《かんづめ》の中《なか》に入《はい》らないようにしているから。

【解説《かいせつ》】

食《た》べ物《もの》がくさるのは、細菌《さいきん》が食《た》べ物《もの》を分解《ぶんかい》して、別《べつ》のものに変《か》えてしまうからです。

缶詰《かんづめ》は、缶《かん》を密封《みっぷう》して、外《そと》から細菌《さいきん》が入《はい》ってくるのを防《ふせ》いでいます。また、密封《みっぷう》した缶《かん》ごと加熱《かねつ》することで、中《なか》にいた細菌《さいきん》も殺《ころ》してしまいます。中《なか》にも細菌《さいきん》がおらず、外《そと》からも入《はい》ってこないので、缶詰《かんづめ》の中身《なかみ》は長持《ながも》ちするのです。

ちなみに、イギリスで114年間《ねんかん》保存《ほぞん》されていた缶詰《かんづめ》を調《しら》べたところ、香《かお》りや味《あじ》はそれほど悪《わる》くなく、ふつうに食《た》べることができたそうです。

薬品《やくひん》や保存料《ほぞんりょう》を使《つか》わないから安全《あんぜん》だよ！

ディンプル
加熱《かねつ》するときに缶《かん》が変形《へんけい》するのを防《ふせ》ぐ。タブが動《うご》くのを防《ふせ》ぐ役割《やくわり》もある。
ふち
空気《くうき》や水《みず》、細菌《さいきん》が缶《かん》の中《なか》に入《はい》らないよう、缶《かん》の本体《ほんたい》とふたを巻《ま》き込《こ》んでしっかり留《と》めている。
エクスパンションリング
缶《かん》の底《そこ》にある３つの輪《わ》。温度《おんど》の変化《へんか》で、缶《かん》がふくらんだり、縮《ちぢ》んだりしても、変形《へんけい》しにくいようにしている。

缶詰《かんづめ》には、持《も》ち運《はこ》ぶときに重《おも》いことや、食《た》べたあとの空《あ》き缶《かん》がかさばるという欠点《けってん》がありました。それらの問題《もんだい》を解決《かいけつ》するために生《う》まれたのが、レトルト食品《しょくひん》です。これも、缶詰《かんづめ》と同《おな》じように、密封《みっぷう》して加熱殺菌《かねつさっきん》するという方法《ほうほう》で中身《なかみ》をくさらないようにしています。レトルト食品《しょくひん》は、1969年《ねん》、アポロ11号《ごう》で初《はじ》めて月《つき》に行《い》ったときの宇宙食《うちゅうしょく》として、いちやく有名《ゆうめい》になりました。

缶詰《かんづめ》やレトルトのほかにも、昔《むかし》ながらの食《た》べ物《もの》を長持《ながも》ちさせる技術《ぎじゅつ》があります。どの方法《ほうほう》も、細菌《さいきん》を増《ふ》やさないような工夫《くふう》がされていますね。

食《た》べ物《もの》を長持《ながも》ちさせる技術《ぎじゅつ》いろいろ

冷凍《れいとう》

低《ひく》い温度《おんど》では、細菌《さいきん》が増《ふ》えにくい。

乾燥《かんそう》

水分《すいぶん》があると細菌《さいきん》が増《ふ》えるので、水分《すいぶん》を減《へ》らし、細菌《さいきん》を増《ふ》えにくくする。

酢《す》づけ

酢《す》にふくまれる酸《さん》が、細菌《さいきん》を増《ふ》えにくくする。

塩《しお》づけ、砂糖《さとう》づけ

塩《しお》や砂糖《さとう》には食《た》べ物《もの》の水分《すいぶん》を減《へ》らす働《はたら》きがある。水分《すいぶん》を減《へ》らし、細菌《さいきん》を増《ふ》えにくくする。

第《だい》6話《わ》

クイズ

ラップがピタッとはりつくのはどうして?

ア お皿《さら》のふちなどにくっつくように、接着剤《せっちゃくざい》がついているから。

イ ラップの表面《ひょうめん》が、つるつるしていて平《たい》らなので、すき間《ま》なくくっつけるから。

ウ ラップとお皿《さら》のそれぞれの表面《ひょうめん》のでこぼこが、うまくかみあうから。

ラップを髪《かみ》の毛《け》とくらべてみたよ。
髪《かみ》の毛《け》
ラップ
厚《あつ》さは髪《かみ》の毛《け》の約《やく》8分《ぶん》の1
ラップってすごく薄《うす》いんだね。

ラップって、すごく便利《べんり》だけど、わたしがラップをお皿《さら》にかけようとすると、たいてい、ラップどうしがくっついて、団子《だんご》みたいになっちゃう。

ピピは不器用《ぶきよう》だな～。まあ、ラップはくっつきやすくできているから、そうなりやすいんだけどね。

そういえば、薄《うす》い紙《かみ》やふつうのポリ袋《ぶくろ》をお皿《さら》にかけてもはりつかないのに、どうしてラップだとお皿《さら》にピタッとはりつくのかな？

器《うつわ》によっても、はりつきやすいものとそうでないものがあるよ。ガラスの器《うつわ》にはピタッとはりつくけど、木《き》でできた器《うつわ》には、あまりうまくくっつかない。

それって、ラップがピタッとはりつく秘密《ひみつ》に関係《かんけい》しているの？

答《こた》えは次《つぎ》のページ！

答《こた》え

イ　ラップの表面《ひょうめん》が、つるつるしていて平《たい》らなので、すき間《ま》なくくっつけるから。

【解説《かいせつ》】

物質《ぶっしつ》は、分子《ぶんし》という小《ちい》さな粒《つぶ》でできています。分《ぶん》子《し》と分《ぶん》子《し》が近《ちか》づくと、お互《たが》いにくっつこうとする力《ちから》が働《はたら》きます。ラップが器《うつわ》にはりつくのは、主《おも》にこの力《ちから》のおかげです。

ラップの表面《ひょうめん》は、顕微鏡《けんびきょう》などで拡大《かくだい》しても、つるつるしていて平《たい》らです。ガラスのように、表面《ひょうめん》がなめらかな素材《そざい》にラップをのせると、分子《ぶんし》どうしがとなりあう部分《ぶぶん》が多《おお》くなります。すると、分子《ぶんし》どうしがくっつこうとする力《ちから》も大《おお》きく働《はたら》くので、ピタッとはりつきます。

木《き》の表面《ひょうめん》には、小《ちい》さなでこぼこがあります。ラップが平《たい》らでも、木《き》がでこぼこしているので、分子《ぶんし》どうしがとなり

分子《ぶんし》がとなりあっているので、ひきつけあう力《ちから》が強《つよ》い。
ピタッ
ラップの表面《ひょうめん》
ガラスの表面《ひょうめん》
ラップの表面《ひょうめん》
木《き》の表面《ひょうめん》
となりあう分子《ぶんし》が少《すく》ないので、ひきつけあう力《ちから》が弱《よわ》い。
分子《ぶんし》どうしがくっつこうとする力《ちから》を「ファンデルワールス力《りょく》」というよ。

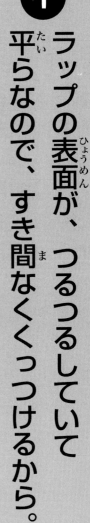

あう部分《ぶぶん》が少《すく》なくなり、あまりはりつかないのです。

じゃあラップしておくと味《あじ》が落《お》ちないのはなぜ？

時間《じかん》がたつと食《た》べ物《もの》の味《あじ》が落《お》ちるのは、細菌《さいきん》のせいでくさってしまうことのほかに、水分《すいぶん》が抜《ぬ》けてかわいてしまったり、食《た》べ物《もの》にふくまれる油《あぶら》が空気中《くうきちゅう》の酸素《さんそ》と結《むす》びついて酸化《さんか》したりすることが原因《げんいん》です。

一般的《いっぱんてき》なラップは空気《くうき》や水《みず》を通《とお》さないので、食《た》べ物《もの》をラップに包《つつ》んでおくと、水分《すいぶん》が出《で》ていかず、空気《くうき》にふれて酸化《さんか》することも防《ふせ》ぐことができます。

ほかの物《もの》のにおいがうつるのも防《ふせ》げるんだって。

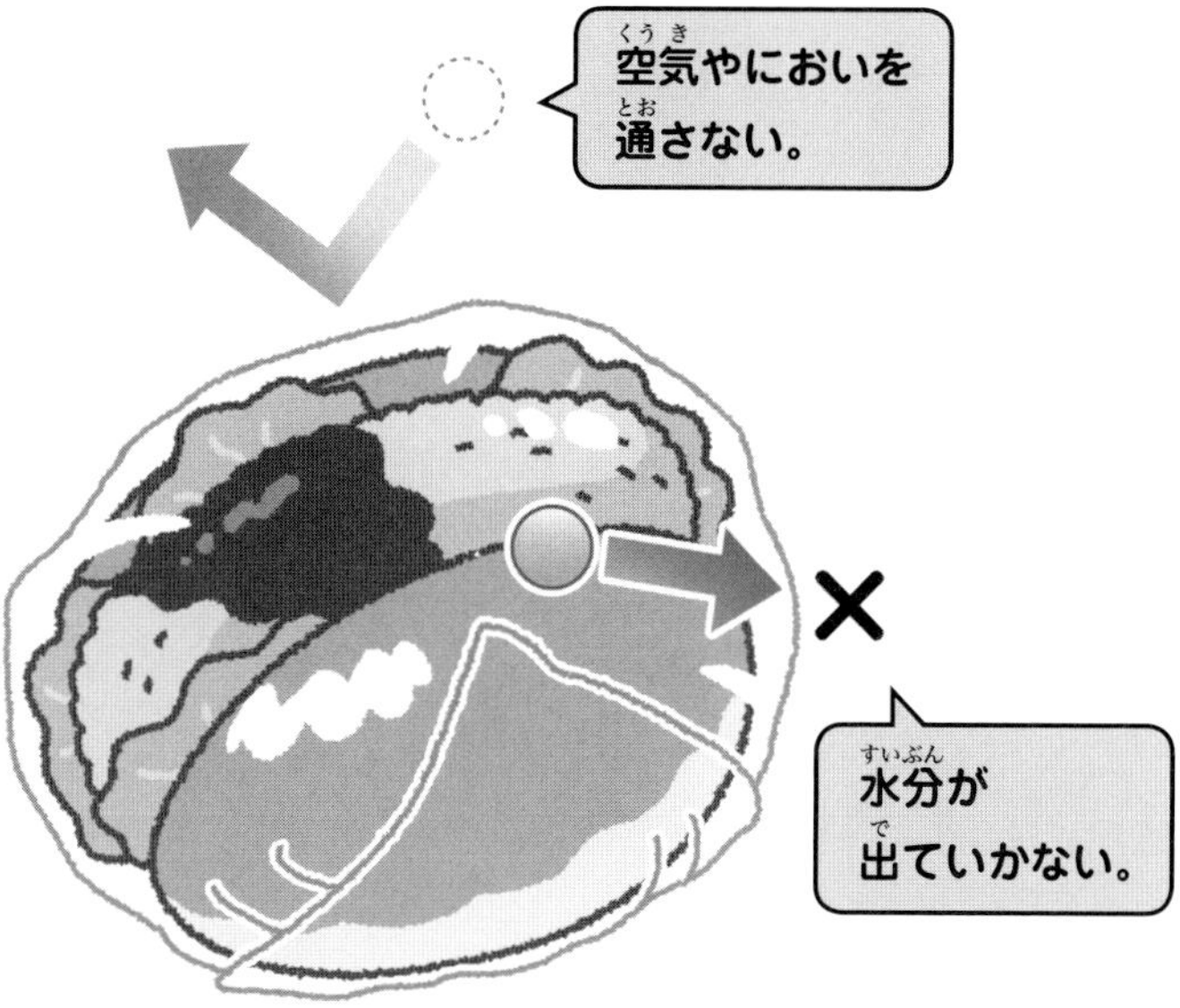
空気《くうき》やにおいを通《とお》さない。
水分《すいぶん》が出《で》ていかない。

※空気《くうき》を通《とお》さないのは、ポリ塩化《えんか》ビニリデンでできたラップです。ポリエチレン製《せい》のラップは空気《くうき》を通《とお》すので、呼吸《こきゅう》をしている野菜《やさい》やくだものの保存《ほぞん》に向《む》いています。

第《だい》7話《わ》

クイズ

電子《でんし》レンジでチンすると食《た》べ物《もの》が熱《あつ》くなるのはどうして？

ア 空気《くうき》を中《なか》に送《おく》り込《こ》み食《た》べ物《もの》を酸素《さんそ》にふれさせることで、熱《あつ》くしているから。

イ 電子《でんし》レンジの壁《かべ》から熱《ねつ》が出《で》て、食《た》べ物《もの》を温《あたた》めるから。

ウ 電波《でんぱ》で食《た》べ物《もの》の中《なか》の水分《すいぶん》を振動《しんどう》させることで、熱《ねつ》が出《で》るから。

電子《でんし》レンジで押《お》し花《ばな》づくり

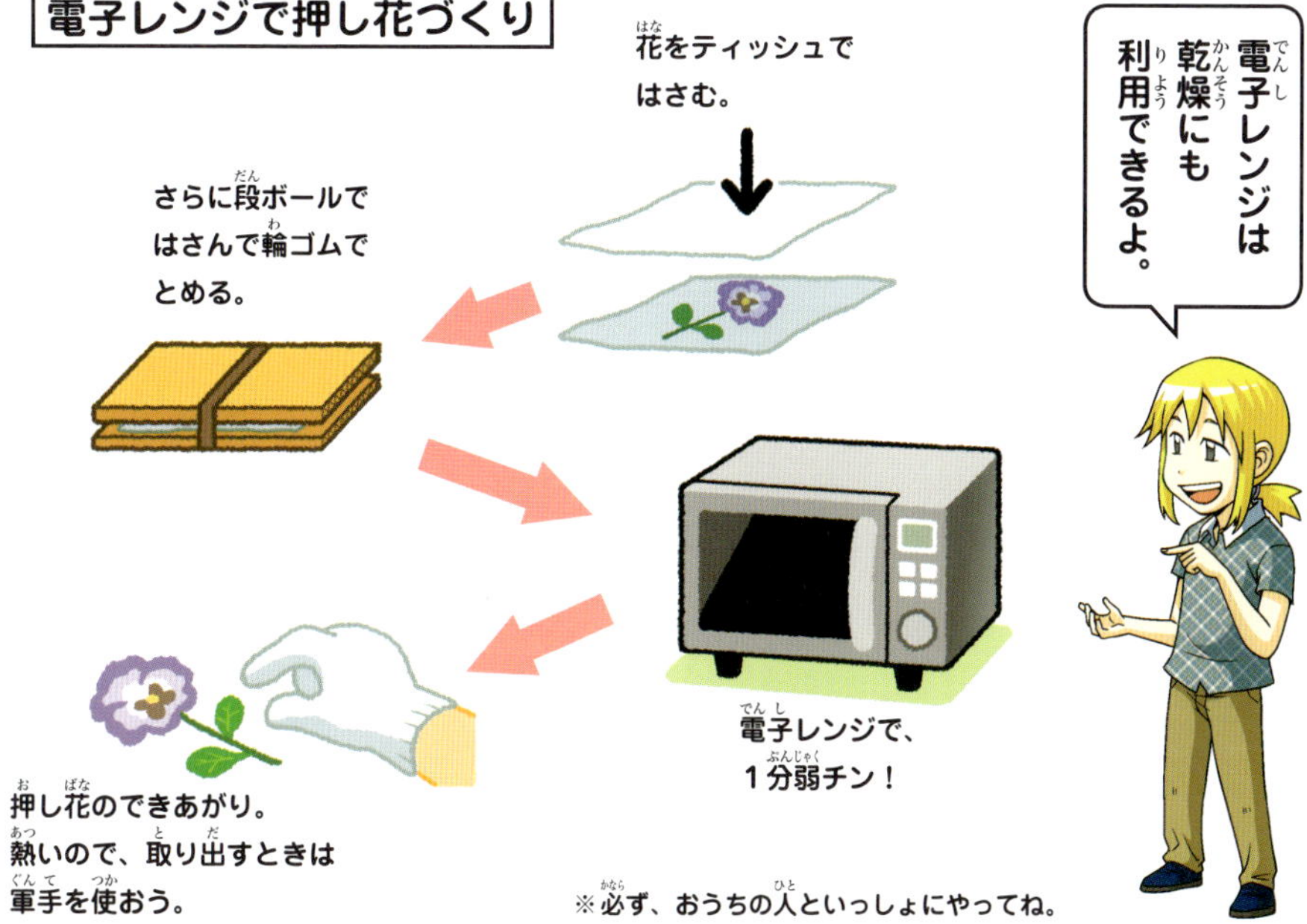
花《はな》をティッシュではさむ。
さらに段《だん》ボールではさんで輪《わ》ゴムでとめる。
電子《でんし》レンジで、1分弱《ぷんじゃく》チン！
押《お》し花《ばな》のできあがり。熱《あつ》いので、取《と》り出《だ》すときは軍手《ぐんて》を使《つか》おう。
※必《かなら》ず、おうちの人《ひと》といっしょにやってね。
電子《でんし》レンジは乾燥《かんそう》にも利用《りよう》できるよ。

電子《でんし》レンジには、いつもお世話《せわ》になってるよ。博士《はかせ》の研究《けんきゅう》の手伝《てつだ》いをするときは、自分《じぶん》の家《いえ》に帰《かえ》れないことも多《おお》いからね。

冷凍食品《れいとうしょくひん》ばかり食《た》べているんだね……。

ちなみに、電子《でんし》レンジの原理《げんり》は、今《いま》から70年《ねん》くらい前《まえ》、アメリカでレーダーの実験中《じっけんちゅう》に、そばにあったチョコレートが溶《と》けてしまったことから、偶然発見《ぐうぜんはっけん》されたといわれているよ。

レーダーって、電波《でんぱ》で物《もの》の位置《いち》を知《し》るしくみだよね。

それと、電子《でんし》レンジは乾燥《かんそう》にも使《つか》えるよ。パンや肉《にく》まんを温《あたた》めすぎると、カチカチになってしまうけど、あれは、水分《すいぶん》が抜《ぬ》けて乾燥《かんそう》してしまったからだよ。

水分《すいぶん》も関係《かんけい》しているのね！

答《こた》えは次《つぎ》のページ！

答《こた》え

ウ

電波《でんぱ》で食《た》べ物《もの》の中《なか》の水分《すいぶん》を振動《しんどう》させることで、熱《ねつ》が出《で》るから。

【解説《かいせつ》】

電子《でんし》レンジはマイクロ波《は》という電波《でんぱ》を使《つか》って、食《た》べ物《もの》を温《あたた》めています。水《みず》は分子《ぶんし》という粒《つぶ》でできていますが、マイクロ波《は》が当《あ》たると、水分子《みずぶんし》が激《はげ》しく振動《しんどう》します。このとき、水《みず》の分子《ぶんし》どうしがこすれあい、熱《ねつ》が出《で》るのです。

電子《でんし》レンジで食《た》べ物《もの》を温《あたた》めたとき、食《た》べ物《もの》は温《あたた》まっているのに食器《しょっき》は冷《つめ》たいままなのは、食器《しょっき》に水分《すいぶん》がふくまれていないからです。（食器《しょっき》が熱《あつ》くなるときもありますが、それは熱《あつ》くなった食《た》べ物《もの》の熱《ねつ》が食器《しょっき》に伝《つた》わったためです）

電子《でんし》レンジに入《い》れる前《まえ》は、水《みず》の分子《ぶんし》の向《む》きはバラバラ。

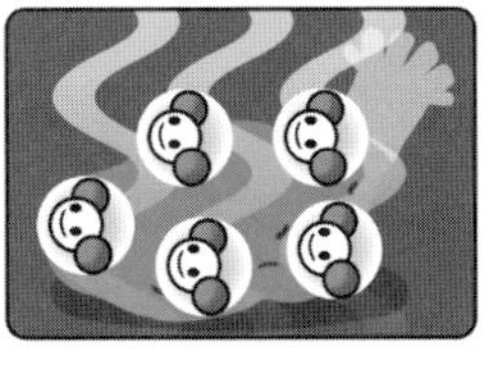

電波《でんぱ》がくると、電波《でんぱ》につられて向《む》きがそろおうとする。

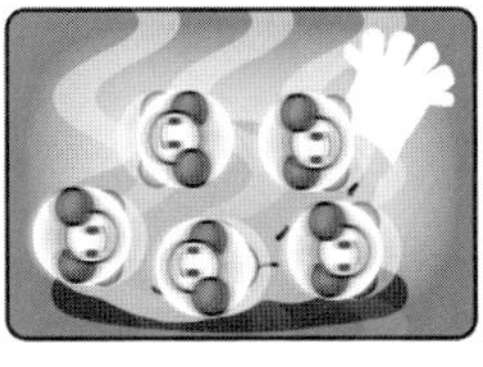

電波《でんぱ》の向《む》きが変《か》わるたび、分子《ぶんし》の向《む》きも変《か》わり、激《はげ》しく動《うご》くことでこすれあい、熱《ねつ》が生《う》まれる。

1秒間《びょうかん》に水《みず》の分子《ぶんし》を24億《おく》5000万回《まんかい》も振動《しんどう》させるんだって。

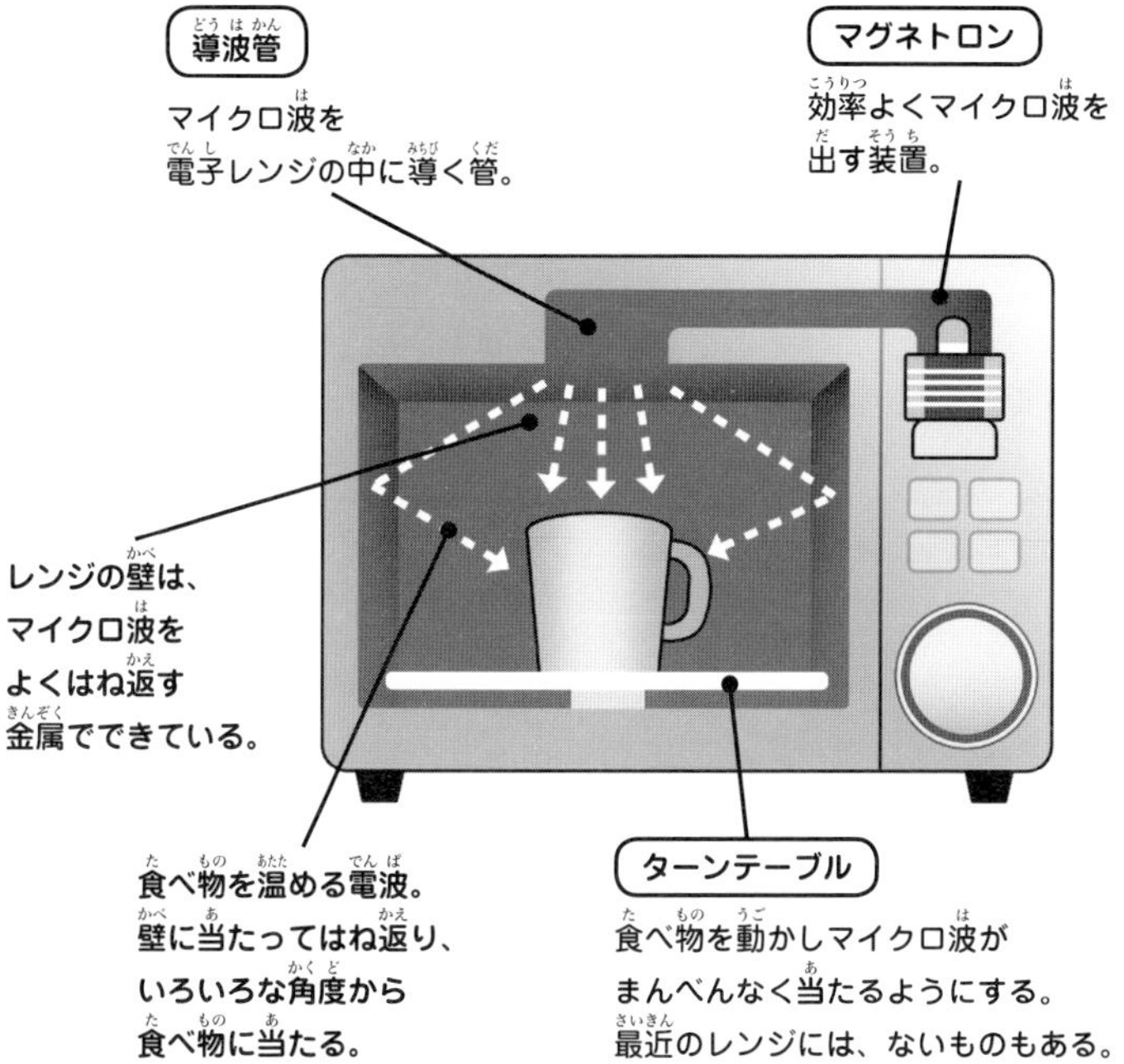

とても便利《べんり》な電子《でんし》レンジですが、温《あたた》めてはいけないものもあります。

卵《たまご》やウィンナー、殻《から》のついた木《き》の実《み》など、じょうぶな膜《まく》や殻《から》でおおわれたものは、電子《でんし》レンジで温《あたた》めると、膜《まく》や殻《から》が破《やぶ》れて中身《なかみ》が爆発《ばくはつ》することがあります。

また、金属《きんぞく》のついた食器《しょっき》も危険《きけん》です。金属《きんぞく》にマイクロ波《は》が当《あ》たると火花《ひばな》が散《ち》ったり、高温《こうおん》になって触《さわ》ったときにやけどしたりすることがあります。

もちろん、生《い》き物《もの》を電子《でんし》レンジで温《あたた》めると死《し》んでしまうので、絶対《ぜったい》に入《い》れてはいけません。

第《だい》8話《わ》

クイズ

携帯電話《けいたいでんわ》はどうして通《つう》じるの？

ア 目《め》に見《み》えない透明《とうめい》な線《せん》で、携帯電話《けいたいでんわ》どうしがつながっているから。

イ 電波《でんぱ》で、声《こえ》の情報《じょうほう》をやりとりしているから。

ウ じつは、電話《でんわ》を通《とお》してテレパシーで相手《あいて》に送《おく》っている。

家《いえ》の電話《でんわ》（固定電話《こていでんわ》）のしくみ

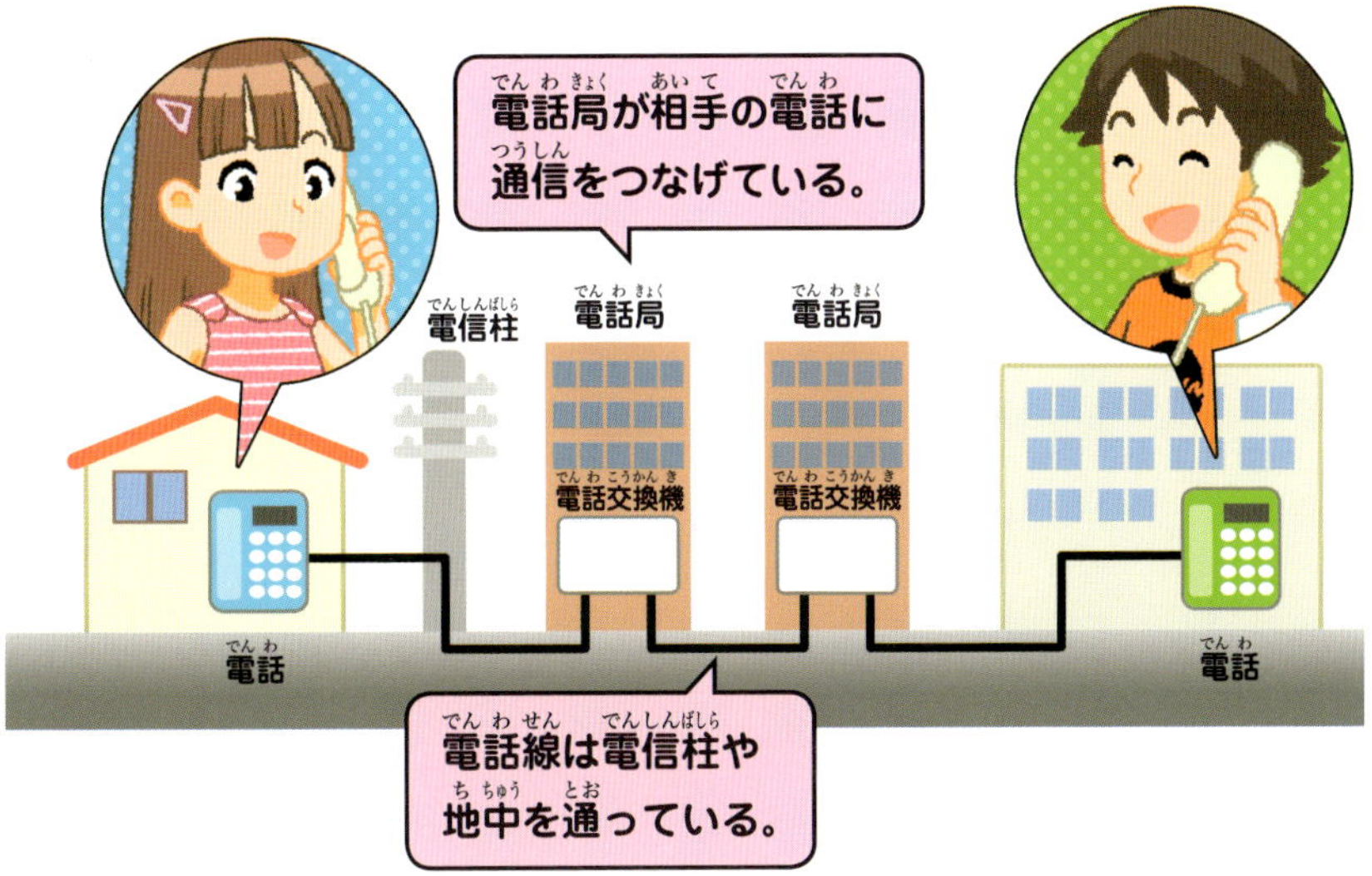

携帯電話《けいたいでんわ》とちがって、家《いえ》の電話機《でんわき》は、うしろに線《せん》がつながってるよね。

電話線《でんわせん》だね。電話《でんわ》をかけると、この線《せん》の中《なか》を音声《おんせい》が通《とお》っていくんだ。日本国中《にほんこくじゅう》に電話線《でんわせん》が張《は》りめぐらされているから、電話《でんわ》が通《つう》じるんだよ。

でも、携帯電話《けいたいでんわ》は線《せん》がつながっていないけど通《つう》じるよ。

昔《むかし》の推理小説《すいりしょうせつ》には、「電話線《でんわせん》を切《き》って電話《でんわ》が通《つう》じないようにした」っていう展開《てんかい》がよくあったんだよ。今《いま》は携帯電話《けいたいでんわ》があるから、この手《て》は使《つか》えないね。

携帯電話《けいたいでんわ》では、何《なに》か別《べつ》のものが、電話線《でんわせん》の代《か》わりをしているってことかな。

答《こた》えは次《つぎ》のページ！

答《こた》え

イ

電波《でんぱ》で、声《こえ》の情報《じょうほう》をやりとりしているから。

【解説《かいせつ》】

携帯電話《けいたいでんわ》で電話《でんわ》をかけると、携帯電話《けいたいでんわ》から電波《でんぱ》が発信《はっしん》されます。その電波《でんぱ》を、携帯電話会社《けいたいでんわがいしゃ》がアンテナでキャッチし、相手《あいて》の電話《でんわ》とつなげています。つまり、電波《でんぱ》が電話線《でんわせん》の代《か》わりをしているのです。

携帯電話《けいたいでんわ》は持《も》って移動《いどう》できるので、いつも決《き》まった場所《ばしょ》にあるわけではありません。そのため、電話《でんわ》をかけていないときも、携帯電話《けいたいでんわ》はときどき信号《しんごう》を出《だ》しています。携帯《けいたい》電話会社《でんわがいしゃ》は、この信号《しんごう》をキャッチして、それぞれの携帯電《けいたいでん》話《わ》がどこにあるのかを常《つね》に確認《かくにん》しています。そのため、いざ電話《でんわ》がかけられたときに、すぐに相手《あいて》の電話《でんわ》とつなぐこ

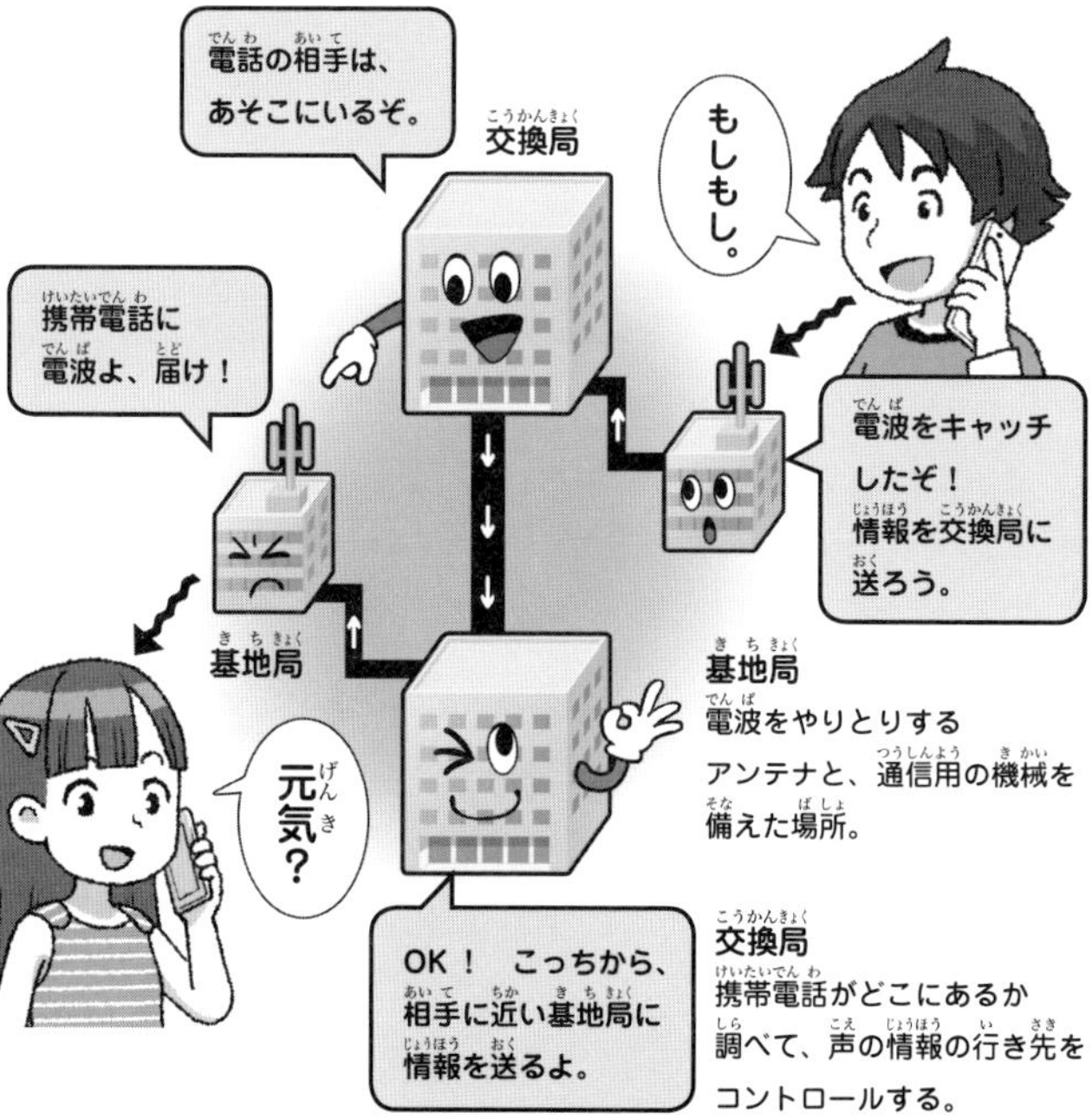

もしもし。
電話《でんわ》の相手《あいて》は、あそこにいるぞ。
交換局《こうかんきょく》
携帯電話《けいたいでんわ》に電波《でんぱ》よ、届《とど》け！
電波《でんぱ》をキャッチしたぞ！情報《じょうほう》を交換局《こうかんきょく》に送《おく》ろう。
基地局《きちきょく》
元気《げんき》？
OK！　こっちから、相手《あいて》に近《ちか》い基地局《きちきょく》に情報《じょうほう》を送《おく》るよ。
基地局《きちきょく》
電波《でんぱ》をやりとりするアンテナと、通信用《つうしんよう》の機械《きかい》を備《そな》えた場所《ばしょ》。
交換局《こうかんきょく》
携帯電話《けいたいでんわ》がどこにあるか調《しら》べて、声《こえ》の情報《じょうほう》の行《い》き先《さき》をコントロールする。

どこでもつながるのはこんなしくみだったのか。
電波《でんぱ》をキャッチできるエリアをはなれると……。
こっちのアンテナにバトンタッチ。
移動《いどう》しても途切《とぎ》れない。

とができます。

携帯電話《けいたいでんわ》では話《はなし》をしながら移動《いどう》しても、電話《でんわ》が途切《とぎ》れないのはなぜでしょう。

携帯電話《けいたいでんわ》と電波《でんぱ》をやりとりするのは、基地局《きちきょく》です。じつは、わたしたちのまわりには基地局《きちきょく》がたくさんあり、それぞれの基地局《きちきょく》に電波《でんぱ》が届《とど》く範囲《はんい》は、重《かさ》なっています。携帯《けいたい》電話《でんわ》が移動《いどう》しても、基地局《きちきょく》が次々《つぎつぎ》とバトンタッチしながら電波《でんぱ》をやりとりしているので、電話《でんわ》が途切《とぎ》れないのです。

ビルの上《うえ》や鉄塔《てっとう》の周《まわ》りにこんなアンテナが立《た》っていたらそこが基地局《きちきょく》だよ。きみも探《さが》してみよう。
基地局《きちきょく》のアンテナ

第《だい》9話《わ》

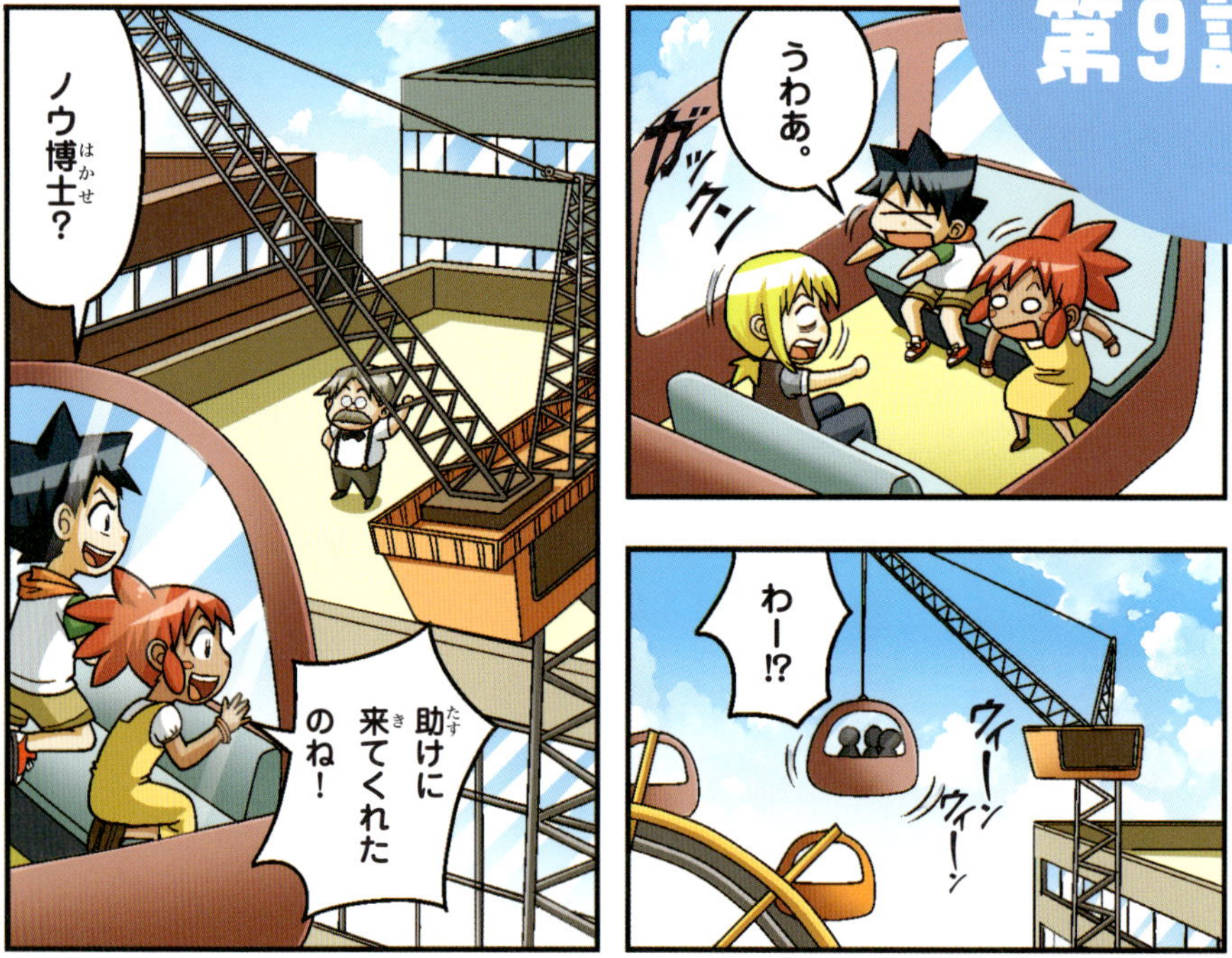

クイズ

工事用《こうじよう》のクレーンはどうやっておろすの?

ア クレーンを解体《かいたい》して、より小《ちい》さなクレーンでおろすことをくりかえす。

イ ヘリコプターでつり下《さ》げて、地上《ちじょう》まで運《はこ》ぶ。

ウ おろさずに、そのままビルの内部《ないぶ》に埋《う》めてしまう。

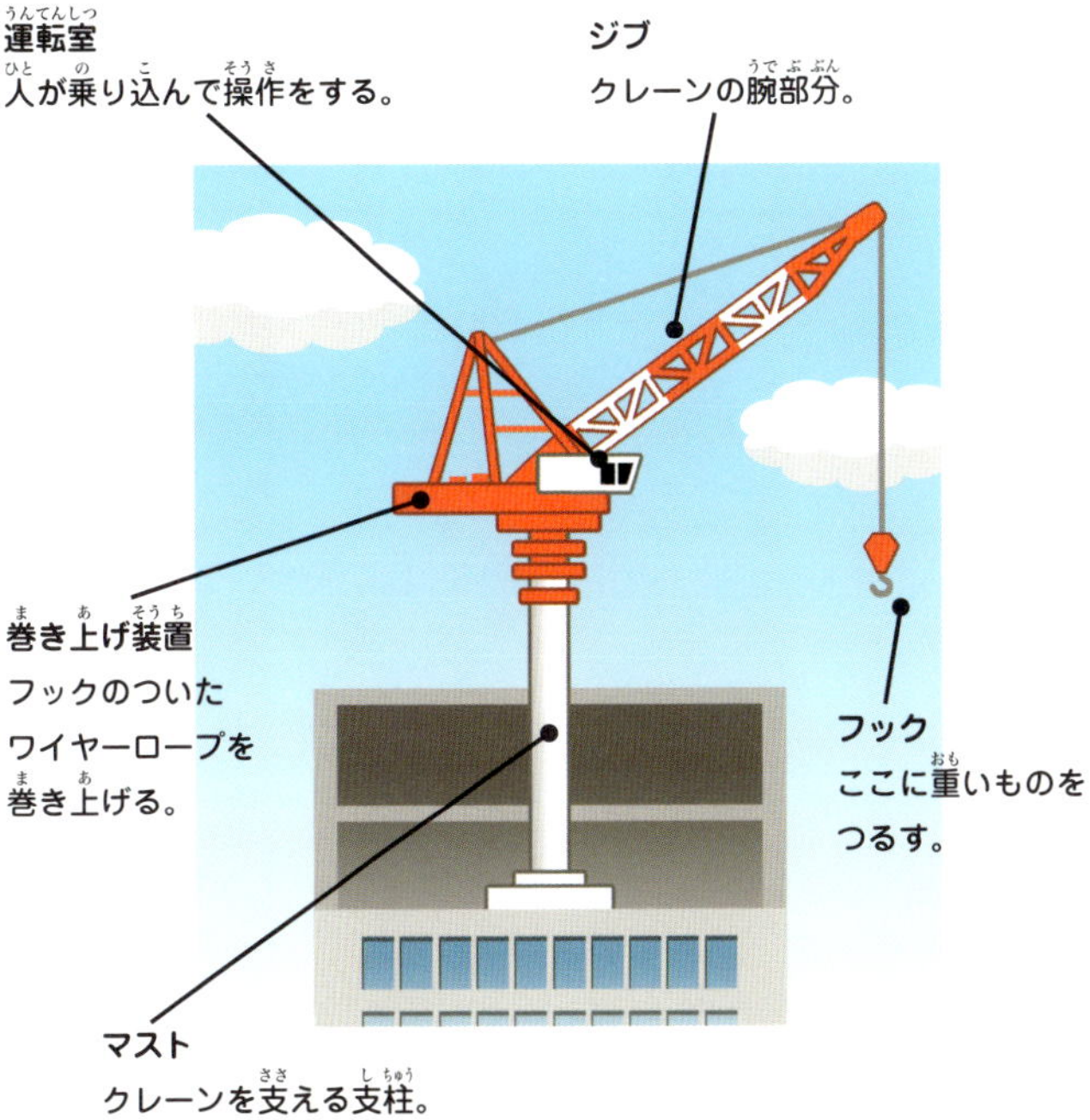
運転室《うんてんしつ》
人《ひと》が乗《の》り込《こ》んで操作《そうさ》をする。
ジブ
クレーンの腕部分《うでぶぶん》。
巻《ま》き上《あ》げ装置《そうち》
フックのついた
ワイヤーロープを
巻《ま》き上《あ》げる。
フック
ここに重《おも》いものを
つるす。
マスト
クレーンを支《ささ》える支柱《しちゅう》。

これがクレーンの構造《こうぞう》じゃ。

工事中《こうじちゅう》のビルの屋上《おくじょう》に、よくクレーンを見《み》るよ。どうしてクレーンは、どれも赤《あか》と白《しろ》なの？

高《たか》さ60m以上《いじょう》の構造物《こうぞうぶつ》は、赤《あか》か白《しろ》に点滅《てんめつ》する光《ひかり》をつけるか、赤《あか》と白《しろ》に塗《ぬ》り分《わ》けるきまりがあるんだ。飛《ひ》行機《こうき》がぶつからないように、目立《めだ》たせるためだよ。

そうか！ クレーンも高《たか》いところに置《お》かれるから、赤《あか》と白《しろ》に塗《ぬ》ってあるんだね。

クレーンは、重《おも》い鉄骨《てっこつ》をビルの上《うえ》まで運《はこ》ぶための機《き》械《かい》で、高層《こうそう》ビルを建《た》てるのに欠《か》かせないからのう。

たとえば、東京《とうきょう》スカイツリーをつくったクレーンは、なんと420mもの高《たか》さまで、重《おも》いものをつり上《あ》げられるんだ。とても大《おお》きくて、部品《ぶひん》1つで11トンもあるんだって。

そんなに重《おも》いの？ それじゃ、とても運《はこ》べないよ。

答《こた》えは次《つぎ》のページ！

答《こた》え

ア クレーンを解体《かいたい》して、より小《ちい》さなクレーンでおろすことをくりかえす。

【解説《かいせつ》】

クレーンはいくつもの部品《ぶひん》でできていて、組《く》み立《た》てたり、分解《ぶんかい》したりすることができます。

クレーンをおろすときは、屋上《おくじょう》にあるクレーンより、ひとまわり小《ちい》さいクレーンを屋上《おくじょう》で組《く》み立《た》てます。そして、大《おお》きなクレーンは解体《かいたい》し、小《ちい》さいクレーンを使《つか》って地上《ちじょう》におろします。これをくりかえして、だんだんクレーンを小《ちい》さくしていきます。

じゅうぶんに小《ちい》さくなったクレーンを、最後《さいご》はエレベーターに載《の》せて、地上《ちじょう》までおろします。

上《あ》げるときはクレーンが自分《じぶん》でよじのぼっていくんだよ！

クレーンのおろし方《かた》

小《ちい》さいクレーンの部品《ぶひん》。

大《おお》きいクレーンで、小《ちい》さいクレーンの部品《ぶひん》をつり上《あ》げる。

小《ちい》さいクレーンを組《く》み立《た》てる。

クレーンの上《あ》げ方《かた》

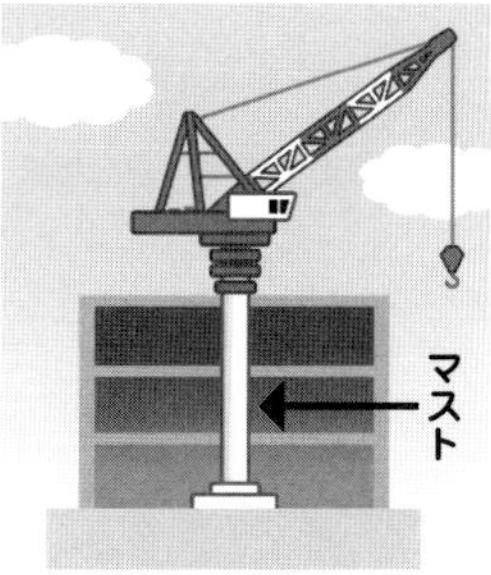

クレーンのマストの
高《たか》さいっぱいまで、
工事《こうじ》を進《すす》める。

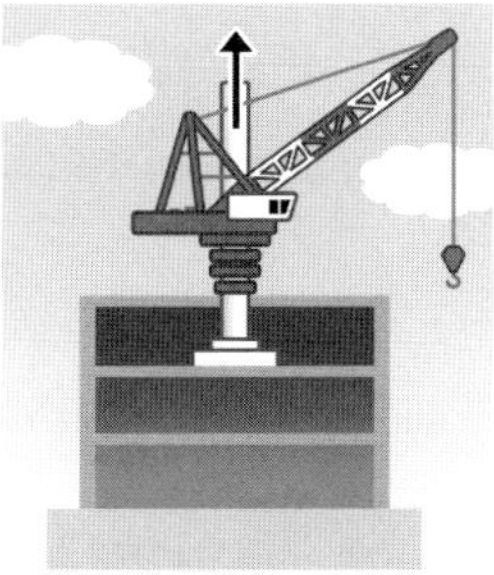

クレーン本体《ほんたい》を最上階《さいじょうかい》に
固定《こてい》して、マストを引《ひ》き上《あ》げる。
すると、マストの先《さき》は
それまでよりも上《うえ》にくる。

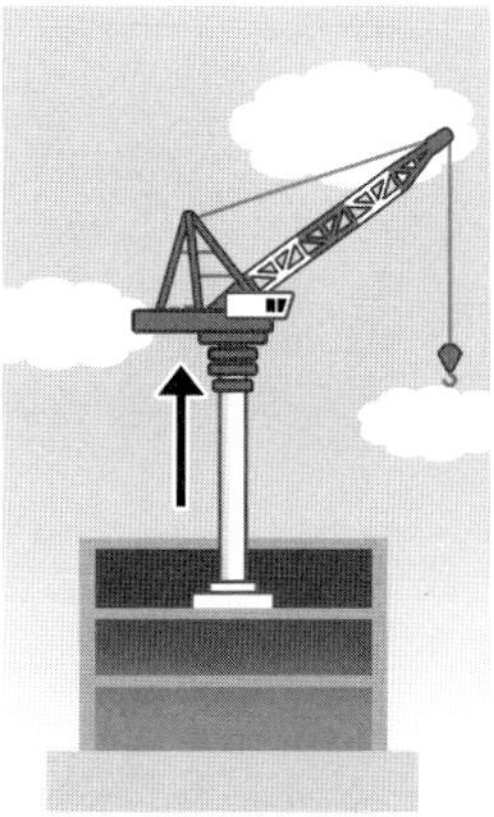

今度《こんど》はマストを固定《こてい》して、
クレーン本体《ほんたい》をマストの
上部《じょうぶ》まで引《ひ》き上《あ》げる。

大《おお》きいクレーンを解体《かいたい》し、
小《ちい》さいクレーンで部品《ぶひん》を
地上《ちじょう》におろす。これをくりかえして
どんどんクレーンを小《ちい》さくする。

最後《さいご》は小《ちい》さいクレーンを
解体《かいたい》し、エレベーターに
載《の》せておろす。

第《だい》10話《わ》

クイズ

水《みず》が100度《ど》で沸騰《ふっとう》するのはどうして？

ア 水《みず》が沸騰《ふっとう》する温度《おんど》を100度《ど》に決《き》めたから。

イ まったくの偶然《ぐうぜん》で、たまたま水《みず》の沸騰《ふっとう》する温度《おんど》が100度《ど》だった。

ウ 水《みず》に限《かぎ》らず、すべての物質《ぶっしつ》は100度《ど》で沸騰《ふっとう》する。

博士《はかせ》、僕《ぼく》、すごく怖《こわ》い遊園地《ゆうえんち》の夢《ゆめ》を見《み》てたんだよ。

それでコーヒーカップを怖《こわ》がっておったのか。

そういえば、水《みず》が沸騰《ふっとう》する温度《おんど》って、どうして100度《ど》なの？

それは、「セ氏《し》」の場合《ばあい》じゃな。セ氏《し》は正確《せいかく》には、セルシウス度《ど》というんじゃ。セルシウスさんが考案《こうあん》したことから、この名《な》がついておるぞ。

えっ、じゃあ、セ氏《し》じゃない場合《ばあい》もあるの？

アメリカでは「カ氏《し》」という単位《たんい》が使《つか》われているぞ。カ氏《し》では、水《みず》の沸騰《ふっとう》する温度《おんど》は212度《ど》じゃ。ほかにも、科学《かがく》の世界《せかい》でよく使《つか》われる「絶対温度《ぜったいおんど》」だと、水《みず》の沸騰《ふっとう》する温度《おんど》は、約《やく》373度《ど》じゃよ。

え〜っ！　やっぱり僕《ぼく》、まだ夢《ゆめ》を見《み》てるのかな〜？

答《こた》えは次《つぎ》のページ！

答《こた》え

ア 水《みず》が沸騰《ふっとう》する温度《おんど》を100度《ど》に決《き》めたから。

0度《ど》と100度《ど》を決《き》めて
100等分《とうぶん》した目盛《めも》りを
1度《ど》にしたんだよ。

【解説《かいせつ》】

セ氏《し》は、水《みず》が凍《こお》る温度《おんど》を0度《ど》、沸騰《ふっとう》する温度《おんど》を100度《ど》とした単位《たんい》です。つまり、水《みず》が100度《ど》で沸騰《ふっとう》するのではなく、水《みず》の沸騰《ふっとう》する温度《おんど》を100度《ど》と決《き》めたのです。

アメリカなどで使《つか》われているカ氏《し》は、氷《こおり》と食塩《しょくえん》を混《ま》ぜた物《もの》の温度《おんど》を0度《ど》、人間《にんげん》の体温《たいおん》を96度《ど》として定《さだ》めたものです。カ氏温度《しおんど》では、水《みず》が凍《こお》る温度《おんど》は32度《ど》、沸騰《ふっとう》する温度《おんど》は212度《ど》になります。

アメリカに行《い》ったとき、「今日《きょう》の気温《きおん》は80度《ど》」と言《い》われても、驚《おどろ》かないでくださいね。

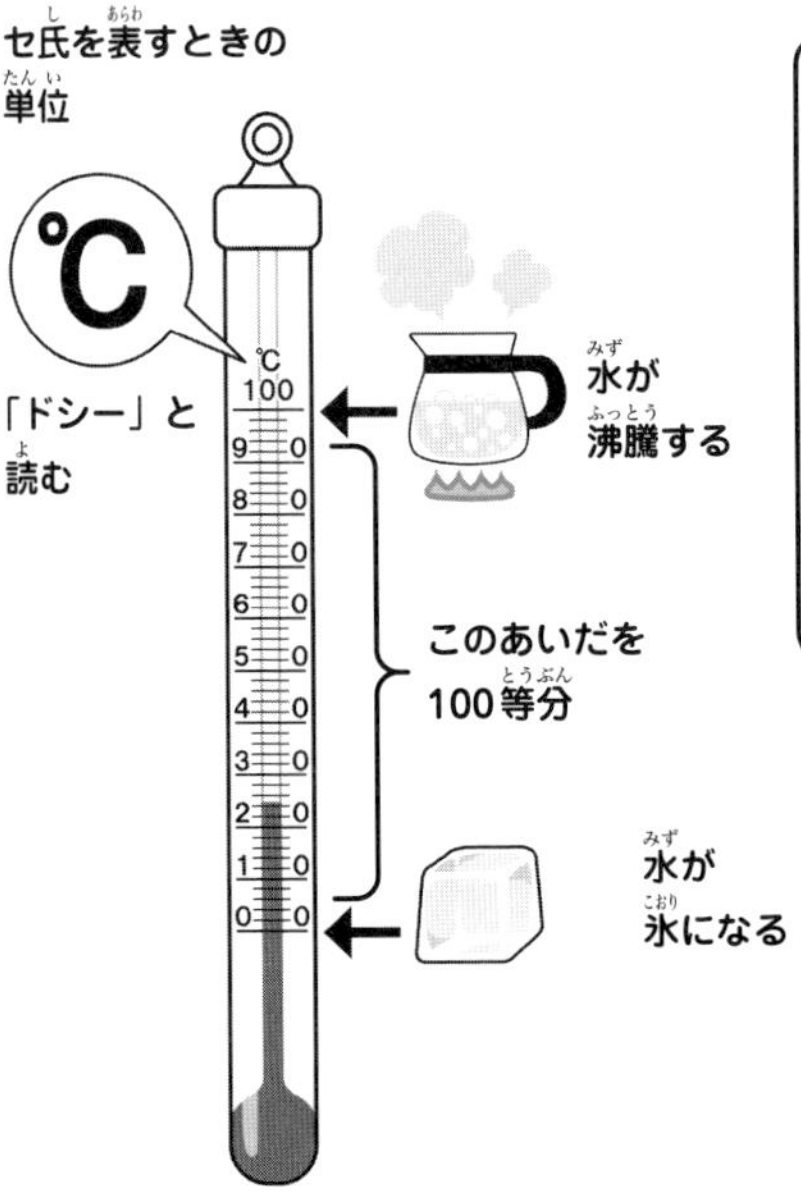
セ氏《し》を表《あらわ》すときの単位《たんい》
℃
「ドシー」と読《よ》む
℃
100
90
80
70
60
50
40
30
20
10
0
水《みず》が沸騰《ふっとう》する
このあいだを100等分《とうぶん》
水《みず》が氷《こおり》になる

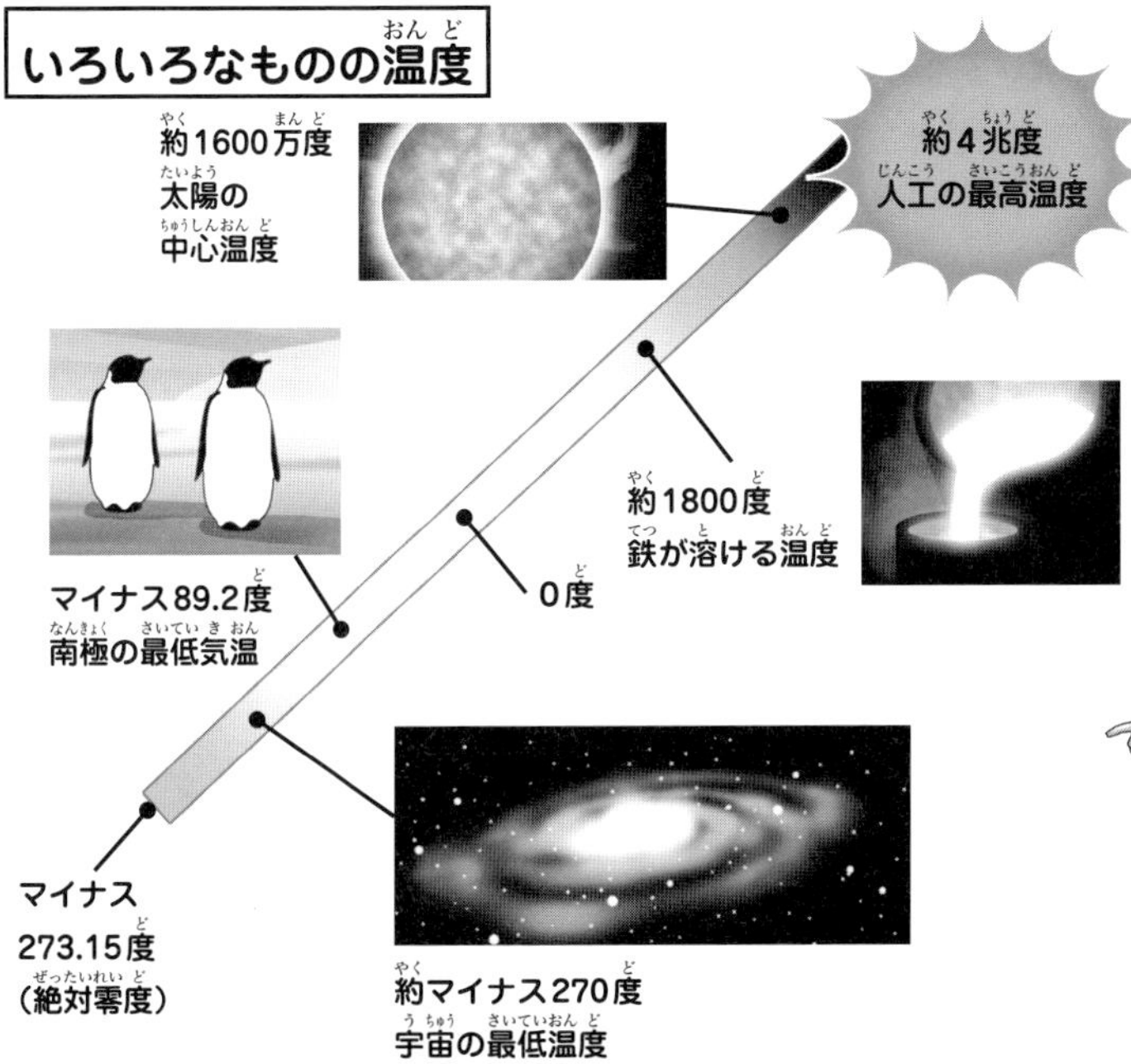
いろいろなものの温度《おんど》
約《やく》1600万度《まんど》
太陽《たいよう》の
中心温度《ちゅうしんおんど》
約《やく》4兆度《ちょうど》
人工《じんこう》の最高温度《さいこうおんど》
約《やく》1800度《ど》
鉄《てつ》が溶《と》ける温度《おんど》
0度《ど》
マイナス89.2度《ど》
南極《なんきょく》の最低気温《さいていきおん》
マイナス
273.15度《ど》
（絶対零度《ぜったいれいど》）
約《やく》マイナス270度《ど》
宇宙《うちゅう》の最低温度《さいていおんど》

人類《じんるい》は
約《やく》4兆度《ちょうど》まで
つくったのか！

科学《かがく》の世界《せかい》でよく使《つか》われる絶対温度《ぜったいおんど》は、セ氏《し》マイナス273度《ど》（正確《せいかく》にはマイナス273・15度《ど》）を0度《ど》としたものです。

マイナス273度《ど》は、半端《はんぱ》な数字《すうじ》に見《み》えますが、「絶対《ぜったい》零度《れいど》」と呼《よ》ばれる重要《じゅうよう》な温度《おんど》です。理論的《りろんてき》に、これ以上《いじょう》の低《ひく》い温度《おんど》はないとされています。

一方《いっぽう》、高《たか》い温度《おんど》のほうには、上限《じょうげん》がないといわれていますが、本当《ほんとう》に上限《じょうげん》があるかどうかは、まだ分《わ》かっていません。

絶対温度《ぜったいおんど》は
セ氏温度《しおんど》と区別《くべつ》する
ためにケルビンという
単位《たんい》で表《あらわ》すぞ。

身近《みぢか》な科学《かがく》のサバイバル

1 ジェットコースターは前《まえ》より後《うし》ろがこわい！

スリルを楽《たの》しむジェットコースター。よりスリルを楽《たの》しむにはいちばん後《うし》ろの席《せき》にすわるのがいいんだって。それは、コースターがレールの一番高《いちばんたか》い場所《ばしょ》を越《こ》えて降下《こうか》するとき、後《うし》ろの車両《しゃりょう》は前《まえ》の車両《しゃりょう》に引《ひ》っぱられて加速《かそく》が強《つよ》くなるからなんだそうだ。

2 簡易《かんい》カイロは江戸時代《えどじだい》からあった！

江戸時代《えどじだい》に、温石《おんじゃく》という、今《いま》で言《い》えば簡易《かんい》カイロが使《つか》われていた。これは、いろりなどの火《ひ》で温《あたた》めた石《いし》を布《ぬの》でくるんでふところに入《い》れて体《からだ》を温《あたた》めるものだった。今《いま》のような鉄《てつ》の酸化反応《さんかはんのう》で温《あたた》める簡易《かんい》カイロができたのは、それよりずっと遅《おそ》く、1950年代《ねんだい》のこと。日本《にほん》でよく使《つか》われるようになったのは、1978年《ねん》ごろだ。

3 鉄《てつ》より強《つよ》いプラスチックがある！

なんと鋼鉄《こうてつ》の2倍以上《ばいいじょう》の強《つよ》さを持《も》つプラスチックがあるんだって。
プラスチックは、鉄《てつ》にくらべると、いろいろな形《かたち》を作《つく》るのが簡単《かんたん》で、重《おも》さも軽《かる》く、しかも安《やす》い。こうしたプラスチックは、飛行機《ひこうき》や自動車《じどうしゃ》のボディーなど、幅広《はばひろ》く使《つか》われることを目指《めざ》して開発《かいはつ》されているよ。

ビックリ豆知識《まめちしき》1！

4 2500年前《ねんまえ》にすでにクレーンが使《つか》われていた？

人類《じんるい》が使《つか》った最《もっと》も古《ふる》いクレーンは、約《やく》2500年前《ねんまえ》に古《こ》代《だい》ギリシャ人《じん》が使《つか》っていたものと考《かんが》えられている。今《いま》も残《のこ》る、石造《いしづく》りの大《おお》きな建物《たてもの》の建設《けんせつ》などに使《つか》われていたらしい。人間《にんげん》は大昔《おおむかし》から、重《おも》いものを小《ちい》さな力《ちから》で持《も》ち上《あ》げる道具《どうぐ》を発明《はつめい》して使《つか》っていたんだね。

5 2200年前《ねんまえ》の天才学者《てんさいがくしゃ》！

今《いま》から約《やく》2200年前《ねんまえ》、古代《こだい》ギリシャにアルキメデスという天才学者《てんさいがくしゃ》がいた。浮力《ふりょく》のはたらきを解明《かいめい》したことでその名《な》がよく知《し》られているけれど、そのほかにも、てこの原理《げんり》を解明《かいめい》したり、円《えん》の面積《めんせき》や立体《りったい》の体積《たいせき》の求《もと》め方《かた》を研究《けんきゅう》するなど、現在《げんざい》の科学《かがく》の基礎《きそ》となるものを数多《かずおお》く生《う》み出《だ》した人物《じんぶつ》だ。

6 発明王《はつめいおう》エジソンは、霊界通信機《れいかいつうしんき》を作《つく》ろうとした！

アメリカの発明王《はつめいおう》エジソンは、蓄音機《ちくおんき》や白熱電球《はくねつでんきゅう》、映画《えいが》の元祖《がんそ》など、人々《ひとびと》の役《やく》に立《た》つものをたくさん発明《はつめい》したけれど、中《なか》には珍発明《ちんはつめい》といえるものもある。死者《ししゃ》と話《はなし》をすることを目的《もくてき》にした霊界通信機《れいかいつうしんき》もその一《ひと》つ。エジソンはこれによって人間《にんげん》が死《し》んだらどうなるのかを科学的《かがくてき》に確《たし》かめたかったようだ。ただし、残念《ざんねん》（当然《とうぜん》？）ながら、完成《かんせい》はしなかった。

監修　金子丈夫
編集デスク　大宮耕一、橋田真琴
原稿執筆　チーム・ガリレオ（泉ひろえ、大宮耕一、河西久実、十枝慶二、中原崇）
編集協力　上浪春海
マンガ協力　Han Jung-Ah、池田聡史
イラスト　楠美マユラ、豆久男
カバーデザイン　リーブルテック AD課（石井まり子）
本文デザイン　リーブルテック 組版課（佐藤良衣）
主な参考文献　「週刊かがくる 改訂版」1～50号 朝日新聞出版／「週刊かがくるプラス 改訂版」1～50号 朝日新聞出版／「週刊なぞとき」1～50号 朝日新聞出版／『朝日ジュニア学習年鑑 2016』朝日新聞出版／『理科年鑑』国立天文台編 丸善出版／『ニューワイド学研の図鑑』学研マーケティング／『講談社の動く図鑑 MOVE』講談社／『小学館の図鑑 NEO』小学館／『キッズペディア 科学館』小学館／『こども生物図鑑』スミソニアン協会監修 デイヴィット・バーニー著 大川紀男訳 河出書房新社
「ののちゃんのDO科学」朝日新聞社（https://www.asahi.com/shimbun/nie/tamate/）
ほか

※本書で紹介している情報は2017年11月末現在のものです。

科学《かがく》クイズにちょうせん！

5分間《ふんかん》のサバイバル　5年生《ねんせい》

2018年1月30日　第1刷発行
2024年5月10日　第6刷発行

著　者　マンガ：韓賢東《ハンヒョンドン》／文：チーム・ガリレオ
発行者　片桐圭子
発行所　朝日新聞出版
〒104-8011
東京都中央区築地5-3-2
編集　生活・文化編集部
電話　03-5541-8833（編集）
03-5540-7793（販売）

印刷所　株式会社リーブルテック
ISBN978-4-02-331612-6
定価はカバーに表示してあります

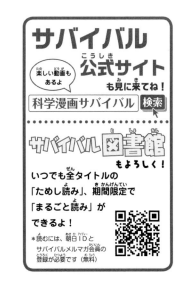

「科学漫画《かがくまんが》サバイバル」シリーズが
読《よ》めるサイト
無料《むりょう》で読《よ》める!
Library
サバイバル図《と》書《しょ》館《かん》
お気《き》に入《い》りのタイトルを見《み》つけよう!
いつでも「ためし読《よ》み」
「科学漫画《かがくまんが》サバイバル」シリーズの
すべてのタイトルの第《だい》1章《しょう》が読《よ》めます
期間限定《きかんげんてい》で
「まるごと読《よ》み」
サバイバルや他《ほか》のシリーズが
1冊《さつ》まるごと読《よ》めます
最初《さいしょ》は大人《おとな》と一緒《いっしょ》にアクセスしてね!
ウェブサイトはこちら!
※読《よ》むには、朝日《あさひ》ID《アイディー》と
サバイバルメルマガ会員《かいいん》の
登録《とうろく》が必要《ひつよう》です（無料《むりょう》）
© Han Hyun-Dong /Mirae N

サバイバルシリーズ ファンクラブ通信《つうしん》

おたより大募集《だいぼしゅう》

ゆうびんもメールもドシドシ！

読者《どくしゃ》のみんなとの交流《こうりゅう》の場《ば》「ファンクラブ通信《つうしん》」は、クイズに答《こた》えたり、投稿《とうこう》コーナーに応募《おうぼ》したりと盛《も》りだくさん。「ファンクラブ通信《つうしん》」は、サバイバルシリーズ、対決《たいけつ》シリーズ、ドクターエッグシリーズの新刊《しんかん》に、はさんであるよ。書店《しょてん》で本《ほん》を買《か》ったときに、探《さが》してみてね！

おたよりコーナー 1

ジオ編集長からの挑戦状

『○○のサバイバル』を作《つく》ろう！

みんなが読《よ》んでみたい、サバイバルのテーマとその内容《ないよう》を教《おし》えてね。もしかしたら、次回作《じかいさく》に採用《さいよう》されるかも!?

例《れい》 **冷蔵庫《れいぞうこ》のサバイバル**
何《なに》かが原因《げんいん》で、ジオたちが小《ちい》さくなってしまい、知《し》らぬ間《ま》に冷蔵庫《れいぞうこ》の中《なか》に入《い》れられてしまう。無事《ぶじ》に出《で》られるのか!? (9歳《さい》・女子《じょし》)

おたよりコーナー 2

キミのイチオシは、どの本《ほん》!?

サバイバル、応援《おうえん》メッセージ

キミが好《す》きなサバイバル1冊《さつ》と、その理由《りゆう》を教《おし》えてね。みんなからのアツ～い応援《おうえん》メッセージ、待《ま》ってるよ～！

例《れい》 **鳥《とり》のサバイバル**
ジオとピピの関係性《かんけいせい》が、コミカルですごく好《す》きです !! サバイバルシリーズは、鳥《とり》や人体《じんたい》など、いろいろな知識《ちしき》がついてすごくうれしいです。(10歳《さい》・男子《だんし》)

おたよりコーナー 3

ケイ館長《かんちょう》のサバイバル美術館《びじゅつかん》

上手《うま》い！

みんなが描《か》いた似顔絵《にがおえ》を、ケイが選《えら》んで美術館《びじゅつかん》で紹介《しょうかい》するよ。

例《れい》

みんなからのおたより、大募集《だいぼしゅう》！

❶コーナー名《めい》とその内容《ないよう》
❷郵便番号《ゆうびんばんごう》 ❸住所《じゅうしょ》 ❹名前《なまえ》 ❺学年《がくねん》と年齢《ねんれい》
❻電話番号《でんわばんごう》 ❼掲載時《けいさいじ》のペンネーム（本名《ほんみょう》でも可《か》）

を書《か》いて、右《みぎ》の宛先《あてさき》に送《おく》ってね。
掲載《けいさい》された人《ひと》には、
サバイバル特製《とくせい》オリジナルグッズをプレゼント！

●郵送《ゆうそう》の場合《ばあい》
〒104-8011　朝日新聞出版　生活・文化編集部
サバイバルシリーズ ファンクラブ通信係

●メールの場合《ばあい》
junior @ asahi.com

件名《けんめい》に「サバイバルシリーズ ファンクラブ通信」と書《か》いてね。

ファンクラブ通信《つうしん》は、サバイバルの公式《こうしき》サイトでも見《み》ることができるよ。

科学漫画サバイバル　検索

※応募作品《おうぼさくひん》はお返《かえ》ししません。
※お便《たよ》りの内容《ないよう》は一部《いちぶ》、編集部《へんしゅうぶ》で改稿《かいこう》している場合《ばあい》がございます。

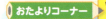